21 世纪交通版高等学校教材

道路概论

An Outline of Road

（第二版）

孙家驷 编著

人民交通出版社

内容提要

本书为21世纪交通版高等学校教材，原第一版教材由全国高等学校路桥及交通工程专业教学指导委员会审定，并列为全国高等学校统编试用教材。

本书主要介绍土木及道桥工程的历史、基本概念及一般知识。全书共分三篇七章：土木篇包括土木工程及土木工程专业、土木工程简史及土木工程分类三章；道路篇包括道路简史及道路工程基本知识两章；桥梁篇包括桥梁简史及桥梁工程基本知识两章。全书图文并茂，内容丰富，各章后均附有思考题。

本书可作为大学本科土木工程专业教材，亦可作为其他理工和人文专业的选修课教材，也可供从事土木工程建设的人员参考。

图书在版编目（CIP）数据

道路概论/孙家驷编著．—2版．—北京：人民交通出版社，2008.4

ISBN 978-7-114-06691-7

Ⅰ．道…　Ⅱ．孙…　Ⅲ．道路工程—概论　Ⅳ．TU41

中国版本图书馆CIP数据核字（2007）第106397号

书　　名：21世纪交通版高等学校教材
道路概论（第二版）

著 作 者：孙家驷

责任编辑：邓　莉　郑蕉林

出版发行：人民交通出版社

地　　址：（100011）北京市朝阳区安定门外外馆斜街3号

网　　址：http：//www.ccpress.com.cn

销售电话：（010）85285838，85285995

总 经 销：北京中交盛世书刊有限公司

经　　销：各地新华书店

印　　刷：北京交通印务实业公司

开　　本：787×1092　1/16

印　　张：12

字　　数：293千

版　　次：1997年4月第1版　2008年4月第2版

印　　次：2008年4月第2版　第1次印刷　总第7次印刷

书　　号：ISBN 978-7-114-06691-7

定　　价：20.00元

21世纪交通版
高等学校教材(公路与交通工程)编审委员会

总　序

当今世界,科学技术突飞猛进,全球经济一体化趋势进一步加强,科技对于经济增长的作用日益显著,教育在国家经济与社会发展中所处的地位日益重要。进入新世纪,面对国际国内经济与社会发展所出现的新特点,我国的高等教育迎来了良好的发展机遇,同时也面临着巨大的挑战,高等教育的发展处在一个前所未有的重要时期。其一,加入 WTO,中国经济已融入到世界经济发展的进程之中,国家间的竞争更趋激烈,竞争的焦点已更多地体现在高素质人才的竞争上,因此,高等教育所面临的是全球化条件下的综合竞争。其二,我国正处在由计划经济向社会主义市场经济过渡的重要历史时期,这一时期,我国经济结构调整将进一步深化,对外开放将进一步扩大,改革与实践必将提出许多过去不曾遇到的新问题,高等教育面临加速改革以适应国民经济进一步发展的需要。面对这样的形势与要求,党中央国务院提出扩大高等教育规模,着力提高高等教育的水平与质量。这是为中华民族自立于世界民族之林而采取的极其重大的战略步骤,同时,也是为国家未来的发展提供基础性的保证。

为适应高等教育改革与发展的需要,早在 1998 年 7 月,教育部就对高等学校本科专业目录进行了第四次全面修订。在新的专业目录中,土木工程专业扩大了涵盖面,原先的公路与城市道路工程,桥梁工程,隧道与地下工程等专业均纳入土木工程专业。本科专业目录的调整是为满足培养“宽口径”复合型人才的要求,对原有相关专业本科教学产生了积极的影响。这一调整是着眼于培养 21 世纪社会主义现代化建设人才的需要而进行的,面对新的变化,要求我们对人才的培养规格、培养模式、课程体系和内容都应作出适时调整,以适应要求。

根据形势的变化与高等教育所提出的新的要求,同时,也考虑到近些年来公路交通大发展所引发的需求,人民交通出版社通过对“八五”、“九五”期间的路桥及交通工程专业高校教材体系的分析,提出了组织编写一套 21 世纪的具有鲜明交通特色的高等学校教材的设想。这一设想,得到了原路桥教学指导委员会几乎所有成员学校的广泛响应与支持。2000 年 6 月,由人民交通出版社发起组织全国面向交通办学的 12 所高校的专家学者组成 21 世纪交通版高等学校教材(公路类)编审委员会,并召开第一次会议,会议决定着手组织编写土木工程专业具有交通特色的**道路专业方向、桥梁专业方向以及交通工程专业**教材。会议经过充分研讨,确定了包括**基本知识技能培养层次、知识技能拓宽与提高层次**以及**教学辅助层次**在内的约 130 种教材,范围涵盖**本科与研究生用**教材。会后,人民交通出版社开始了细致的教材编写组织工作,经过自由申报及专家推荐的方式,近 20 所高校的百余名教授承担约 130 种教材的主编工作。2001 年 6 月,教材编委会召开第二次会议,全面审定了各门教材主编院校提交的教学大纲,之后,编写工作全面展开。

21 世纪交通版高等学校教材编写工作是在本科专业目录调整及交通大发展的背景下展开的。教材编写的基本思路是:(1)顺应高等教育改革的形势,专业基础课教学内容实现与土木工程专业打通,同时保留原专业的主干课程,既顺应向土木工程专业过渡的需要,又保持服务公路交通的特色,适应宽口径复合型人才培养的需要。(2)注重学生基本素质、基本能力的培养，为学生知识、能力、素质的综合协调发展创造条件。基于这样的考虑，将教材区分为二个主层次与一个辅助层次，即基本知识技能培养层次与知识技能拓宽与提高层次，辅助层次为教学参考用书。工作的着力点放在基本知识技能培养层次教材的编写上。(3)目前，中国的经济发展存在地区间的不平衡，各高校之间的发展也不平衡，因此，教材的编写要充分考虑各校人才培养规格及教学需求多样性的要求，尽可能为各校教学的开展提供一个多层次、系统而全面的教材供给平台。(4)教材的编写在总结"八五"、"九五"工作经验的基础上，注意体现原创性内容，把握好技术发展与教学需要的关系，努力体现教育面向现代化、面向世界、面向未来的要求，着力提高学生的创新思维能力，使所编教材达到先进性与实用性兼备。(5)配合现代化教学手段的发展，积极配套相应的教学辅件，便利教学。

教材建设是教学改革的重要环节之一，全面做好教材建设工作，是提高教学质量的重要保证。本套教材是由人民交通出版社组织，由原全国高等学校路桥与交通工程教学指导委员会成员学校相互协作编写的一套具有交通出版社品牌的教材，教材力求反映交通科技发展的先进水平，力求符合高等教育的基本规律。各门教材的主编均通过自由申报与专家推荐相结合的方式确定，他们都是各校相关学科的骨干，在长期的教学与科研实践中积累了丰富的经验。由他们担纲主编，能够充分体现教材的先进性与实用性。本套教材预计在二年内完全出齐，随后，将根据情况的变化而适时更新。相信这批教材的出版，对于土木工程框架下道路工程、桥梁工程专业方向与交通工程专业教材的建设将起到有力的促进作用，同时，也使各校在教材选用方面具有更大的空间。需要指出的是，该批教材中研究生教材占有较大比例，研究生教材多具有较高的理论水平，因此，该套教材不仅对在校学生，同时对于在职学习人员及工程技术人员也具有很好的参考价值。

21 世纪初叶，是我国社会经济发展的重要时期，同时也是我国公路交通从紧张和制约状况实现全面改善的关键时期，公路基础设施的建设仍是今后一项重要而艰巨的任务，希望通过各相关院校及所有参编人员的共同努力，尽快使全套 21 世纪交通版高等学校教材(公路类)尽早面世，为我国交通事业的发展做出贡献。

21 世纪交通版
高等学校教材(公路类)编审委员会
人民交通出版社
2001 年 12 月

第二版前言

本书第一版出版于1997年，编写大纲由全国高等学校路桥及交通工程专业教学指导委员会审定，并定为全国高等学校统编试用教材。教材使用十年来，深受各院校欢迎。由于时代进步，土木工程科学飞速发展，原教材内容和资料已显陈旧，亟待更新。

《道路概论》是一门面向土木工程专业大学一年级学生的专业教育课，主要向学生全面介绍土木及道桥工程的历史、基本概念和一般知识。通过对本课程的学习，使学生了解专业、开阔视野，一方面为今后各门课程的学习打下基础，另一方面使学生从土木、道路、桥梁的基本知识和发展历史中看到该学科在国民经济发展中的地位、作用以及发展前景，从而明确一个土木工程师所担负的历史任务和光荣使命，树立修桥筑路造福人民的崇高理想，激发学生自觉学习的积极性。

本次重新编写，对原书的结构作了较大调整，部分内容进行了更换，理念进行了更新，并增加了大量的图片，修订的新版教材具有如下特点：

1. 板块明确，针对性强

全书共分土木、道路、桥梁三篇，共七章，结构紧凑，针对性强，主要供土木工程专业的道路和桥梁两个专业方向的学生使用。

2. 信息量大，趣味性浓

书中内容涵盖了土木、道桥工程和专业的历史、现状、未来、基本概念和一般知识等方面的内容。本书除供课堂讲授外，也为学生自学提供了大量的信息。在写法上概念清晰、语言流畅、突出实例，避免枯燥无味的说教模式。

3. 图文并茂，通俗易懂

全书使用了大量图片，既丰富了本书的内容，又便于学生学习，具有很强的吸引力，图文并茂，通俗易懂，也适合于喜欢和想了解土木工程的读者阅读。

4. 识古通今，面向未来

本书编写加大了土木、道路、桥梁发展史的篇幅，加重了土木工程专业介绍的分量。在编写上将专业思想教育与专业技术介绍融为一体，力求做到，既有思想性，又有科学性；既有知识性，又有趣味性；既回顾历史，又展望未来。

本书信息量大，篇幅多，在使用时，授课以基本概念和基本知识的相关章节内容为主，发展历史和发展动向方面的内容主要供学生参考和自学使用，同时考虑教材应用的广泛性，适合多专业方向的学生，对于不同专业方向应有所侧重。建议土木建筑方向的学生以第一篇土木篇为主；道路专业方向的学生以第二篇道路篇为主；桥梁专业方向的学生以第三篇桥梁篇为主。

本书由孙家驷教授主编，孙庆、朱晓兵教师参编。本书在编写中得到人民交通出版社有关人员的关注和支持，在此表示感谢。

本书为人民交通出版社21世纪交通版高等学校教材之一，作者深感编写的压力和责任，尽管已尽心竭力，但仍难免会有疏漏之处，望选用教材的广大师生在使用过程中提出意见和建议，盼广大读者批评指正，共同为土木工程教育事业的发展做出贡献。

编著者

2007年11月5日

第一版前言

经1993年高等学校路桥及交通工程专业教学指导委员会第一次会议批准，《道路概论》确定为交通土建类专业“公路与城市道路工程”和“桥梁与隧道工程”专业方向学生的选修课。教材编写大纲由1994年在北京召开的高等学校路、桥专业教材编写大纲审定会审定。

《道路概论》是一门面向大学一年级学生的专业教育课，主要向学生介绍土木工程、道路及桥梁工程以及交通及运输工程的基本概念和一般知识。通过本课程的学习，使学生了解专业，开阔视野，一方面为今后各基础课和技术基础课的学习打下基础；另一方面使学生从道路的历史和现状中看到道路工程的社会地位和作用以及发展前景，明确一个道路工作者所担负的历史重任和光荣使命，从而树立修桥筑路为民造福的崇高理想，激发其自觉学习的积极性。

本书分土木工程、道路简史、道路及交通运输工程三篇，系统地介绍了土木工程及道路工程的历史、基本体系、基本概念和一般知识。书中引用的名词及标准规范力求与现行规定一致，收集的资料数据，尽量采用国内外最新信息。在编写上将思想教育与专业教育融为一体，力求做到既有思想性，又有科学性；既有知识性，又有趣味性。书中图文并茂，内容丰富，语言精炼，概念清晰。

本书由重庆交通学院孙家驷主编，并编写第一、四、五、六章；屠书荣编写第二章；田文玉编写第三章；朱晓兵编写第七章；张维全编写第八章；高建平编写第九章。全书由哈尔滨建筑大学刘景星主审。

对一年级大学生开设专业性的选修课，是教育改革的一个尝试。编写这方面的教材，在课程体系、内容取舍、编写深度等方面还缺乏经验，加之编者水平有限，书中缺点错误在所难免，恳请读者批评指正。

编　者

1996年1月

目　　录

第一篇　土　木　篇

第二篇　道　路　篇

第三篇 桥 梁 篇

第一篇 土 木 篇

第一章 土木工程及土木工程专业

第一节 土 木 工 程

一、土木工程内涵

1.土木工程的定义

土木工程是指建造各类工程设施的科学技术的统称。既包括所应用的材料、设备、机具和所进行的规划、可行性研究、勘测、设计、施工、管理维修等技术活动，也包括工程建设的对象，即建造在地上、地下或水中，直接或间接为人们生活、生产、军事和科学研究等服务的各种工程设施，如房屋、道路、铁路、管道、桥梁、隧道、运河、堤坝、港口、电站、飞机场、海洋平台、电视塔、给水和排水、集中供热及供燃气和防护工程等。土地、建筑材料、建筑设备和施工机具是建造工程设施的物质基础。在这些物质基础上，经济而便捷地建成既能满足人们使用要求和审美要求，又能安全承受各种荷载(包括工程的自重和使用荷载，风、水、温度、冰雪、地震及爆炸等作用)的工程设施，是土木工程学科的出发点和归宿。

2."土木"一词的来源

"土木"在中国是一个古老的名词，意指建筑房屋等的工作，如把大量建筑房屋称作大兴土木。古代建筑房屋主要依靠泥土和木材，所以称土木工程。在国外，土木工程一词是 1750 年设计建造艾德斯通灯塔的英国人 J · 斯米顿首先引用的，意即民用工程，以区别于当时的军事工程。至 1828 年，伦敦土木工程师学会的皇家特许状为土木工程下的定义为："土木工程是利用伟大的自然资源为人类造福的艺术……"，与中国土木工程的含义相近，故"Civil Engineering"译作"土木工程"。事实上，土木工程为所有工程中发展最早、内容最广的工程学科，是人类改造和建设生活、生产环境的先行的基本手段。它所建造的各种工程设施，满足了当时生活和生产的需求，也反映了各个历史时期的社会、经济、文化和科学技术的面貌。

3.土木工程的内涵

土木工程是一种工程分科，是用石材、砖、砂浆、水泥、混凝土、钢材、钢筋混凝土、木材、建筑塑料、铝合金等建筑材料修建房屋、铁道、道路、桥梁、隧道、运河、堤坝、港口等工程的生产活动和工程技术。这种生产活动和工程技术，包括对上述各类工程的勘测、设计、开发、施工、保养、维修等活动以及所需的相应工程技术。

土木工程也是一种学科，称为土木工程学。它是指运用数学、物理、化学等基础科学知识，力学、材料等技术科学知识以及土木工程方面的工程技术知识来研究、设计、修建各种建筑物的一门学科。这里的建筑物(通称建筑)是指供人们进行生产、生活或其他活动的房屋或场所，如工业建筑、民用建筑、农业建筑、铁路建筑等；而构筑物则是指人们一般不直接在内进行生产、生活活动的建筑物，如水塔、烟囱、栈桥、堤坝、蓄水池、囤仓等。

土木及其建筑物也是一种“文化”，称“建筑文化”。“文化”是人类环境中由人所创造的一切方面总和的统称。“建筑文化”是一种包含物质文化、精神文化、艺术文化的总称，因此建筑也是一种文化，构成一种文化建筑学。文化建筑学的内涵十分深远，内容十分丰富，是有土木工程以来人们历年研究的一门科学，概括起来，文化建筑学的内容可表现为图 1-1 的形式。

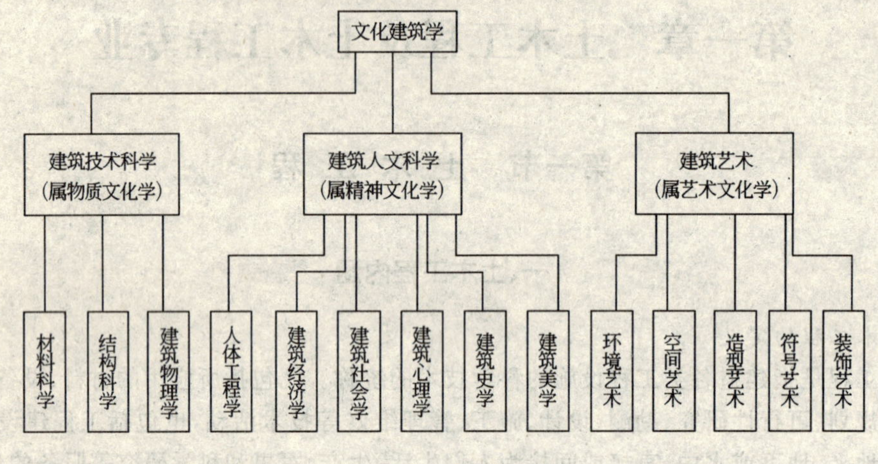

图 1-1　文化建筑学内容

二、土木工程的基本属性

土木工程具有如下基本属性：

1. 综合性

建造一项大型的土木工程设施一般要经过规划、可行性研究、勘察、设计和施工等程序，需要运用工程测量、工程地质勘察、水文地质勘察、土质土力学、工程力学、工程结构、工程设计、建筑材料、建筑设备、工程机械、建筑管理、建筑经济学科和施工技术、施工组织等领域的知识以及电子计算机、工程试验和力学测试等技术。因而土木工程是一个涉及知识面广、内涵广泛、门类众多、构成复杂的多分支的综合体系，具有很强的综合性。

2. 社会性

土木工程是伴随着人类社会的发展而发展起来的。土木工程设施与社会的发展十分密切，它是各个历史时期社会、经济、文化、科学、技术发展的标志，因而土木工程也就成为社会历史发展的见证之一。土木工程的产生、兴建和发展，不断地为人类社会创造崭新的物质空间和社会环境，成为人类社会现代文明的重要组成部分。

3. 实践性

土木工程与生产实践联系紧密，是一门具有很强实践性的学科。早期的土木工程就是通过长期的工程实践，总结成功的经验和吸取失败的教训发展起来的。而且在土木工程的发展过程中，工程实践的经验常先行于理论，至今对不少工程问题的处理，在很大程度上仍然是依靠实践经验。

4. 技术上、经济上和建筑艺术上的统一性

土木工程设施的建造要力求工程经济、技术合理，并能满足人们预期的功能要求。同时，作为一个工程实体，要求在造型、尺寸、比例、线条、色彩以及明暗阴影、建筑艺术、地方特色、民

族风格、时代风貌等方面相协调。因此，一个土木工程设施的建造应在技术、经济、艺术三个方面取得协调统一，从而构成一个完美的人造环境空间，为人们的生产、生活服务。

三、土木工程的重要性和需解决的问题

1. 土木工程的重要性

土木工程是人类政治、社会、经济、文化发展必不可少的基本活动，对国家建设和人民生活有着十分重要的意义。其重要性，体现在以下几方面：

(1)人们的衣、食、住、行都离不开土木工程。要"住"，必须建造各类建筑物；要"行"，必须建造铁路、道路、桥梁、机场、港站等；要"食"，必须打井取水、兴建水利，进行农田灌溉，解决城市供水、排水等问题；要"衣"，就必须建造纺织厂等。各类土木工程设施为人们的生产和生活创造了良好的物质空间。

(2)各种工业发展离不开厂房和道路运输，而厂房和道路运输的建设则是土木工程建设的重要内容。因此，通常称工厂、矿井、铁路、公路、桥梁、港口、农田水利以及公用设施(包括住宅、学校、商店、医院等)等工程的建设为基本建设。

(3)农业基本建设也离不开土木工程，农田水利、农村道路、农村住宅、畜牧场、养殖场等都是土木工程建设设施。

(4)土木工程的各项建设实体沉淀下来成为人类精神文化的财富。历代各时期的重大土木建筑，累积下来成为人类历史文化的重要遗产，经联合国科教文批准的690多处世界文化遗产中绝大多数都是土木工程建筑，可见土木工程对丰富人类精神和物质文化生活起着重要作用。

2. 土木工程需解决的问题

土木工程是社会和科技发展所需要的"衣、食、住、行"的先行官之一。它在任何一个国家的国民经济中都占有举足轻重的地位，其需解决的问题主要有以下几点：

(1)首先，土木工程需要解决的问题体现为形成人类活动所需要的功能良好和舒适美观的空间和通道。它既有物质方面的需要，又有精神方面的需要。这是土木工程的根本目的和出发点。

(2)其次，土木工程需要解决的问题表现为能够抵御自然或人为的作用力。前者如地球引力、风力、气温和地震作用等；后者如振动、爆炸等。这是土木工程之所以存在的根本原因。

(3)第三，土木工程需要解决的问题表现为充分发挥所采用材料的作用。土木工程都是用石、砖、混凝土、钢材、木材乃至合金材料、塑料等材料在地球表面的土层或岩层上建造的。材料所需的资金占土木工程投资的大部分。材料是建造土木工程的根本条件。

(4)第四，土木工程需要解决的问题体现为怎样通过有效的技术途径和组织手段，利用各个时期社会能够提供的物资设备条件，"好、快、省"地组织人力、财力和物力，把社会所需要的工程设施建造成功，付诸使用。这是土木工程的最终归宿。

为解决上述问题所进行的土木工程活动，一般包括两个方面：技术方面，有勘察、测量、设计、施工、监理、开发等；管理方面，有制定政策和法规、企业经营、项目管理、施工组织、物业管理等。土木工程活动是人类的基本活动之一，与之相关的要素和目的之间的关系归纳分析如图1-2所示。

四、土木工程建设项目

1. 工程建设项目的含义

一个工程建设项目是指在一个总体设计或初步设计范围内，由一个或几个单项工程所组

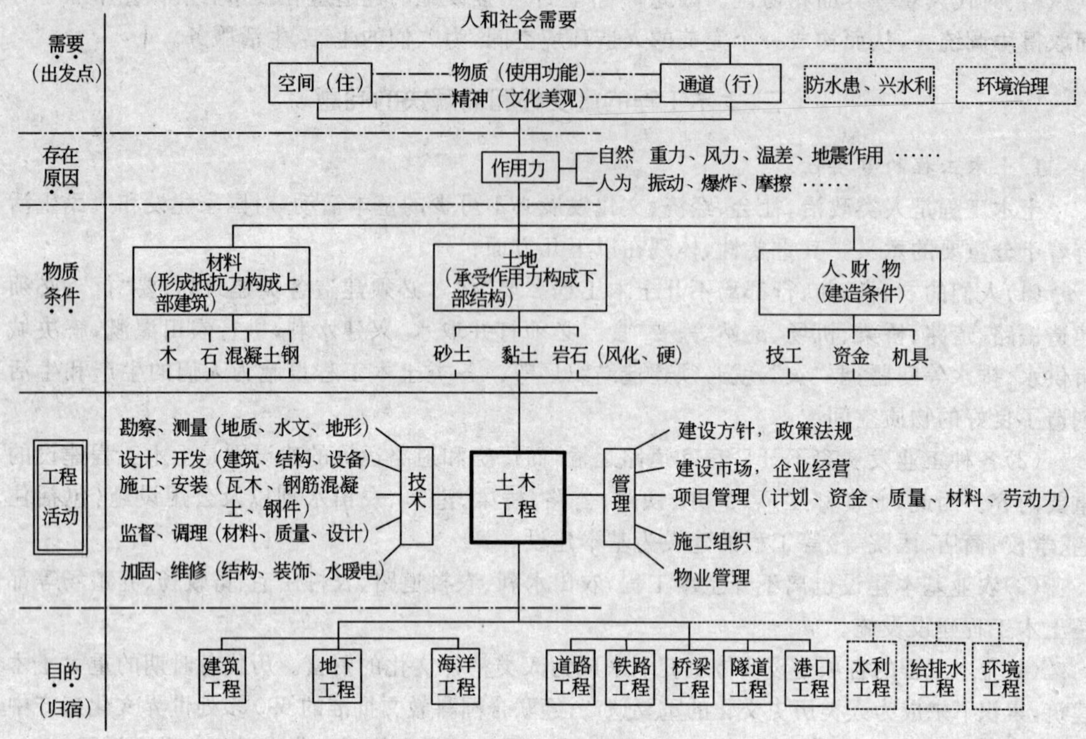

图 1-2 土木工程的要素和目的关系

成,经济上独立核算、行政上实行统一管理的建设单位。一般以一个企业、事业单位或独立工程作为一个建设项目。全部投资在 10 万元以下的工程不单独作为一个建设项目。凡属于一个总体设计中的主体工程以及相应的附属配套工程、综合利用工程、环境保护工程和供水、供电工程等,只作为一个建设项目。

用更新改造资金、大修理基金和维护费等安排维持原有规模的更新改造工程以及用其他各种专项资金安排专项用途的均不属于建设项目。

2. 工程建设项目的分类

(1)按建设性质分类

按工程建设性质可分为新建、扩建、改建、迁建和恢复五类,见表 1-1。

按建设性质的项目分类 表 1-1

项目分类	建设性质
新建	新建工程或扩大原规模,其新增固定资产价值超过原价值 3 倍以上的工程
扩建	扩大原规模或增加生产能力而新建的工程
改建	提高技术标准或进行技术改造,以改进使用质量或增加生产效益而增建的工程
迁建	经上级批准的迁地建设,不论维持原规模或扩大规模的工程
恢复	原工程遭受灾害破坏不能修复,需投资重建,按原规模或在恢复时扩建的工程

(2)按建设规模分类

按建设规模可分为大型、中型和小型三类。根据国家计委、国家建委和财政部规定将工业建设项目和非工业建设项目按生产能力或投资金额的不同规定了大、中、小型项目的划分标准。非工业建设项目大、中型的划分标准见表 1-2。

非工业建设项目大、中型划分标准 表 1-2

项目分类	工程类别	规模投资
农、林、水利水产建设	水库 灌溉工程 水利工程(包括江河治理) 渔业基地 冷库 其他农、林、水产建设	库容 1 亿 m^3 及以上 受益面积 33 330 万 m^2 及以上 总投资 2 000 万元及以上 总投资 1 500 万元及以上 容纳渔轮 50 艘及以上 冷藏和制冷能力各 5 000t 或冷藏 1 万 t 及以上 总投资 1 000 万元及以上
交通、邮电建设	铁路	新建干线、支线、地下铁道和总投资 1 500 万元及以上原有干线、枢纽的重大技术改造; 地方铁路长度 100km 及以上,货运量 50 万 t 及以上
	公路	新建、改建长度 200km 及以上的国防、边防公路和跨省区重要干线以及长度 1 000m 及以上的独立公路大桥
	港口	年吞吐量 100 万 t 及以上的新建、扩建沿海港口; 年吞吐量 200 万 t 及以上的新建、扩建内河港口
	邮电	长度 500km 及以上的跨省区长途通信电缆; 长度 1 000km 及以上的跨省区长途微波通信; 总投资 1 000 万元及以上的其他邮电建设
	民航	总投资 2 000 万元及以上的新建、改建机场
仓库建设	火药库 石油库 冷库 粮食中转库 其他仓库	建筑面积 3 万 m^2 及以上 库容 5 万 m^3 及以上 储藏能力 1 万 t 及以上 库容 7.5t 及以上 总投资 1 000 万元及以上
城市建设	公用事业	工业城市、工矿区新建、扩建供水、供气等公用事业总资 1 000 万元及以上; 日供水 11 万 t 及以上的独立水厂; 日供气 30 万 m^3 的独立煤气厂(包括液化石油气厂)
	市政工程	城市排水管网、污水处理、道路、立交桥梁、防洪、环保等工程,在城市总体规划要求下分期、分段建设,不作为大、中型项目; 城市一般民用建筑、住宅、办公、生活用房,由有关部门和省、市、区通过国家计划的年度投资安排,不作为大、中型项目

五、土木工程建设的程序和内容

1.按程序建设的原因

土木工程项目建设是一项涉及面广、影响范围大、因素复杂、投资巨大的国家基本建设项目,必须按照一定程序才能有条不紊地进行。原因主要有:

(1)对社会发展影响巨大。它是工、农、商业和科学、文化教育事业发展的基础,称为基本建设。

(2)对城市建设影响深远。它是城市规划、城市改造和城市景观的重要元素,可称为城市基础。

(3)耗资巨大。我国1998～2000年平均每年要投资3万多亿元，其中主要靠建筑业来完成。

(4)从业人员多。从业企业和单位多，涉及面广，影响的直接从业和间接从业人员多。

(5)材料品种繁多。一项巨型建设项目往往需采用几十万吨甚至数百万吨建筑材料和制品。

2. 土木工程建设程序及内容

1)工程规划

工程规划是指工程项目实施前，根据使用需要、建设环境、自然条件、材料、技术和资金以及国家有关政策、法规、法令，进行如选址、布局、确定建设项目、提出建设要求等工程项目的总体布局、方案论证及重大原则问题的确定工作。

工程规划是土木工程建设的首要程序和重要阶段，工程规划是工程项目立项的重要依据。

2)立项和报建

立项、报建是工程项目建设程序的第一步。其主要内容包括说明工程项目的目的、必要性和依据，拟建规模和建设的设想，建设条件及可能性的初步分析，投资估算和资金筹措，项目的进度安排，经济效益和社会效益估计等。将此内容写成书面报告(称项目建议书)报请上级主管部门批准兴建。

大、中型项目的项目建议书由国家计委审批，其中总投资2亿元以上的项目，由国家计委审核后报国务院审批。小型项目按项目隶属关系，分别由主管部门和省、自治区、直辖市、计划单列市计委审批。

3)工程可行性研究

工程可行性研究是指一种对工程投资项目在投资决策前进行的技术、经济论证工作。通过调查、研究、推算、比较和论证，选择最少的耗费，取得最佳经济效果的手段和时机。通过可行性研究确定工程建设的基本轮廓，主要解决工程项目的可否、时期和规模三个问题。

(1)可行性研究报告的内容

①根据经济调查和社会调查的预测资料，确定工程项目建设规模和工程建设方案。

②工程建设所需原料、燃料及水、电、运输等条件的落实情况。

③建设地点的选择和建设条件。

④技术工艺、主要设备选型、建设标准和相应的技术经济指标。

⑤主要单项工程、公用辅助设施、协作配套工程的构成，工程总布置方案和工程量估算。

⑥环境保护、城市规划、防震、防洪、防空、文物保护等要求和采取的相应措施的方案。

⑦企业组织、劳动定员和人员培训规划。

⑧建设工期和实施进度。

⑨投资估算和资金筹措。

⑩经济效益和社会效益。

(2)可行性研究报告的审批

大、中型项目可行性研究报告，必须经过有资格的咨询公司评估，提出评估报告，再由国家计委审批。

地方投资安排的大、中型建设项目，其可行性研究报告由省、自治区、直辖市或计划单列市计委审批，同时抄报国家计委和有关部备案。

小型项目的可行性研究报告按隶属关系，分别由部、省、自治区、直辖市、计划单列市计委审批。

4)工程勘察设计及设计文件编制

(1)工程勘察

工程勘察指在工程设计前，对工程建设场地的地质、水文、地理环境特征及与工程建设相关的建设条件进行的调查、勘察、测绘、测试以及综合评定的工作。通过勘察提供工程建设所需的基础资料。工程勘察是基本建设的首要环节，做好这项工作对于建设场地的详细论证和定位，保证工程的顺利进行，促使工程取得经济、社会与环境效益有着十分重要的意义。工程勘察包括工程地质勘察、工程测量、水文地质勘察、工程水文勘察等方面的内容。

(2)工程设计

工程设计指某个具体土木工程从构思设想到形成可供施工的设计文件的过程。通过设计确定某项工程的方案、工程数量和投资费用，从而为工程施工提供全部技术经济资料。工程设计可分为初步设计、技术设计和施工图设计三个阶段。

(3)设计文件编制

首先，采取招标或委托方式选定勘察设计单位并签订勘察合同。一个建设项目由两个以上设计单位配合设计时，应指定或委托其中一个为主体设计单位全面负责，组织设计协调、汇总设计文件以保持设计的完整性。

其次，组织初步设计的评估和审批。初步设计是在建设项目确定后，根据可行性研究报告的要求，安排建设项目具体实施方案的主要依据。初步设计经由主管部门委托有资格的咨询公司评估后，按照国家规定的初步设计审批权限，由各主管部门审批。审批后的初步设计为编制施工图设计及预算的依据。

最后，编制施工图设计和施工图预算。

5)工程施工

工程施工是指通过有效的技术途径和组织方法，按照设计文件的要求建设工程设施的过程。在施工阶段，建设单位通过招标，将工程任务交给施工单位。施工单位应做出施工组织设计，它是指导施工的技术经济文件，并通过对人、财、物的组织管理和具体的各种工程技术的实施，将设计图纸变为现实。在施工全过程中，建设单位通过监理公司对施工单位进行全面的费用、进度、质量、合同的监督管理，最后通过工程竣工验收将完成的工程实体交付使用。

(1)施工准备

施工前的准备工作包括下列内容：

①征地、拆迁。

②采取招标、包建或承发包等方式，选定施工单位或工程总承包单位。

③落实施工用水、电、路等外部协作条件。

④组织大型、专用设备预安排和特殊材料预订货。

⑤落实地方建筑材料的供应。

⑥准备必要的施工图纸。

⑦进行场地平整等。

完成各项准备工作后，大、中型项目开工报告按项目隶属关系，由各部、省、自治区、直辖市、计划单列市负责审批，报国家计委备案。小型项目由部、省、市、自治区、计划单位市计委审批。

(2)施工实施

①列入年度计划。所有建设项目必须进行综合平衡，大、中型项目列入国家年度计划，小型项目按隶属关系，分别列入部或省、市、自治区年度计划，进行施工准备。具备开工条件，填报开工报告，经批准后，才能开工。

②编制施工图预算和施工组织设计。施工单位根据设计单位提供的施工图，会同设计单位编制施工图预算和施工组织设计。施工图预算如突破批准的设计概算，要申述理由，报原批准单位批准。

③做好施工图会审。施工前做好施工图会审，明确设计意图和质量要求。施工中严格按照施工图纸施工。如需变动，应取得设计单位同意。

④合理组织施工。按照施工组织设计合理组织施工，施工过程中严格按照设计要求和施工验收规范及其承包合同的要求，确保工程质量，并做好原始记录。

6)竣工验收及交付使用

工程完工经初检符合设计要求，能够正常使用后，应及时组织验收。竣工验收前，建设单位要组织设计、施工、质监及其他有关单位进行初验。初验合格后，向主管部门抽出竣工验收报告，并系统整理工程有关技术资料和绘制竣工图，编好工程竣工决算。

大型项目由国家计委组织验收。其中特别重要的项目，由国家计委报国务院批准组织验收。中、小型项目按隶属关系由主管部或省、市、自治区负责组织验收。

竣工项目经验收合格后，应迅速办理向接管单位的交接手续，以便工程能得到及时地管理和养护。

第二节　土木工程专业

一、专业历史沿革与相关专业

1. 早期的土木工程专业及学校

土木工程是一个十分古老的学科，土木工程专业也是一个历史悠久的工科高等教育的园地，中外较早的土木专业学校主要有以下几所：

(1)由于理论的发展，土木工程作为一门学科逐步建立起来，法国在这方面是先驱。1716年法国成立道桥部队，1720年法国政府成立交通工程队，1747年创立巴黎桥路学校，培养建造道路、河渠和桥梁的工程师。所有这些都表明土木工程学科已经形成。

(2)我国最早的土木专业始于天津，1895年中国天津创办北洋西学堂，后改名北洋大学，现名天津大学，设有土木工程科。同年中国河北唐山创办唐山路矿学堂，后改名为唐山交通大学、唐山铁道学院等，1965年迁四川峨眉，现名西南交通大学，是中国最早培养铁路技术人才的学校。

1907年中国上海创办同济德文医学堂，后改称同济大学，现为一所土木、建筑占优势的综合性理工科大学。

中国开辟从北京到库伦(今蒙古乌兰巴托)的官马大道，1918年改建成公路，是国内最早的一项公路工程。

1927年，中国杭州在原求是书院和浙江高等学校基础上创立第三中山大学，次年更名为浙江大学，为一所综合性大学。现以理工科为主，设有土木学科。

2. 土木专业历史沿革

(1)1949 年以前,工科学科的设置基本上是英、美的,当时实行学年分制,即须读满四年,取得(工)学士学位。土木工程没有明确的专业,没有统一的教学计划,更没有教学大纲,各校土木系开课很不一致,开设的课程也很广泛。基本课程有数学、理论力学、材料力学、结构力学、测量学等,专业课程有钢结构、钢筋混凝土结构和木结构等,其余课程则因教师有所不同,如设有建筑构造、道路设计、铁道曲线等,也还有讲授水力学、水文学、河工学、土力学、坝工学、给排水工程、电工学及拱桥等课程。当时一些著名的大学,到 3～4 年级是分组的,比如现东南大学土木系的前身——解放前的中央大学土木系,即分结构、道路、卫生工程三个组,这里指的结构,不限于房屋建筑,更多的是桥梁方面的结构。所使用的教材,基本上是英国和美国的,内容都较浅。

(2)1952 年大规模院系调整后学习原苏联,土木工程学科设置发生了较大的变化,所设立的工业与民用建筑专业专攻房屋建筑,道路专业专攻道路,采用学年学时制,即学习四年(1955 年普遍改为五年制)并满足一定的学时后方可毕业。当时的课程门数多、学时数及周学时多,很少能开设选修课。

(3)1977 年恢复高考,学制改为四年。由于学科的发展,各学科内容不断更新、深化和扩大。例如,"钢筋混凝土结构"在最初的几种基本构件和单个及条形基础设计的基础上,不断更新,增加新内容,如轴心和偏心受拉及受扭构件计算、刚度裂缝计算、楼盖、单层厂房、多层及高层建筑结构设计、结构抗震等,计算机科学的发展促使学校增设了计算机基础和程序设计,又因资料浩繁,不得不增加"情报检索"课程等。

(4)由于历史和现实的各方面原因,专业划分过细,专业范围过窄,门类之间专业重复设置等问题十分突出。我国分别在 1982 年、1993 年、1997 年进行了三次专业目录的调整,坚持拓宽专业口径、增强适应性原则,专业主要按学科划分,使培养的人才具有较宽广的适应性。工业与民用建筑专业自 1993 年起改为建筑工程专业,紧接着自 1997 年起将建筑工程、交通土建、地下工程等近十个专业合并成为目前的"土木工程专业"。

3. 与土木工程有关的相关专业

与土木工程学科有关的专业,大致分为五类,即土建类、水利类、交通运输类、环境与安全类、管理科学与工程类。

(1)土建类:建筑学;城市规划,包括城市规划、城镇建设(部分)、总图设计与运输工程(部分)、风景园林(部分);建筑环境与设备工程,包括供热通风与空调工程、城市燃气工程等;给水排水工程;土木工程。

(2)水利类:水利水电工程,港口航道与海岸工程等。

(3)交通运输类:交通运输,包括交通运输、道路交通管理工程等;交通工程,包括交通工程、总图设计与运输工程(部分)、道路交通事故防治工程等。

(4)环境与安全类:环境工程,包括环境工程、环境监测、环境规划与管理(部分)、水文地质与工程地质(部分);安全工程,包括矿山通风与安全、安全工程、防火工程等。

(5)管理科学与工程类:工程管理专业,包括管理工程(部分)、涉外建筑工程营造与管理、国际工程管理、房地产经营管理(部分)及建筑工程管理等。

土木工程范围极为广泛,需要的知识面很广。实际上与土木工程有关的专业还应包括材料类中的金属材料、无机非金属材料、腐蚀与防护等,仪器仪表类中的测控技术与仪器,电气信息类中的计算机及应用等专业。

二、专业培养目标与人才素质要求

1.我国高等院校土木工程专业培养目标

1)培养目标的内容

我国高等学校土木工程专业的培养目标是:培养适应社会主义现代化建设需要、德智体全面发展、掌握土木工程学科的基本理论和基本知识、获得土木工程师基本训练(大专和高职获得土木工程师初步训练)的、具有创新精神的高级工程技术人才(大专和高职为高级工程技术应用人才)。毕业生能从事土木工程的设计、施工与管理工作,具有初步的工程项目规划和研究开发能力。

2)培养目标的理解

培养目标是土木专业人才培养的最终模式,正确、深刻地理解培养目标的意义和人才规格是十分重要的,具体应从以下五个方面理解。

(1)高等学校土木工程专业培养人才的目的是塑造能为社会主义现代化建设服务的第一线的土木工程师。由于在校进行的是工程师的基本(或初步)训练,学生毕业后只能是助理工程师。他们必须经过一定的实践锻炼和考核,才能成为工程师。

(2)土木工程专业所培养的未来工程师是属于技术家的范畴。本科生在学习过程中既要重视基础科学和技术科学的学习,又要重视本专业工程技术的学习;其中更为重要的是打好扎实的技术科学理论基础。大专生则要在学好基本的基础科学和技术科学理论基础上,更加重视本专业工程技术知识和技能的学习和应用。

(3)由于我国目前土木工程企事业部门多数还不能承受学生大学毕业后的专业技术培训任务,大学本科或专科都是一个“独立的培养阶段”,所以在大学教学和大学生的学习过程中必须要既重视基础理论的学习,又重视与工程实践有关的技能和能力的训练,还要重视工程意识和创新精神的培养和形成,以便使学生毕业后能较快地承担起工程任务。

(4)社会对人才的需求和学校对人才的培养之间存在着两个根本矛盾:社会需求的多样性和学校培养人才的规格较为单一之间的矛盾;社会需求的可变性和学校教学的相对稳定性之间的矛盾。此外,人的个性发展需要和学校规定的学习内容之间也不一定协调。因此,学生在学好本专业规定的必修课之外,还应该具备一些其他知识,以适应多样和多变的社会需求和个性发展的需要。

(5)培养目标“高级技术人才”中的“高级”二字,是相应于高等工程教育而言的,高等教育培养的人才有四个层次:博士生;硕士生;本科生;大专或高职生。高等教育所培养的人才都称为“高级……人才”;属于中等教育的中学和中专,所培养的人才都称为“中级……人才”。必须十分清楚,培养高级技术人才绝不是说工科大学生毕业后就成为高级工程师,高级工程师的称号是取得工程师称号的人经过较多的实践锻炼并在工程实践中作出较大贡献后才能获得的。

2.土木工程专业对培养人才素质的要求

1)人才素质

人才是指德才兼备,并有某种特长的人。他们的创造性劳动,为人们认识自然改造自然、认识社会改造社会以及人类进步作出了并正在作出较大贡献。人才是多种多样的,但具有以下共同特点:①杰出性,这是人才最本质的特征,指的是人的杰出表现,或在再现型劳动中作出的超量贡献,或在创造型劳动中作出的成绩;②相对性,指人才总是相对于一定的历史时代和劳动领域而言的;③广泛性,指人才的多类性,在多阶级社会中具有阶级性,每个阶级都有自己阶级的人才;④动态性,指人才不是天生的,而是通过实践不断提高、成长、从非人才向人才转化而成的,人才素质是不断发展变化的,不是静止不变的。

素质是指人的神经系统以及感觉器官、运动器官的生理结构和功能特点,特别是脑的微观结构的特点。素质是能力形成和发展的前提条件之一,其缺陷会造成能力发展的障碍。素质与能力的关系有两种假设:一是天资高的人可能神经组织的形态和功能有独特的特点;二是素质可能与神经过程(兴奋和抑制)的特点(强度、平衡性、灵活性)有关,即能力与高级神经活动的类型有关。

而人才素质从教育学的观点则是指"人在先天生理基础上受后天环境、教育影响,通过个体自身的认识与社会实践,养成的比较稳定的身心发展的基本品质"。

2)人才素质要求

在当今面向21世纪土木工程专业素质教育的需要,有人认为21世纪的工程师至少应能对以下四个问题作出回答。

第一,会不会去做。能否在科学技术上解决工程中的难题。

第二,可不可以做。能否在政策法规下遵照法律把事办成。

第三,值不值得做。能否在人、财、物和时空约束下经济合理地完成任务。

第四,应不应该做。能否自觉地考虑生态可行性和工程持续性。

顺着这个思路去思索土木工程专业对所培养人才应有的素质要求,是有志于学习土木工程专业的青年学生今天应该追求的基本品质。它们大体有以下几方面。

(1)认知方面

①数理化基础理论的原理和方法,了解当代科学技术发展的主要方面和应用前景。

②与专业需要相应的工程图学、工程力学、材料学、计算机科学、测量学等的原理、方法和应用。

③本专业主要工程技术(原理、设计、分析、工艺、测试、处理、评价等)的知识和方法。

④与经济分析(成本、市场价值等)、技术经济(效益、评价等)、管理、建设法规、环境治理等有关的知识。

⑤哲学及方法论、经济学、历史、法学、伦理、社会学、文学、公共关系学、艺术等人文社会科学方面以及军事方面的基本知识。

(2)技能和能力方面

①关于信息的技能和能力。获取、储存、记忆、交流信息的技能(文献检索、写作表达、外语四会等),由此形成很强的自主学习能力。

②关于应用的技能和能力。运算、实验、测试、计算机应用、设计、绘图、操作等技能,由此形成较强的解决实际技术问题(尤其是本专业的设计和施工)的能力。

③关于心智的技能和能力。逻辑的、辩证的、形象的、创造的思维方式和对事物进行条理、统计、分析、综合、归纳、评价的技能,由此形成独立见解和研究、开发的创新能力。

④关于公关活动的技能和能力。交谈、联络、协调、合作、管理等方面的技能,由此形成的初步组织管理能力。

⑤关于体魄方面的技能和能力。掌握科学锻炼身体的基本技能,养成良好的体育锻炼和卫生习惯,受到必要的军事训练,达到国家规定的有关合格标准,能履行建设和保卫祖国的神圣义务。

(3)思想和情感方面

①政治品质。热爱祖国，拥护中国共产党和国家的路线方针，懂得政策，有法制观念，对思潮有辨别力。

②思想品质。懂得马列主义、毛泽东思想、邓小平理论的基本原理，树立辩证唯物主义世界观，走与工农群众、与生产劳动相结合的道路，对土木工程事业有情感、有信念、有责任心。

③道德品质。遵纪守法，有良好的品德修养和文明的行业准则，有鲜明的职业道德。

(4)意识和意志方面

①实践意识。一切从实际出发，实践检验是唯一标准。

②质量意识。对质量方针政策、现象、原因、危害的全面认识，并能确保质量。

③协作意识。能与周围群众协同工作，协调配合。

④竞争意识。力争上游，在相互竞争中求发展。

⑤创新意识。鄙薄墨守成规，追求新意境、新见解。

⑥坚毅意识。克服困难、调节行动，顽强实现预定目标。

(5)心理和体魄方面

①学风上的勤奋、严谨、求实、进取。

②作风上的谦虚、谨慎、朴实、守信。

③健全的体质、良好的体能。

④旺盛的精力、活跃的思路。

作为一个大学生，养成上述基本品质的主要途径有以下几方面。

(1)勤奋学习。充分利用学校环境，勤奋学习自然科学、工程技术和有关人文社会科学的理论知识，打下扎实的理论基础，养成良好的学风和学习习惯。这是不断进步的基础。

(2)努力实践。认真参与学校和本专业组织的多种教学实践，例如实验、设计、实习、课外科技活动、社会实践、军训等，养成勤于动手与动脑，做到理论与实际相结合。这是不断提高实践能力的基础。

(3)勇于创新。在校学习，既要依靠和取得教师的指导，更要培养自己积极主动地进行自主学习的能力。平时要勤于思索，善于提问，敢于怀疑，勇于创新。这是培养自身创新精神和创造能力的基础。

(4)融于集体。积极参加学校和班级组织的社会活动，承担社会工作的责任，为集体多做贡献，做到在学习和社会工作上"两个肩膀挑担子"。这是锻炼自己组织能力和处理好人际关系的基础。

(5)健康身心。积极锻炼身体，养成运动习惯，注意劳逸结合，加强心理修养。这是毕业后健康工作的基础。

(6)适应时代。关心国家大事，重视科技发展，努力使自己适应时代新潮流，并且在适应过程中能够辨别是非真伪。这是成为开拓性人才的基础。

要切记，一个人素质的养成具有"不可替代性"，自觉地积极接受后天环境与学校教育的影响，是形成优秀素质的必要条件。

三、专业基本要求与课程设置

1.专业基本要求

作为一个土木工程专业的毕业生应该有一定的规格，其基本要求有以下四个方面。

1)思想道德、文化和心理素质

热爱社会主义祖国，拥护中国共产党的领导，掌握马列主义、毛泽东思想和邓小平理论的基本原理；愿为社会主义现代化建设服务，为人民服务，具有为国家富强、民族昌盛而奋斗的志向和责任感；具有敬业爱岗、艰苦奋斗、热爱劳动、遵纪守法、团结合作的品质；具有良好的思想品德、社会公德和职业道德。

具有基本的、高尚的科学人文素养和精神以及体现哲理、情趣、品位、人格方面的较高修养。

保持心理健康，能做到心态平和、情绪稳定、乐观、积极、向上。

2)知识结构

(1)人文、社会科学基础知识

懂得马列主义、毛泽东思想、邓小平理论的基本原理，了解哲学、科学、艺术间的相互关系，在哲学及方法论、经济学、法律等方面具备必要的知识，了解社会发展规律和21世纪发展趋势，对文学、艺术、伦理、历史、社会学及公共关系学等若干方面进行一定的修习。掌握一门外语。

(2)自然科学基础知识

掌握高等数学和本专业所必需的工程数学，掌握普通物理的基本理论，掌握与本专业有关的化学原理和分析方法，了解现代物理、化学的基本知识，了解信息科学、环境科学的基本知识，了解当代科学技术发展的其他主要方面和应用前景。掌握一种计算机程序语言。

(3)学科和专业基础知识

①掌握理论力学、材料力学、结构力学的基本原理和分析方法，掌握工程地质与土力学的基本原理和实验方法，掌握流体力学(主要为水力学)的基本原理和分析方法。

②掌握工程材料的基本性能和适用条件，掌握工程测量的基本原理和基本方法，掌握画法几何基本原理。

③掌握工程结构构件的力学性能和计算原理，掌握一般基础的设计原理。

④掌握土木工程施工与组织、项目管理及技术经济分析的基本方法。

(4)专业知识

在建筑工程、隧道与地下建筑、公路与城市道路、铁道工程、桥梁、矿山建筑等范围内，至少应有两项应达到下列要求：

①掌握土木工程项目的勘测、规划、选型或选线、构造的基本知识。

②掌握土木工程结构的设计方法、CAD和其他软件应用技术。

③掌握土木工程基础、了解地基处理的基本方法。

④掌握土木工程现代施工技术、工程检测与试验的基本方法。

⑤掌握土木工程的防灾与减灾的基本原理及一般设计方法。

⑥了解本专业的有关法规、规范与规程。

⑦了解本专业发展动态。

(5)相邻学科知识

①了解土木工程与可持续发展的关系。

②了解建筑与交通的基本知识。

③了解给排水、供热通风与空调、电气等建筑设备、土木工程机械等的一般知识。

④了解工程管理的基本知识。

⑤了解土木工程智能化的一般知识。

3)能力结构

(1)获取知识的能力

具有查阅文献或其他资料、获得信息、拓展知识领域、继续学习并提高业务的能力。

(2)运用知识的能力

①具有根据使用要求、地质地形条件、材料与施工的实际情况,经济合理、安全可靠地进行土木工程勘测和设计的能力。

②具有解决施工技术问题和编制施工组织设计、组织施工及进行工程项目管理的初步能力。

③具有工程经济分析的初步能力。

④具有进行工程监测、检测、工程质量可靠性评价的初步能力。

⑤具有一般土木工程项目规划的初步能力。

⑥具有应用计算机进行辅助设计、辅助管理的初步能力。

⑦具有阅读本专业外文书刊、技术资料和听说写译的初步能力。

(3)创新能力

①具有科学研究的初步能力。

②具有科技开发、技术革新的初步能力。

(4)表达能力和管理、公关能力

①具有文字、图纸、口头表达的能力。

②具有与工程的设计、施工、使用相关的组织管理的初步能力。

③具有社会活动、人际交往和公关能力。

4)身体素质

具有一定的体育和军事基本知识,掌握科学锻炼身体的基本技能,养成良好的体育锻炼和卫生习惯,接受必要的军事训练,达到国家规定的大学生体育和军事训练合格标准,具备健全的心理和健康的体魄,能够履行建设祖国和保卫祖国的神圣义务。

2.专业课程设置

1)课程的概念及特征

课程是以人类通过实践的积累知识为基础,遵照培养目标的要求,经过选择和组织所构成的,可供教师传授的学科体系和教学内容。

课程的特征有以下几点:

(1)知识具有积累性。其内涵首先必须是前人成熟的经验和技术,是客观存在的事实。

(2)内容具有选择性。其内容必须经过选择,一方面要遵循学科内在的逻辑需要,另一方面要符合培养对象对知识的需求。

(3)体系具有传授性。其体系安排既要符合学习者的认识规律,又要符合讲授者的教学要求。

课程不等于一门学科中的一个分支(如自然科学中的物理学、生物学分支),但又有学科的属性。它是以学科为基础并以教学需要为前提所选择出的内容的组合。课程也不等于知识的积累,它受学习者知识水平的制约。同一课程,对不同层次的学生来说,有很大不同。例如,高中物理和大学物理,它们的内容就有差异。

任何一门课程都和教师、学生、教学活动组织和教学设备有密切的关系,如图 1-3 所示。

2)工科课程的类型

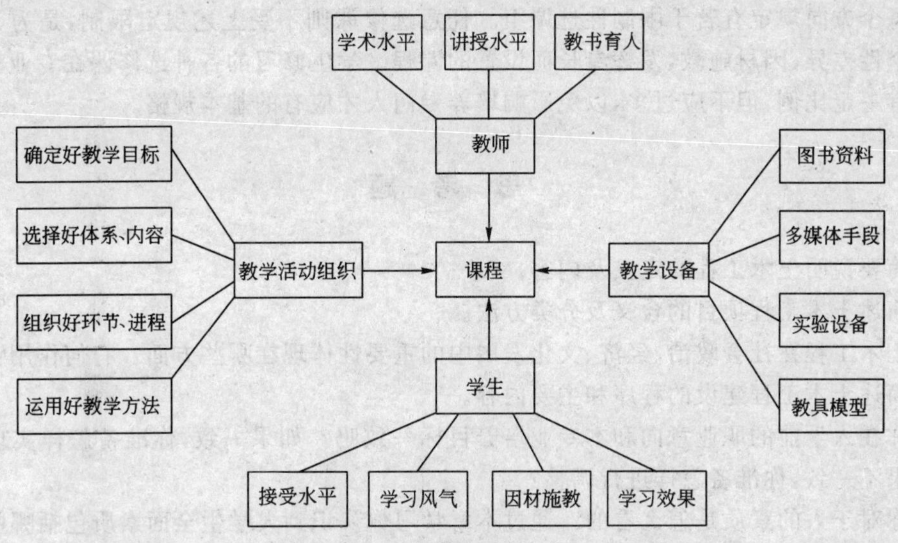

图 1-3　课程与教师、学生、教学活动以及教学设备的关系

(1)基础课:是研究自然界和社会的形态、结构、性质和运动规律的课程。它没有应用背景,是学生学习知识、进行思维和基本技能训练、培养能力的基础,也为学生提高基本素质以及学好专业技术课程奠定良好的基础。基础课分两大部分:数学和自然科学(如物理、化学、生物、地质等);人文和社会科学(如政治、历史、经济、哲学、伦理、文化等)。

(2)公共课:是任何专业都必修的课程,是培养人才德智体全面发展的必要课程(如语文课、法律知识课、军事知识课等)。

(3)技术基础课:是研究有应用背景的自然现象的规律的课程。它是利用自然和改造自然为人类服务的知识,也是与本专业有关的且与某些技术科学学科有关的知识组成的课程。技术基础课虽有应用背景但并不涉及具体的工程或产品,因而其覆盖面较宽,有一定的理论深度和知识广度,还具有与工程科学有密切关系的方法论,因而它对培养工程专门人才打下坚实的理论基础有很大帮助。例如,力学类、结构原理类、电子学类课程就是典型的技术基础课程。由于技术基础课往往是专业课的理论基础,有时也称专业基础课或学科基础课。

(4)专业课:是有具体应用背景的,与本专业有关的工程、产品类课程,或与本专业的工程技术、技能直接相关的课程。以土木工程专业开设的专业课程为例,包括:工程知识类,如房屋建筑学课;工程设计类,如高层建筑结构课;工艺技术类,如施工技术课;工程试验类,如结构试验课;工程管理类,如建设项目管理课。

(5)实践类课程:是配合工程师基本训练,为培养相应的技能和能力的课程。其教学目标是使学生获得将所学知识用于解决科学技术和工程实际问题的能力,密切学生和社会、工程之间的关系,是工程师基本训练的重要组成部分。例如,施工生产实习、毕业设计等。

(6)必修课、限制性选修课和任意选修课:必修课是学生在校期间必须修习完成的课程,它保证了培养专门人才在知识技能方面应有的标准(也称基本规格)。选修课则是学生可以有选择地修习的课程,它们有的是为了介绍科学技术的前沿,有的是为了加深科学技术的基础理论,有的是为了训练科学方法,有的是为了拓宽知识面,有的是为了满足学生的兴趣爱好等。选修课又可分限制性选修课和任意选修课。限制性选修课是为了在必修课基础上拓宽某些学科领域的知识而设置的课程,例如,土木工程专业在高年级时期划分若干方向(如建筑工程方向、交通土建工程方向、岩土工程方向、地下工程方向、矿井建设工程方向等),表现在课程设置上就是每个方向规定有若干限制性选课组。任意选修课则不受上述规定限制，是为了适应学生中的个性差异，因材施教，发挥专长而设置的课程。学生修习的各种选修课在专业教学安排中应占有一定比例，但不应过多，以免影响培养专门人才应有的基本规格。

思 考 题

1.简要说明土木工程的定义及内容。

2.简述土木工程项目的含义及分类方法。

3.土木工程在社会政治、经济、文化发展中的重要性体现在哪些方面？有何作用？

4.简述土木工程建设的程序和主要内容。

5.你在入学前的职业意向和本专业培养目标一致吗？如果一致，你准备怎样实现培养目标？如果不一致，你准备怎样进行调整？

6.你对于人的素质是怎么看的？通过本章学习你认识到大学生全面素质包括哪些？为什么说在大学阶段培养学生的全面素质十分重要？

7.工科大学培养的人才和实际工作岗位上的工程师之间有哪些重大差别？工科大学生毕业后成长的道路是什么？对于这条道路，工科大学生在校学习期间应该怎样有意识地进行模拟性的实践？

第二章　土木工程简史

土木工程的发展贯通古今，它的产生和发展同社会、经济、特别是与科学发展密切相关。土木工程的发展大约经历了三个历史阶段，即：古代土木工程、近代土木工程和现代土木工程三个时代。

第一节　古代土木工程

土木工程的古代时期是从新石器时代开始的。随着人类文明的进步和生产经验的积累，古代土木工程的发展大体上可分为萌芽时期、形成时期和发达时期。

一、古代土木萌芽时期

1. 早期的土木工程活动

大致在新石器时代，原始人为避风雨、防兽害，利用天然的掩蔽物，例如山洞和森林作为住处。当人们学会播种收获、驯养动物以后，天然的山洞和森林已不能满足需要，于是便使用简单的木、石、骨制工具，伐木采石，以黏土、木材和石头等，模仿天然掩蔽物建造居住场所，开始了人类最早的土木工程活动。初期建造的住所因地理、气候等自然条件的差异，仅有“窟穴”和“橧巢”两种类型。在北方气候寒冷干燥地区多为穴居，在山坡上挖造横穴，在平地则挖造拱穴。在中国黄河流域的仰韶文化遗址（约公元前 5000～前 3000 年）中，遗存有浅穴和地面建筑，建筑平面有圆形、方形和多室联排的矩形。西安半坡村遗址（约公元前 4800～前 3600 年）有很多圆形房屋，直径为5～6m，室内竖有木柱，以支顶上部屋顶，四周密排一圈小木柱，既起承托屋檐的结构作用，又是维护结构的龙骨；还有方形房屋，其承重方式完全依靠骨架，柱子纵横排列，这是木骨架的雏形。当时的柱脚均埋在土中，木杆件之间用绑扎结合，墙壁抹草泥，屋顶铺盖茅草或抹泥。在西伯利亚发现用兽骨、北方鹿角架起的半地穴式住所。原始社会的洞穴如图 2-1 所示。

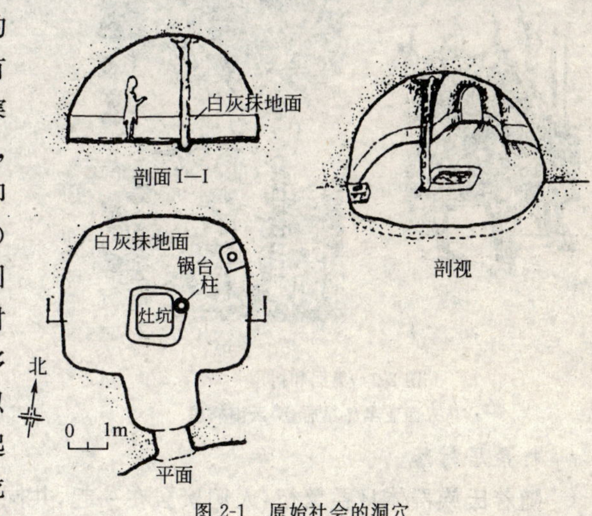

图 2-1　原始社会的洞穴

2. 基础工程的萌芽

新石器时代已有了基础工程的萌芽，穴洞里填有碎陶片或鹅卵石，即是柱础石的雏形。洛阳王湾的仰韶文化遗址（约公元前 5000～前 3000 年）中，有一座面积约 200m² 的房屋，墙下挖有基槽，槽内填卵石，这是墙基的雏形。在尼罗河流域的埃及，新石器时代的住宅是用木材或卵石做成墙基，上面造木构架，以芦苇束编墙或土坯砌墙，用密排圆木或芦苇束做屋顶（图 2-2）。

a)

b)

图 2-2　石屋和枝棚

a)蜂窝形石屋；b)圆形枝棚

3.构木为巢

在地势低洼的河流湖泊附近，则从构木为巢发展为用树枝、树干搭成空窝棚或地窝棚（图 2-3），以后又发展为栽桩架屋的“干栏式”建筑（图 2-4）。中国浙江吴兴钱山漾遗址（约公元前 3000 年）是在密桩上架木梁，上铺悬空的地板。西欧一些地方也出现过相似的做法，今瑞士境内保存着湖居人在湖中桩上构筑的房屋。浙江余姚河姆渡新石器时代遗址（约公元前 5000～前 3300 年）中，有跨距达5～6m、联排 6～7 间的房屋，底层架空（属于“干栏式”建筑形式），构件之结点主要是绑扎结合，但个别建筑已使用榫卯结合。在没有金属工具的条件下，用石制工具凿出各种榫卯是很困难的，这种榫卯结合的方法代代相传，延续到后世，为以木结构为主流的中国古建筑开创了先例。

a)

b)

图 2-3　巢居和树屋

a)马来西亚半岛巢居；b)云南树屋

图 2-4　“干栏式”住宅的演变过程

4.聚居村落

随着氏族群体日益繁衍，人们聚居在一起，共同劳动和生活。从中国西安半坡村遗址还可看到有条不紊的聚落布局，在浐河东岸的台地上遗存有密集排列的 40～50 座住房，在其中心部分有一座规模相当大的（平面约为 12.5m×14m）房屋，可能是会堂。各房屋之间筑有夯土道路，居住区周围挖有深、宽各约 5m 的防范袭击的大壕沟，上面架有独木桥。如图 2-5 所示。

5.简易工具及材料

这时期的土木工程还只是使用石斧、石刀、石锛、石凿等简单的工具，所用的材料都是取自当地的天然材料，如茅草、竹、芦苇、树枝、树皮和树叶、砾石、泥土等。掌握了伐木技术以后，就使用较大的树干作骨架；有了煅烧加工技术，就使用红烧土、白灰粉、土坯等，并逐渐懂得使用草筋泥、混合土等复合材料。人们开始使用简单的工具和天然材料建房、筑路、挖渠、造桥，土木工程完成了从无到有的萌芽阶段。

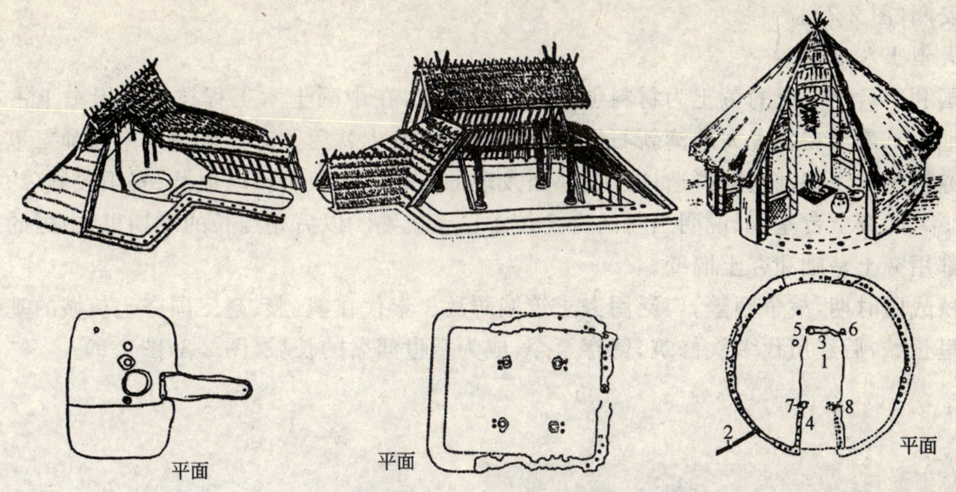

图 2-5　西安半坡村穴屋

1-灶炕;2-墙壁支柱炭痕;3、4-隔墙;5～8-屋内支柱

二、古代土木形成时期

1. 总体情况

随着生产力的发展,农业、手工业开始分工。大约公元前 3000 年,在材料方面,开始出现经过烧制加工的瓦和砖;在构造方面,形成木构架、石梁柱、券拱等结构体系;在工程内容方面,有宫室、陵墓、庙堂,还有许多较大型的道路、桥梁、水利等工程;在工具方面,美索不达米亚(两河流域)和埃及在公元前 3000 年,中国在商代(公元前 16～前 11 世纪)开始使用青铜制的斧、凿、钻、锯、刀、铲等工具。后来铁制工具逐步推广,并有简单的施工机械,也有了经验总结及形象描述的土木工程著作。公元前 5 世纪成书的《考工记》记述了木工、金工等工艺以及城市、宫殿、房屋建筑规范,对后世的宫殿、城池及祭祀建筑的布局有很大影响。

2. 水利及桥梁工程

中国在公元前 21 世纪,传说中的夏代部落领袖禹用疏导的方法治理洪水,挖掘沟洫,进行灌溉。公元前5～前 4世纪,在今河北临漳,西门豹主持修筑引漳灌邺工程,是中国最早的多首制灌溉工程。公元前 3 世纪中叶,在今四川灌县,李冰父子主持修建都江堰,解决围堰、防洪、灌溉以及水陆交通问题,是世界上最早的综合性大型水利工程(图 2-6)。

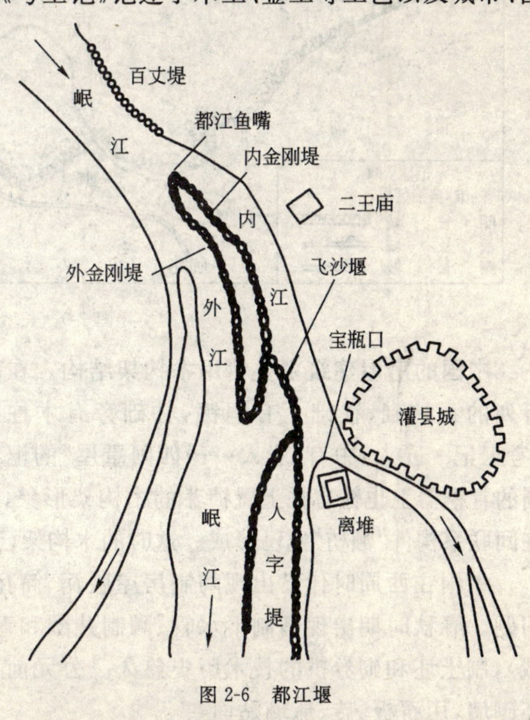

图 2-6　都江堰

在大规模的水利工程、城市防护建设和交通工程中,创造了形式多样的桥梁。公元前 12 世纪初,中国在渭河上架设浮桥,是中国最早在大河上架设的桥梁。如在引漳灌邺工程中,在汾河上建成 30 个墩柱的密柱木梁桥;在都江堰工程中,为了提供行船的通道,架设

了索桥安澜(图 2-7)。

3. 大型土木建筑

中国利用黄土高原的黄土为材料创造的夯土技术,在中国土木工程技术发展史上占有很重要的地位。最早在甘肃大地湾新石器时期的大型建筑中就用了夯土墙。河南偃师二里头有早商的夯筑筏式浅基础宫殿群遗址以及郑州发现的商朝中期版筑城墙遗址、安阳殷墟(约公元前 1100 年)的夯土台基,都说明当时的夯土技术已经成熟。以后相当长的时期里,中国的房屋等建筑都用夯土基础和夯土墙壁。

春秋战国时期,战争频繁,广泛用夯土筑城防敌。秦代在魏、燕、赵三国夯土长城的基础上筑成万里长城,后经历代多次修筑,留存至今,成为举世闻名的长城(图 2-8,图 2-9)。

图 2-7 安澜桥

图 2-8 长城

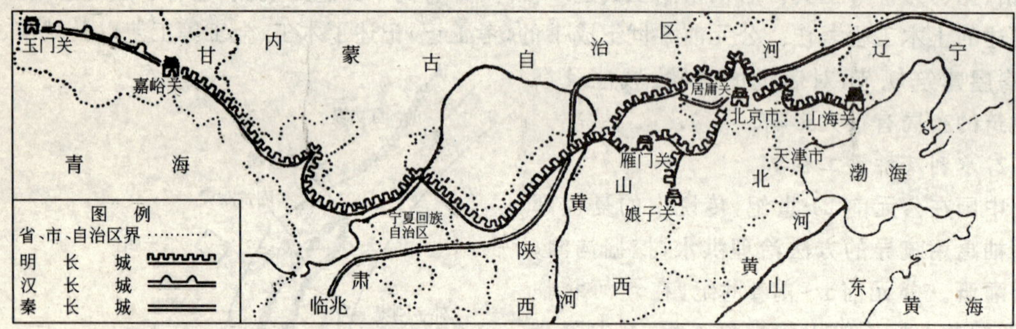

图 2-9 长城位置示意图

中国的房屋建筑主要使用木构架结构。在商朝首都宫室遗址中,残存有一定间距和直线行列的石柱础,柱础上有铜锧,柱础旁有木柱的烬余,说明当时已有相当大的木构架建筑。《考工记·匠人》中有“殷人……四阿重屋”的记载,可知当时已有两层楼,四阿顶的建筑了。西周的青铜器上也铸有柱上置栌斗的木构架形象,说明当时在梁柱结合处已使用“斗”,做过渡层,柱间联系构件“额枋”也已形成。这时的木构架已开始有中国传统使用的柱、额、梁、枋、斗栱等。

中国在西周时代已出现陶制房屋版瓦、筒瓦、人字形断面的脊瓦和瓦钉,解决了屋面防水问题。春秋时期出现陶制下水管、陶制井圈和青铜制杆件结合构件。在美索不达米亚(两河流域),制土坯和砌券拱的技术历史悠久。公元前 8 世纪建成的亚述国王萨尔贡二世宫,是用土坯砌墙,用石板、砖、琉璃贴面。

埃及人在公元前3000年进行了大规模的水利工程以及神庙和金字塔(图2-10,图2-11)的修建中,积累和运用了几何学、测量学方面的知识,使用了起重运输工具,组织了大规模协作劳动。公元前27～前26世纪,埃及建造了世界最大的帝王陵墓建筑群——吉萨金字塔群,这些金字塔,在建筑上计算准确,施工精细,规模宏大;建造了大量的宫殿和神庙建筑群,如公元前16～前4世纪在底比斯等地建造的凯尔奈克神庙建筑群。

图2-10　古埃及金字塔及狮身人面像

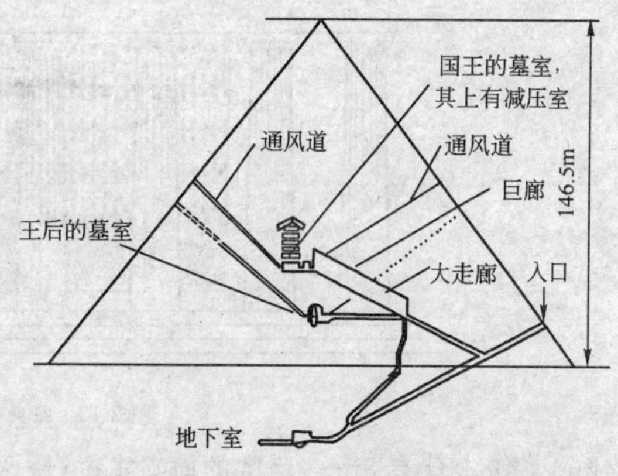

图2-11　胡夫金字塔墓室布局

希腊早期的神庙建筑用木屋架和木坯建造,屋顶荷重不用木柱支撑,而是用墙壁和石柱承重。约在公元前7世纪,大部分神庙已改用石料建造。公元前5世纪建成的雅典卫城(图2-12),在建筑、庙宇、柱式等方面都具有极高的水平。其中,如帕提农神庙全用白色大理石砌筑,庙宇宏大,石质梁柱结构精美,是典型的列柱围廊式建筑(图2-13)。

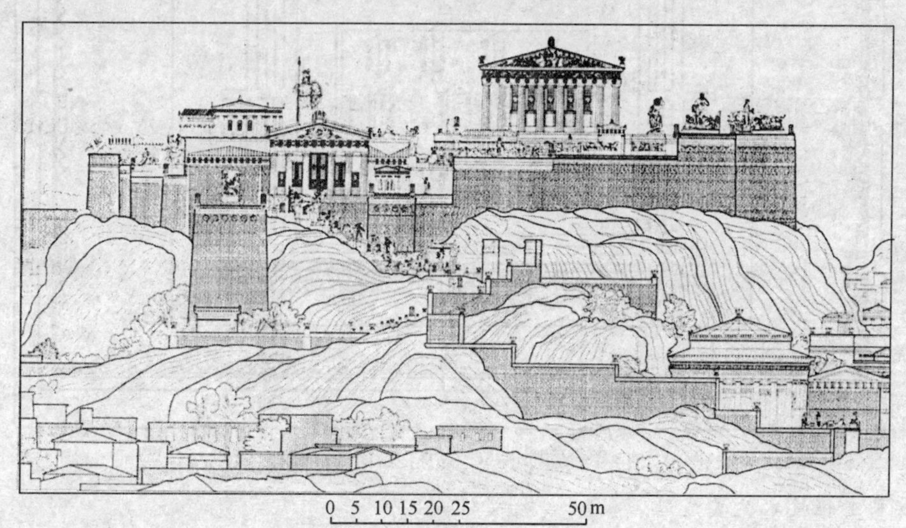

图2-12　雅典卫城示意图

4.城市建设

在城市建设方面,早在公元前2000年前后,印度建摩亨朱达罗城,城市布局有条理,方格道路网主次分明,阴沟排水系统完备。中国现存的春秋战国遗址证实了《考工记》中有关周朝都城"立九里、旁三门,国(都城)中九经九纬(纵横干道各九条),经涂九轨(南北方向的干道可九车并行),左祖右社(东设皇家祭祖先的太庙,西设祭国土的坛台),面朝后市(城中前为朝廷,后为市肆)"的记载(图2-14)。这时中国的城市已有相当的规模,如齐国的临淄城,宽3km,长

图 2-13　雅典帕提农神庙示意图

4km，城濠上建有 8m 多跨度的简支木桥，桥两端为石块和夯土制作的桥台。

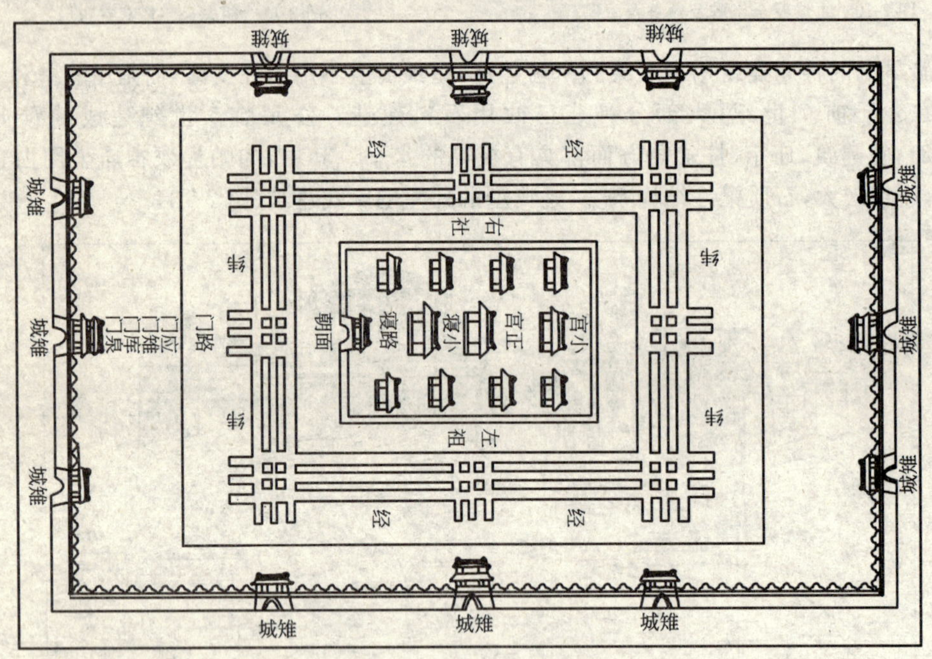

图 2-14 《周礼 · 考工记》记载的城市型制

5. 土木工程技术主要成就

(1)大约在公元前 3000 年烧制加工的砖和瓦，为土木建筑开辟了新材料。自此以后，砖、瓦成为房屋建筑的基本材料。

(2)在建筑构造方面，形成了木构架、石梁柱、券拱等结构体系，并在宫室、陵墓、庙宇、桥梁、水利工程中广泛运用，进一步推动了土木建筑的发展。

(3)三合土等混合材料的出现进一步推动了建筑结构的发展。公元前 3075 年，在今河南大河村留存的建筑残址中就开始用煅烧的礓石粉、粗砂和黏土配制成的白灰三合土作为胶结材料。

(4)公元前3000年,中国战国时代发明了指南针——司南,随后出现指南车和自动计程车,为道路及土木工程的勘察、定位提供了新的手段。

(5)几何学、测量学的诞生及在土木工程建筑(如水利工程、神庙及金字塔的修建、房屋建筑等)中的广泛应用,使土木工程在设计和勘测方面有了新的进展。

(6)公元前5世纪,第一部经验总结及形象描述的土木工程著作《考工记》成书。该书记述了木工、金工等工艺以及城市、宫殿、房屋建筑标准与规范。

三、古代土木工程发达期

1. 总体情况

由于铁制工具的普遍使用和复合材料的出现,土木建筑的工效得以提高,内容更加丰富,分工日益精细,技术日益精湛,土木工程进入发达时期。

这一时期土木工程的主要成就有:

(1)运用标准化的配件方法,把建筑构件按"材"或"斗口"、"柱径"的模数进行加工,加速了设计进度,使木结构建筑得以迅速发展。

(2)砖石结构中广泛采用单拱券、双层拱券、多层拱券和穹隆顶的多种结构形式,使砖石结构工程如房屋、隧道、桥梁、渡槽等许多结构新、形体大的古建筑迅速发展起来。

(3)预制构件、现场安装的新施工方法和吊装起重工具(如木制的"戥"和绞磨等)的出现,起吊能力达300t,使土木工程施工进度加快、工期缩短、水平提高。

(4)土木工程建筑工艺技术更加进步,分工日益细致,工种已有木作、瓦作、泥作、土作、雕作、旋作、彩画作、窑作等。担任工程设计和指挥的建筑师、工程师等专门人才开始出现。多种测绘仪器也相继产生,如抄平水准设备、度量外圆和内圆及方角等几何形状的器具"规"和"矩"等。设计计算方面已能绘制平面、立面、剖面和细部大样详图等,并采用模型设计的表现方法。

(5)天然混凝土的出现。公元前2世纪,罗马人用石灰和火山灰的混合物作胶结材料制成天然混凝土,广泛用于土建工程,有力地推动了当时券拱结构的发展。

(6)这一时期的代表性著作有:中国宋喻皓的《木经》、李诫的《营造法式》、宋应星的《天工开物》等;古罗马帝国时期维特鲁威的《建筑十书》以及意大利文艺复兴时期阿尔贝蒂的《论建筑》等。这些都是当时土木建筑工程实践的结晶。

2. 建筑工程

建筑工程中,中国古代房屋建筑主要是采用木结构体系,欧洲古代房屋建筑则以石拱结构为主。

(1)木结构

中国古建筑在这一时期出现了与木结构相适应的建筑风格,形成独特的中国木结构体系。根据气候和木材产地的不同情况,在汉代即分为抬梁、穿斗、井干三种不同的结构方式,其中以抬梁式最为普遍。在平面上形成柱网,柱网之间可按需要砌墙和安门窗。房屋的墙壁不承担屋顶和楼面的荷重,使墙壁有极大的灵活性。在宫殿、庙宇等高级建筑的柱上和檐枋间安装斗拱。

佛教建筑是中国东汉以来建筑活动中的一个重要方面。南北朝和唐朝大量兴建佛寺。公元8世纪建的山西五台山南禅寺正殿(图2-15、图2-16)和公元9世纪建的佛光寺大殿(图2-17、图2-18),是遗留至今较完整的中国木构架建筑。中国佛教建筑对于日本等国也有很大影响。

佛塔的建造促进了高层木结构的发展,公元2世纪末,徐州浮屠寺塔的"上累金盘,下为重楼",是在吸收、融合和创造的过程中,把具有宗教意义的印度窣堵坡竖在楼阁之上(称为刹),

形成楼阁式木塔。公元11世纪建成山西应县佛宫寺释迦塔(应县木塔),塔高67.3m,塔身采用内外两环柱网,各层柱子都向中心略倾(侧脚),各柱的上端均铺斗拱,用交圈的扶壁拱组成双层套筒式的结构;这座木塔不仅是世界上现存最高的木结构之一,而且在杆件和组合设计上,也隐含着对结构力学的巧妙运用(图2-19、图2-20)。

(2)砖石结构

约自公元1世纪,中国东汉时,砖石结构有所发展。在汉墓中已可见到从梁式空心砖逐渐发展为券拱和穹隆顶。根据荷载的情况,有单拱券、双层拱券和多层券。每层券上卧铺一层条砖,称为“伏”。这种券伏相结合的方法在后来的发券工程中普遍采用。自公元4世纪北魏中期,砖石结构已用于地面上的砖塔、石塔建筑以及石桥等方面。公元6世纪建于河南登封县的嵩岳寺塔,是中国现存最早的密檐砖塔(图2-21)。

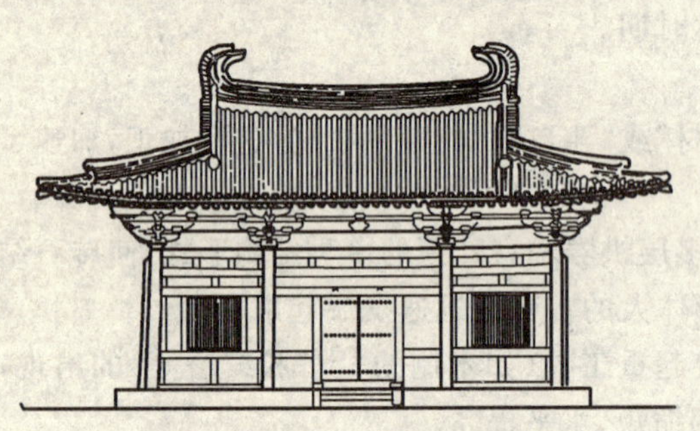

图2-15 南禅寺大殿立面

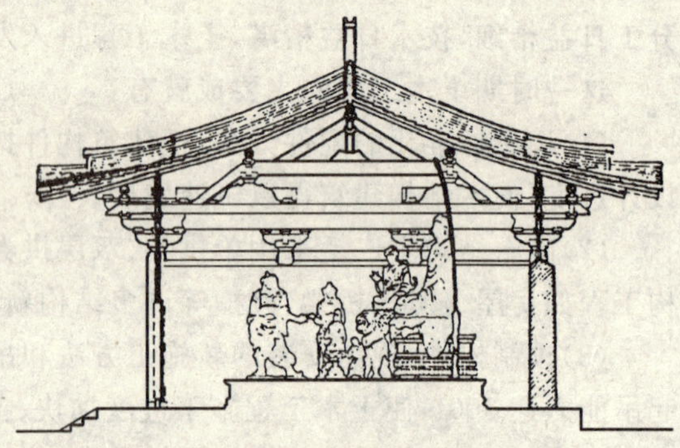

图2-16 南禅寺大殿剖面

图2-17 佛光寺大殿立面

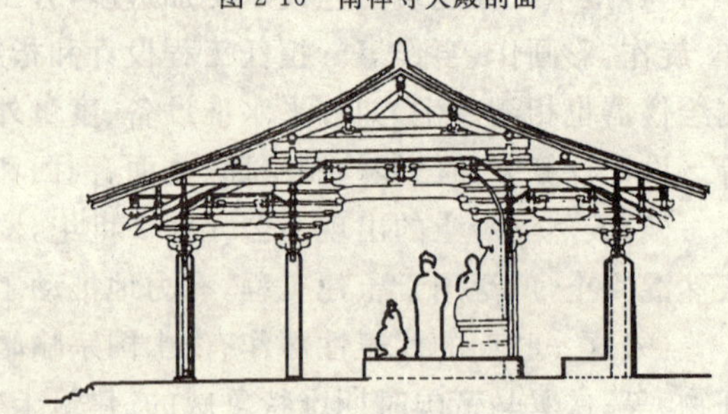

图2-18 佛光寺大殿剖面

图2-19 释迦塔外观

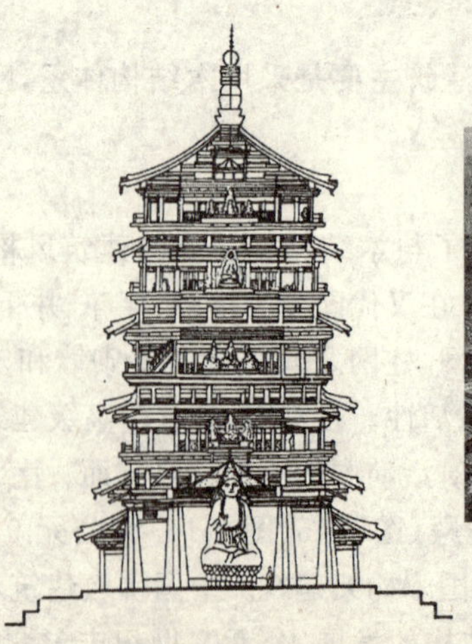

图2-20 释迦塔剖面

图2-21 嵩岳寺塔

早在公元前 4 世纪，罗马采用券拱技术砌筑下水道、隧道、渡槽等土木工程，在建筑工程方面继承和发展了古希腊的传统柱式。公元前 2 世纪，用石灰和火山灰的混合物作胶凝材料（后称罗马水泥）制成的天然混凝土得到广泛应用，有力地推动了古罗马的券拱结构的大发展。公元前 1 世纪，在券拱技术基础上又发展了十字拱和穹顶。公元 2 世纪时，在陵墓、城墙、水道、桥梁等工程上大量使用发券。券拱结构与天然混凝土的并用，使其跨越距离和覆盖空间比梁柱结构要大得多，如万神庙（120～124 年）的圆形正殿屋顶直径为 43.43m，是古代最大的圆顶庙（图 2-22）。古罗马的公共建筑类型多，结构设计、施工水平高，样式手法丰富，并初步建立了土木建筑科学理论，如维特鲁威著《建筑十书》（公元前 1 世纪）奠定了欧洲土木建筑科学的体系，系统地总结了古希腊、罗马的建筑实践经验。古罗马的技术成就对欧洲土木建筑的发展有深远影响。

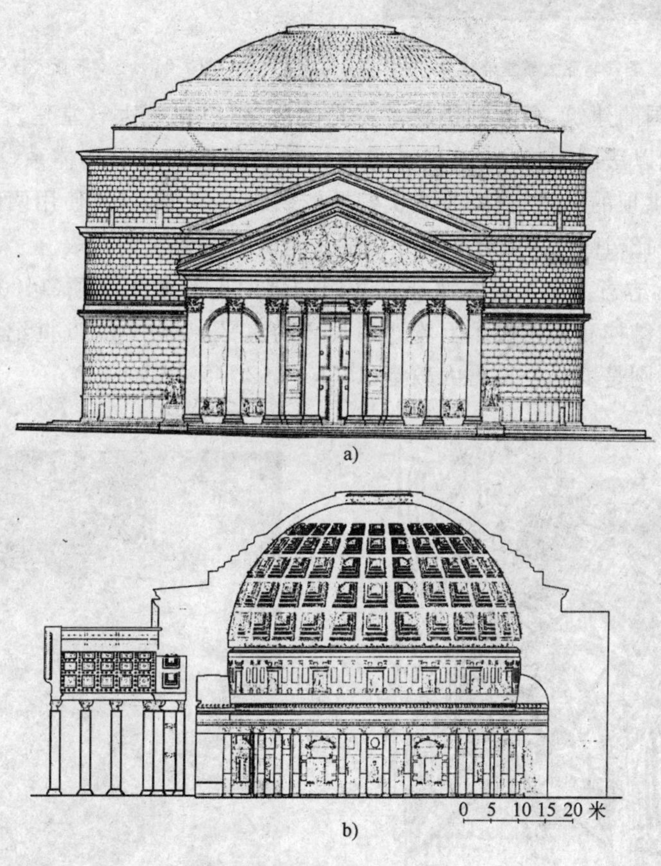

图 2-22　古罗马的万神庙

a）立面图；b）立剖面图

进入中世纪以后，拜占庭建筑继承古希腊、罗马的土木建筑技术并吸收了波斯、小亚一带的文化成就，形成了独特的体系，解决了在方形平面上使用穹顶的结构和建筑形式问题，把穹顶支撑在独立的柱上，取得了开敞的内部空间，如圣索菲亚教堂（532～537 年）为砖砌穹顶，外面覆盖铅皮，穹顶下的空间深 66.8m，宽 32.6m，中心高 55m（图 2-23、图 2-24）。8 世纪在比利牛斯半岛上的阿拉伯建筑，运用马蹄形、火焰式、尖拱等拱券结构。科尔多瓦大礼拜寺（785～987 年），即是用两层叠起的马蹄券。

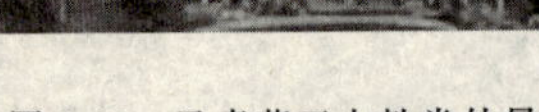

图 2-23　圣索菲亚大教堂外景

图 2-24　圣索菲亚大教堂内景

中世纪西欧各国的建筑，意大利仍继承罗马的风格，以比萨大教堂建筑群（11～13 世纪）为代表，其他各国则以法国为中心，发展了哥特式教堂建筑的新结构体系（图 2-25）。哥特式建筑采用骨架券为拱顶的承重构件，飞券扶壁抵挡拱脚的侧推力，并使用两圆心尖券和尖拱。巴黎圣母院（1163～1271 年）的圣母教堂是早期哥特式教堂建筑的代表。

15～16 世纪，标志意大利文艺复兴建筑开始的佛罗伦萨教堂穹顶（1420～1470 年），是世界上最大的穹顶，在结构和施工技术上均达到很高的水平。集中了 16 世纪意大利建筑、结构和施工最高成就的，则是罗马圣彼得大教堂（1506～1626 年）（图 2-26）。

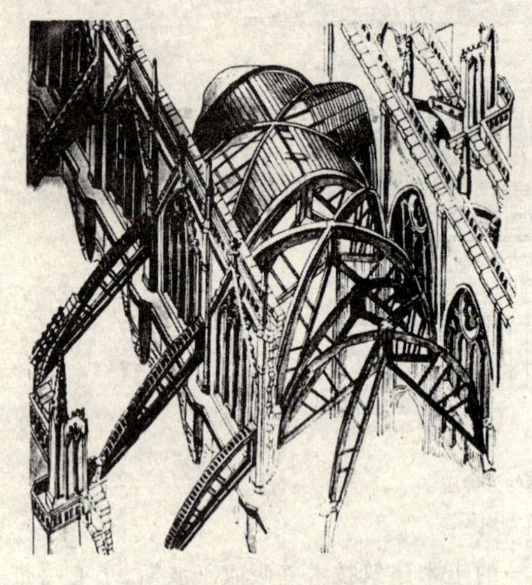

图 2-25　哥特式建筑结构图

图 2-26　圣彼得大教堂

意大利文艺复兴时期的土木建筑工程内容广泛，除教堂建筑外，还有各种公共建筑、广场建筑群，如威尼斯的圣马可广场等；意大利文艺复兴时期人才辈出，理论活跃，如阿尔贝蒂著《论建筑》（1455 年）是其间最重要的理论著作，体系完备，影响很大；施工技术和工具都有很大进步，工具除已有的打桩机外，还有桅式和塔式起重设备以及其他新的工具。

3. 其他土木工程

秦朝在统一中国的过程中，运用各地不同的建设经验，开辟了连接咸阳各宫殿和苑囿的大道，以咸阳为中心修筑了通向全国的驰道，主要线路宽 50 步，统一了车轨，形成了全国规模的交通网。比中国的秦驰道早些，在欧洲，罗马建设了以罗马城为中心，包括有 29 条辐射主干道和 322 条联络干道，总长达 78 000km 的罗马大道网。汉代的道路约达 30 万里以上，为了越过高峻的山峦，修建了褒斜道、子午道，恢复了金牛道等许多著名栈道，所谓"栈道千里，通于蜀汉"。

随着道路的发展，在通过河流时需要架桥渡河，当时桥的构造已有许多种形式。秦始皇为了沟通渭河两岸的宫室，首先营建咸阳渭河桥，为 68 跨的木构梁式桥，是秦汉史籍记载中最大的一座木桥。还有留存至今的世界著名隋代单孔圆弧弓形敞肩石拱桥——赵州桥（图 2-27）。

这个时期水利工程也有新的成就。公元前 3 世纪，中国秦代在今广西兴安开凿灵渠，总长 34km，落差 32m，沟通湘江、漓江，联系长江、珠江水系，后建成能使"湘漓分流"的水利工程。公元前 3～公元 2 世纪之间，古罗马采用券拱技术筑成隧道、石砌渡槽等城市输水道 11 条，总长 530km。其中如尼姆城的加尔河谷输水道桥（公元 1 世纪建），有 268.8m 长的一段是架在 3 层叠合的连续券上（图 2-28）。公元 7 世纪初，中国隋代开凿了世界历史上最长的大运河，共长 2 500km，13 世纪元代兴建大都（今北京），科学家郭守敬进行了元大都水系的规划，由北部山中引水，汇合西山泉水汇成湖泊，流入通惠河，这样可以截留大量水源，既解决了都城的用水，又接通了从都城向南直达杭州的南北大运河。

图 2-27 赵州桥

图 2-28 加尔桥

在城市建设方面，中国隋朝在汉长安城的东南，由宇文恺规划、兴建大兴城。唐朝复名为长安城，陆续改建，南北长 7.72km，东西宽 8.65km，按方整对称的原则，将宫城和皇城放在全城的主要位置上，按纵横相交的棋盘形街道布局，将其余部分划分 108 个里坊，分区明确，街道整齐，对城市的地形、水源、交通、防御、文化、商业和居住条件等，都作了周密的考虑（图 2-29）。

大量的工程实践促进人们认识的深化，编写出了许多优秀的土木工程著作，出现了众多的优秀工匠和技术人才，如中国宋喻皓著《木经》、李诫著《营造法式》以及意大利文艺复兴时期阿尔贝蒂著的《论建筑》等。欧洲于 12 世纪以后兴起的哥特式建筑结构，到中世纪后期已经有了初步的理论，其计算方法也有专门的记录。

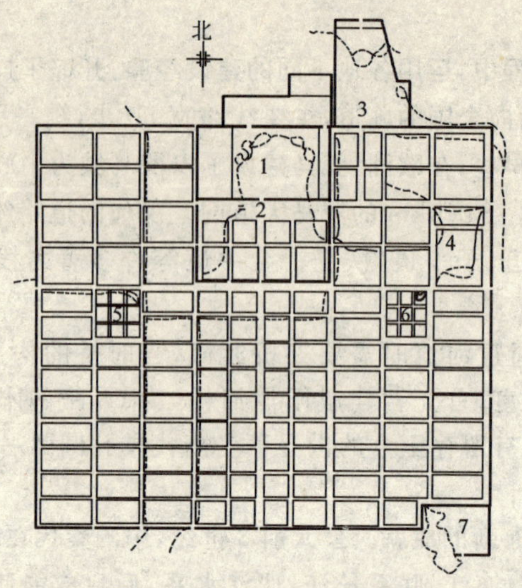

图 2-29　隋唐长安城平面图

1-宫城;2-皇城;3-大明宫;4-兴庆宫;5-西市;6-东市;7-曲江池

第二节　近代土木工程

从 17 世纪中叶到 20 世纪中叶的 300 年间,是土木工程发展史中迅猛前进的阶段。这个时期的土木工程的主要特征是:在材料方面,由木材、石料、砖瓦为主,到开始并日益广泛地使用铸铁、钢材、混凝土、钢筋混凝土,直至早期的预应力混凝土;在理论方面,材料力学、理论力学、结构力学、土力学、工程结构设计理论等学科逐步形成,设计理论的发展保证了工程结构的安全和人力物力的节约;在施工方面,由于不断出现新的工艺和新的机械,施工技术进步,建造规模扩大,建造速度加快。在这种情况下,土木工程逐渐发展到包括房屋、道路、桥梁、铁路、隧道、港口、市政、卫生等工程建筑和工程设施,不仅能够在地面修建,而且有些工程还能在地下或水域内修建。

土木工程在这一时期的发展可分为奠基时期、进步时期和成熟时期三个阶段。

一、奠基时期

1. 建筑理论有新的突破

17 世纪到 18 世纪下半叶是近代科学的奠基时期,也是近代土木工程的奠基时期。伽利略、牛顿等所阐述的力学原理是近代土木工程发展的起点。意大利学者伽利略在 1638 年出版的著作《关于两门新科学的谈话和数学证明》中,论述了建筑材料的力学性质和梁的强度,并首次用公式表达了梁的设计理论。这本书是材料力学领域中的第一本著作,也是弹性体力学史的开端。1687 年牛顿总结的力学运动三大定律是自然科学发展史的一个里程碑,直到现在还是土木工程设计理论的基础。瑞士数学家 L. 欧拉在 1744 年出版的《曲线的变分法》中建立了柱的压屈公式,算出了柱的临界压曲荷载,这个公式在分析工程构筑物的弹性稳定方面得到了广泛的应用。法国工程师库仑 1773 年写的著名论文《建筑静力学各种问题极大极小法则的应用》,说明了材料的强度理论、梁的弯曲理论、挡土墙上的土压力理论及拱的计算理论。这些近代科学奠基人突破了以现象描述、经验总结为主的古代科学的框架,创造出比较严密的逻辑理论体系，加之对工程实践有指导意义的复形理论、振动理论、弹性稳定理论等在18世纪相继产生，这就促使土木工程在深度和广度方面的进一步发展。

2. 古典主义的建筑

尽管同土木工程有关的基础理论已经出现，但就建筑物的材料和工艺看，仍属于古代的范畴，如中国的故宫（图2-30）、法国的罗浮宫（图2-31）、印度的泰姬陵（图2-32）、俄国的冬宫（图2-33）等。土木工程实践的近代化，还有待于产业革命的推动。

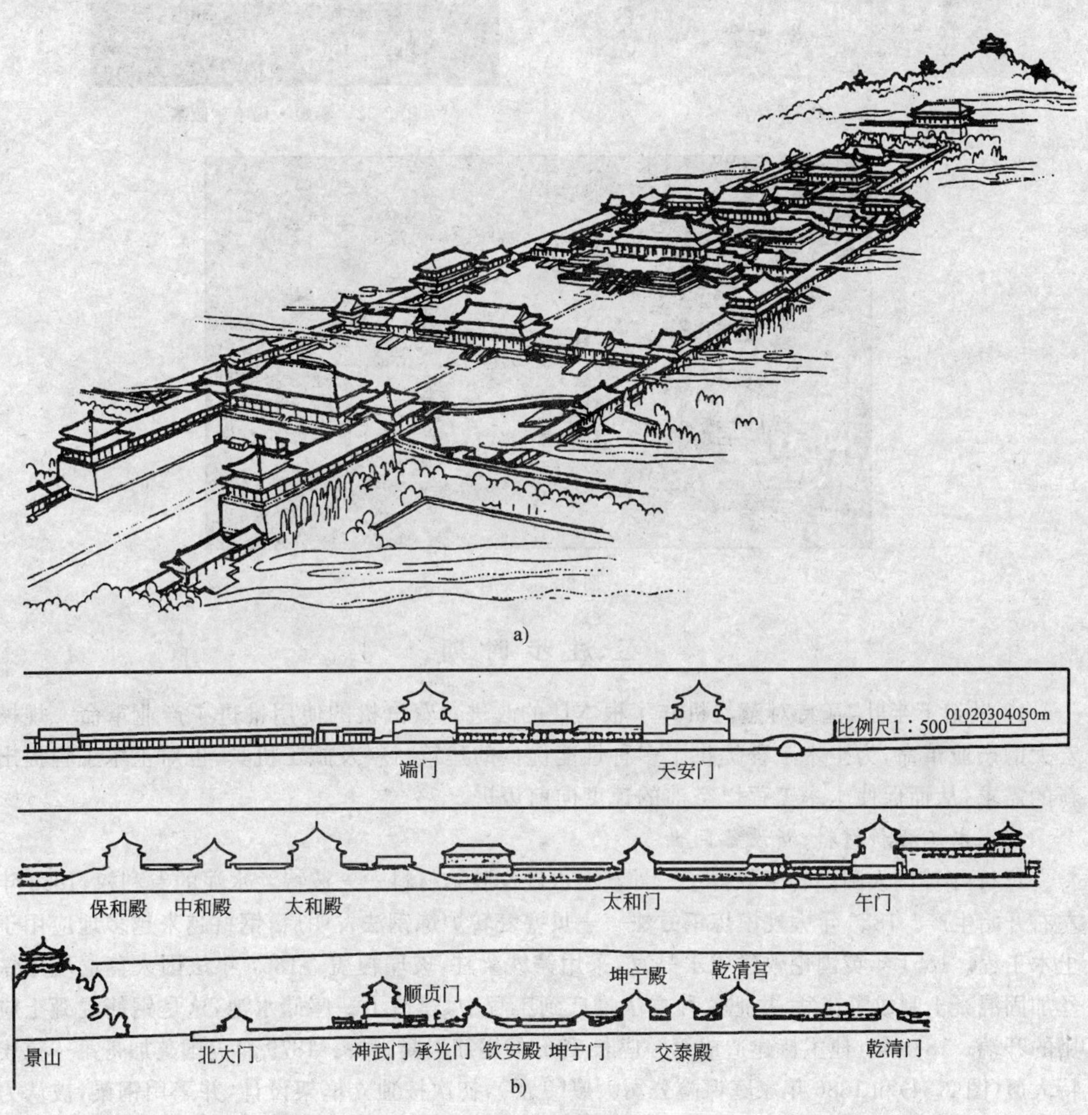

图2-30　故宫

a)鸟瞰图；b)中轴剖面图

3. 土木工程教育开始起步

由于理论的发展，土木工程作为一门学科逐步建立起来，法国在这方面是先驱。1716年法国成立道桥部队，1720年法国政府成立交通工程队，1747年创立巴黎桥路学校，培养建造道路、河渠和桥梁的工程师。所有这些，表明土木工程学科已经形成。

图 2-31　罗浮宫

图 2-32　泰姬·玛哈尔陵墓

图 2-33　冬宫

二、进 步 时 期

18 世纪下半叶，瓦特对蒸汽机作了根本性的改进。蒸汽机的使用推进了产业革命。规模宏大的产业革命，为土木工程提供了多种性能优良的建筑材料及施工机具，也对土木工程提出新的需求，从而促使土木工程以空前的速度向前迈进。

1. 土木工程新材料、新设备问世

1824 年英国人阿斯普丁取得了一种新型水硬性胶结材料——波特兰水泥的专利权，1850 年左右开始生产。1856 年大规模炼钢方法——贝塞麦转炉炼钢法发明后，钢材越来越多地应用于土木工程。1851 年英国伦敦建成水晶宫，采用铸铁梁柱，玻璃覆盖。1867 年法国人莫尼埃用铁丝加固混凝土制成了花盆，并把这种方法推广到工程中，建造了一座储水池，这是钢筋混凝土应用的开端。1875 年，他主持建造成第一座长 16m 的钢筋混凝土桥。1879 年美国芝加哥第一拉埃特大厦(图 2-34)和 1886 年家庭保险公司大厦(9 层)，初次按独立框架设计，并采用钢梁，被认为是现代高层建筑的开端。1889 年法国巴黎建成高 300m 的埃菲尔铁塔(图 2-35)。

土木工程的施工方法在这个时期开始了机械化和电气化的进程。蒸汽机逐步应用于抽水、打桩、挖土、轧石、压路、起重等作业。19 世纪 60 年代，内燃机问世和 70 年代电机出现后，很快就创制出各种各样的起重运输、材料加工、现场施工用的专用机械和配套机械，使一些难度较大的工程得以加速完工；1825 年英国首次使用盾构开凿泰晤士河河底隧道；1871 年瑞士用风钻修筑 8mile(1mile=1 609.34km)长的隧道；1906 年瑞士修筑通往意大利的 19.8km 长的辛普朗隧道(图 2-36)，使用了大量黄色炸药以及凿岩机等先进设备。

图 2-34　芝加哥第一拉埃特大厦

图 2-35　巴黎埃菲尔铁塔

2. 交通工具变革推动土木工程发展

产业革命还从交通方面推动了土木工程的发展。在航运方面，有了蒸汽机为动力的轮船，使航运事业面目一新，这就要求修筑港口工程，开凿通航轮船的运河。19 世纪上半叶开始，英国、美国大规模开凿运河，1869 年苏伊士运河通航和 1914 年巴拿马运河的凿成，体现了海上交通已完全把世界连成一体。在铁路方面，1825 年 G. 斯蒂芬森建成了从斯托克顿到达灵顿、长 21km 的第一条铁路，并用他自己设计的蒸汽机车行驶，取得成功。以后，世界上其他国家纷纷建造铁路。1869 年美国建成横贯北美大陆的铁路，20 世纪初俄国建成西伯利亚大铁路。20 世纪铁路已成为不少国家国民经济的大动脉。1863 年英国伦敦建成了世界第一条地下铁道，长 7.6km。随后世界上一些大城市也相继修建了地下铁道。在公路方面，1819 年英国马克当筑路法明确了碎石路的施工工艺和路面锁结理论，提倡积极发展道路建设，促进了近代公路的发展。19 世纪中叶内燃机的制成和 1885～1826 年德国 C. F. 本茨和 G. W. 戴姆勒制成用内燃机驱动的汽车；1908 年美国福特汽车公司用传送带大量生产汽车以后，大规模地进行公路建设工程。铁路和公路的空前发展也促进了桥梁工程的进步。早在 1779 年英国就用铸铁建成跨度 30.5m 的拱桥。1826 年英国 T. 特尔福德用锻铁建成了跨度 177m 的麦内悬索桥(图 2-37)，1850 年 R. 斯蒂芬森用锻铁和角钢拼接成不列颠箱管桥，1890 年英国福斯湾建成两孔主跨达 521m 的悬臂式桁架梁桥(图 2-38)。现代桥梁的三种基本形式(梁式桥、拱桥、悬索桥)在这个时期相继出现。

图 2-36　辛普朗隧道

3. 建筑与土木学科开始分支

近代工业的发展，人民生活水平的提高，人类需求的不断增长，还反映在房屋建筑及市政

图 2-37　麦内吊桥

图 2-38　福斯湾桥

工程方面。电力的应用，电梯等附属设施的出现，使高层建筑实用化成为可能，电气照明、给水排水、供热通风、道路桥梁等市政设施与房屋建筑结合配套，开始了市政建设和居住条件的近代化，在结构上要求安全和经济，在建筑上要求美观和适用。科学技术发展和分工的需要，促使土木和建筑在 19 世纪中叶开始分成各有侧重的两个单独学科分支。

4. 建筑力学理论学科逐步形成

工程实践经验的积累促进了理论的发展。19 世纪，土木工程逐渐需要有定量化的设计方法。对房屋和桥梁的设计，要求实现规范化。另一方面由于材料力学、静力学、运动学、动力学的逐步形成，各种静定和超静定桁架内力分析方法和图解法得到很快的发展。1825 年法国的纳维建立了结构设计的容许应力分析法；19 世纪末 G. D. A. 里特尔等人提出钢筋混凝土理论，应用了极限平衡的概念；1900 年前后钢筋混凝土弹性方法被普遍采用。各国还制定了各种类型的设计规范。1818 年英国不列颠土木工程师协会的成立，是工程师结社的创举，其他各国和国际性的学术团体也相继成立。理论上的突破，反过来极大地促进了工程实践的发展，这样就使近代土木工程这个工程学科日臻成熟。

三、成 熟 时 期

第一次世界大战以后，近代土木工程发展到成熟阶段。这个时期的一个标志是道路、桥梁、房屋大规模建设的出现。

1. 交通土木迅速发展

在交通运输方面，由于汽车在陆路交通中具有快速和机动灵活的特点，道路工程的地位日益重要。沥青和混凝土开始用于铺筑高级路面。1931～1942 年，德国首先修筑了长达3 860km的高速公路网，美国和欧洲其他一些国家相继效法。20 世纪初出现了飞机，飞机场工程迅速发展起来。钢铁质量的提高和产量的上升，使建造大跨桥梁成为现实。1918 年加拿大建成魁北克悬臂桥，跨度 548.6m(图 2-39)；1932 年，澳大利亚建成悉尼港桥，为双铰钢拱结构，跨度 503m(图 2-40)。1937 年美国旧金山建成金门悬索桥，跨度 1 280m，全长2 825m，是公路桥的代表性工程(图 2-41)。

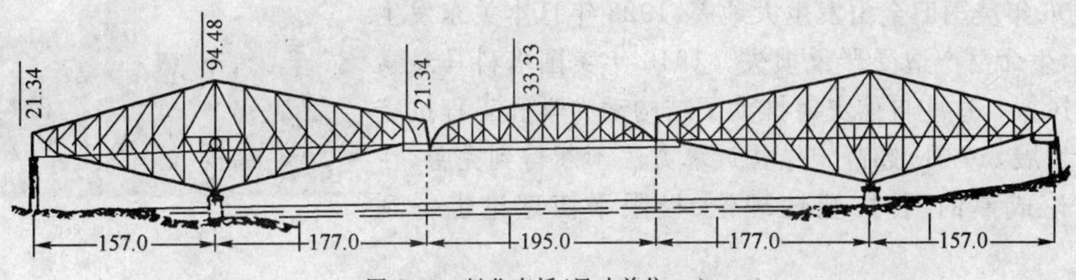

图 2-39　魁北克桥(尺寸单位：m)

图 2-40　悉尼港桥

图 2-41　金门大桥

2. 土木建筑向大跨、高层、壳体发展

图 2-42　帝国大厦

工业的发达，城市人口的集中，使工业厂房向大跨度发展，民用建筑向高层发展。日益增多的电影院、摄影场、体育馆、飞机库等都要求采用大跨度结构。1925～1933 年在法国、原苏联和美国分别建成了跨度达 60m 的圆壳、扁壳和圆形悬索屋盖。中世纪的石砌拱终于被近代的壳体结构和悬索结构所取代。1931 年美国纽约的帝国大厦落成（图 2-42），共 102 层，高 378m，有效面积 16 万 m^2，结构用钢约 5 万余吨，内装电梯 67 部，还有各种复杂的管网系统，可谓集当时技术成就之大成，它保持世界房屋最高纪录达 40 年之久。

3. 新理论、新技术不断涌现

1906 年美国旧金山发生大地震，1923 年日本关东发生大地震，生命财产遭受严重损失。1940 年美国塔科马悬索桥毁于风振。这些自然灾害推动了结构动力学和工程抗害技术的发展。另外，超静定结构计算方法不断得到完善，在弹性理论成熟的同时，塑性理论、极限平衡理论也得到发展。

近代土木工程发展到成熟阶段的另一个标志是预应力钢筋混凝土的广泛应用。1886 年美国人 P. H. 杰克逊首次应用预应力混凝土制作建筑构件，后又用于制作楼板。1930 年法国工程师 E. 弗雷西内把高强钢丝用于预应力混凝土，弗雷西内于 1939 年、比利时工程师 G. 马涅尔于 1940 年改进了张拉和锚固方法，于是预应力混凝土便广泛地进入工程领域，把土木工程技术推向现代化。

4. 中国的近代土木开始崛起

中国清朝实行闭关锁国政策，近代土木工程进展缓慢，直到清末出现洋务运动，才引进一些西方技术。1909 年，中国著名工程师詹天佑主持的京张铁路建成，全长约 200km，达到当时世界先进水平。全路有四条隧道，其中八达岭隧道长 1 091m。到 1911 年辛亥革命时，中国铁路总里程为 9 100km。1894 年建成用气压沉箱法施工的滦河桥，1901 年建成全长 1 027m 的松花江桁架桥，1905 年建成全长 3 015m 的郑州黄河桥。中国近代市政工程始于 19 世纪下半叶，1865 年上海开始供应煤气，1879 年旅顺建成近代给水工程，相隔不久，上海也开始供应自来水和电力。1889 年唐山设立水泥厂，1910 年开始生产机制砖。中国近代土木工程教育事业开始于 1895 年创办的天津北洋西学学堂（后称北洋大学，今天津大学）和 1896 年创办的北洋铁路官学堂（后称唐山交通大学，今西南交通大学）。

图 2-43　中山陵

中国近代建筑以 1929 年建成的中山陵（图 2-43）和 1931 年建成的广州中山纪念堂（跨度 30m）为代表。1934 年在上海建成了钢结构的 24 层建筑高 83.8m 的国际饭店（图 2-44）、21 层百老汇大厦（今上海大厦）和钢筋混凝土结构的 12 层大新公司。到 1936 年，已有近代公路 11 万 km。

中国工程师自己修建了浙赣铁路、粤汉铁路的株洲至韶关段以及陇海铁路西段等。1937 年建成了公路铁路两用钢桁架的钱塘江大桥(图 2-45),长 1 453m,并采用沉箱基础。1912 年成立中华工程师会,詹天佑为首任会长,30 年代成立中国土木工程师学会,到 1949 年土木工程高等教育基本形成了完整的体系。中国已拥有一支庞大的近代土木工程技术力量。

图 2-44 上海国际饭店

图 2-45 钱塘江大桥

第三节 现代土木工程

从 20 世纪中叶第二次世界大战结束至今的 50 年,称为现代土木时期。土木工程学科随着科学技术的不断进步和工程实践的不断深入,已发展成为内涵广泛、门类众多、结构复杂的综合性学科,土木工程建设突飞猛进,日新月异,取得了令人瞩目的巨大成就。

现代土木工程以社会生产力的巨大发展为动力，以现代科学技术为背景，以现代工程材料为基础，以现代工艺与机具为手段在高速地向前发展。在这50年中的前20年里，土木工程发展的特点是进一步大规模工业化，重点还是放在规模和数量方面；后30年的特点则是现代科学技术对土木工程的进一步渗透，土木工程产生了质的飞跃。此间在世界各地，相继出现了各种规模宏大的现代化工业厂房、摩天大厦、核电站、高速公路和铁路、新型大跨桥梁和建筑、大直径运输管道、长大公路铁路桥梁和水工隧道、大型堤坝、广播电视高塔、海洋平台以及功能齐全的大型港口和机场等等，这些都是现代科学技术、建筑材料科学、工程结构科学、土木工程理论研究向工程领域渗透的结果。

一、现代土木工程的基本特征

从世界范围来看，现代土木工程为了适应社会经济发展的需求，具有以下一些特征。

1. 工程设施功能化

现代土木工程的特征之一，是工程设施同它的使用功能或生产工艺更紧密地结合起来。复杂的现代生产过程和日益上升的生活水平，对土木工程提出了各种各样专门的要求。

现代土木工程为了适应不同工业的发展，有的工程规模极为宏大，如大型水坝混凝土用量达数千万立方米，大型高炉的基础也达数千立方米；有的则要求十分精密，如电子工业和精密仪器工业要求能防微振。现代公用建筑和住宅建筑不再仅仅是传统意义上徒具四壁的房屋，而要求同取暖、通风、给水、排水、供电、供燃气等种种现代技术设备结成一体；工业建筑物往往要求恒温、防微振、防病腐蚀、防辐射、防火、防爆、防磁、除尘、耐高（低）温，并向大跨度、超重型、超高层、灵活空间方向发展。发展高技术和新技术对土木工程提出了更高标准的要求，如发展该工业需要建造安全度极高的核反应堆和核电站；研究微观世界需要建造技术要求极高的加速器工程；发展海洋工程要求建造多功能的海上平台、海上煤油厂、海底油库等。

现代土木工程的功能化问题日益突出，为了满足更加专门和多样的功能需要，土木工程更需要与各种现代科学技术相互渗透。

2. 城市建设立体化

随着经济的发展，人口的增长，城市用地更加紧张，交通更加拥挤，这就迫使房屋建筑和道路交通向高空和地下发展。

高层建筑成为了现代化城市的象征。不少国家的高层建筑几乎占整个城市建筑面积的30％～40％。1974年芝加哥建成高达443m的西尔斯大厦，超过1931年建造的纽约帝国大厦的高度。现代高层建筑由于设计理论的进步和材料的改进，出现了新的结构体系，如剪力墙、筒中筒结构等。美国在1968～1974年间建造的三幢超过百层的高层建筑，自重比帝国大厦减轻20％，用钢量减少30％。目前，世界上最高的建筑已达到508m，为我国台湾地区的101大厦。高层建筑的设计和施工是对现代土木工程成就的一个总检阅。

向高层发展的同时，地下工程也在高速发展。地下铁道在近几十年得到进一步发展，地铁早已电气化，并与建筑物地下室连接，形成地下商业街。北京地下铁道在1969年通车后，1984年又建成新的环形线，2007年又建成5号线，4号、10号线也将于2008年建成通车，地下停车库、地下油库日益增多。城市道路下面密布着电缆、给水、排水、供热、供燃气的管道，构成城市的脉络。地下商业街、地下车库、地下体育馆、地下影剧院、地下工业厂房、地下仓库等已经形成规模宏大的地下建筑群。

现代城市建设已经成为一个立体的、有机的系统，对土木工程各个分支以及它们之间的协作提出了更高的要求。

城市高架道路、立交桥大量涌现，如我国首都北京从1974年开始建造第一座全互通式立交桥起，至1996年共建成各种形式和不同类型的道路立交桥160余座。它们的修建，不仅缓解了城市交通的拥挤、堵塞现象，同时又为城市建设的面貌增添了风采。

3.交通运输高速化

现代世界是开放的世界，人、物和信息的交通都要求更高的速度。高速公路虽然1919年就在德国出现，但在世界各地较大规模的修建大都在第二次世界大战之后。到1993年底，据不完全统计，世界上已有高速公路17万km，美国约8.4万km，我国已达3.5万km(2004年)，居世界第二位。高速公路的迅速增长在一定程度上取代了铁路的职能。高速公路的里程数，已成为衡量一个国家现代化程度的标志之一。铁路也出现了电气化和高速化的趋势。日本的“新干线”铁路行车时速达210km/h以上，法国巴黎到里昂的高速铁路运行时速达260km/h。从工程角度来看，高速公路和铁路在坡度、曲线半径、路基质量和精度方面都有严格的限制。交通高速化直接促进着桥梁、隧道技术的发展。不仅穿山越江的隧道日益增多，而且出现了长距离的海底隧道。日本从青森至函馆越过津轻海峡的青函海底隧道即将竣工，隧道长达53.85km。

航空事业在现代得到了飞速发展，航空港遍布世界各地。航海业也有很大发展，世界上的国际贸易港口超过2 000个，并出现了大型集装箱码头。

4.工程材料轻质高强化

现代土木工程的材料进一步轻质化和高强化。工程用钢的发展趋势是采用低合金钢。中国从20世纪60年代起普遍推广了锰硅系列和其他系列的低合金钢，大大节约了钢材用量并改善了结构性能。高强钢丝、钢绞线和粗钢筋的大量生产，使预应力混凝土结构在桥梁、房屋等工程中得以推广。

高强度等级的水泥已在工程中普遍应用，近年来轻集料混凝土和加气混凝土也已用于高层建筑，例如，美国休斯敦的贝壳广场大楼，用普通混凝土只能建35层，改用了陶粒混凝土，自重大大减轻，用同样的造价建造了52层。而大跨、高层、结构复杂的工程又反过来要求混凝土进一步轻质、高强化。

高强钢材与高强混凝土的结合使预应力结构得到较大的发展。中国在桥梁工程、房屋工程中广泛采用预应力混凝土结构。先张法和后张法的预应力混凝土屋架、吊车梁和空心板在工业建筑和民用建筑中广泛使用。

铝合金、镀膜玻璃、石膏板、建筑塑料、玻璃钢等工程材料发展迅速。新材料的出现与传统材料的改进是以现代科学技术的进步为背景的。

材料的轻质高强，为高层、大跨的土木工程建设提供了可靠的基本条件。

5.施工过程工业化、装配化

大规模现代化建设使建筑标准化达到了很高的程度。人们力求推行工业化生产方式，在工厂中成批地生产房屋、桥梁的各种配件、组合体等。预制装配化的潮流在20世纪50年代后席卷了以建筑工程为代表的许多土木工程领域。这种标准化在中国社会主义建设中，起到了积极作用。装配化不仅对房屋建设重要，也在中国桥梁建设中引出了装配式双曲拱桥，从20世纪60年代开始采用与推广，对解决农村交通起到了一定作用。

在标准化向纵深发展的同时，种种现场机械化施工方法在20世纪70年代以后发展得特别快。采用了同步液压千斤顶的滑升模板广泛用于高耸结构，例如，1975 年加拿大建成的多伦多电视塔高达 533m，施工时就用了滑模，在安装天线时还使用了直升机；现场机械化的另一个典型实例是用一群小提升机同步提升大面积平板的升板结构施工方法。此外，钢制大型模板、大型吊装设备与混凝土自动化搅拌楼、混凝土搅拌输送车、输送泵等相结合，形成了一套现场机械化施工工艺，使传统的现场灌注混凝土方法获得了新生命，在高层、多层房屋和桥梁中部分地取代了装配化，成为一种发展很快的方法。

6. 设计理论精确化、科学化

设计理论的精确化、科学化表现为理论分析由线性分析到非线性分析，由平面分析到空间分析，由单个分析到系统的综合整体分析，由静态分析到动态分析，由经验定值分析到随机分析乃至随机过程分析，由数值分析到模拟试验分析，由人工手算、人工做比较方案、人工制图到计算机辅助设计、计算机优化设计、计算机制图。此外，土木工程学的学科理论，例如，可靠性理论、土力学和岩体力学理论、结构抗震理论、动态规划理论、网络理论等也得到迅速发展。

现代科学信息传递速度大大加快，一些理论与方式，例如，计算力学、结构动力学、动态规划法、网络理论、随机过程论、滤波理论等的成果，随着计算机的普及而渗入到土木工程领域。结构动力学已发展完备，荷载不再是静止和确定性的，而将被作为随时间变化的随机过程来处理。日趋完备的反应谱方法和直接动力法在工程抗震中发挥了很大作用。中国在抗震理论、测震、震动台模拟试验以及结构抗震技术等方面有了很大发展。

静态的、确定的、线性的、单个的分析，逐步被动态的、随机的、非线性的、系统与空间的分析所代替。电子计算机使高次超静定的分析成为可能，例如，高层建筑中框架—剪力墙体系和筒中筒体系的空间工作，只有用电算技术才能计算，电算技术也促进了大跨桥梁的实现。1980 年英国建成亨伯悬索桥，单跨达 1 410m；1983 年西班牙建成卢纳预应力混凝土斜拉桥，跨度达 440m；中国于 1975 年在云阳建成第一座斜拉桥后，随后建成的济南黄河斜拉桥跨度为 220m、天津永和桥跨度达 260m。

大跨度建筑的形式层出不穷，薄壳、悬索、网架和充气结构覆盖大片面积，满足种种大型社会公共活动的需要。1959 年巴黎建成多波双曲薄壳的跨度达 210m；1976 年美国新奥尔良建成的网壳穹顶直径为 207.3m；1975 年美国密歇根庞蒂亚克体育馆充气塑料薄膜覆盖面积达 35 000 多m^2，可容纳观众 8 万人。我国也建成了许多大空间结构，例如，上海体育馆圆形网架直径 110m，北京工人体育馆悬索屋面净跨为 94m。大跨建筑的设计也是理论水平的一个重要标志。

理论研究的日益深入，使现代土木工程取得许多质的进展，并使工程实践更加离不开理论的指导。

7. 工程设计及管理计算机化

计算机是一种先进的计算工具，于 20 世纪 50 年代开始应用于土木工程，早期主要用于复杂的工程计算，随着计算机硬件和软件水平的不断提高，目前其应用范围已逐步扩大到土木工程设计、施工管理 、仿真分析等各个方面，主要体现在以下几方面。

1)计算机辅助设计(CAD)

计算机辅助设计，简称 CAD。其最初的发展可追溯到 20 世纪 60 年代，美国麻省理工学院的 Sutherland 首先提出了人机交互图形通信系统；到了 20 世纪 80 年代，由于计算机设备价格的降低，使得 CAD 技术成为一般设计单位可以接受的系统，并开始在微机上应用。

2)土木工程结构的力学分析与计算

对土木工程结构进行力学分析与计算是结构设计工作的重要组成部分。结构设计人员根据计算结果判断所设计的结构是否具有足够的强度与刚度、是否能够满足规范规定的使用功能和承载能力的要求,如果不能满足要求,则需要改变构件尺寸或结构材料,然后再重新计算,直到满足各项要求为止。在计算机出现之前,这些分析计算工作都是靠手算完成的,计算工作量相当繁重,有些复杂的结构单靠手算根本无法完成。现在有了计算机,大量的力学计算工作可以由计算机完成,不仅速度快而且精度高。

目前在土木工程结构的力学分析与计算中应用较广泛的商业软件有:我国北京大学研制开发的 SAP 软件,我国大连理工大学研制开发的 JIEFEX 软件,美国的 ABARQUS、ANSYS、NAS-TRAN 软件等。

3)计算机辅助施工管理与专家系统

(1)计算机辅助施工管理

使用计算机对施工企业进行现代化科学管理,不仅可以快速、有效、自动、系统地存储、修改、查找及处理大量的数据,而且对施工过程中发生的施工进度的变化及可能的工程事故能够进行跟踪,以便迅速查明原因,采取相应的处理措施。计算机的应用水平直接反映了管理水平的高低,是提高施工企业管理水平的有效途径之一。

(2)专家系统

由于工程项目多为单体生产,可统计性差,影响因素多,因素之间相互影响大,加之所依据的许多信息是不确定的,因此仅仅依靠现有的一些基于某种数学、力学模型的确定性的计算是不够的,在许多情况下,需要依靠专家的经验和知识。

随着计算机科学的发展,特别是人工智能技术与理论的广泛应用,为收集利用专家的经验和知识提供了有效的途径。所谓专家系统,是指具有相当于专家水平的科研部,且能应用这些知识去解决一些特定领域中较为复杂问题的计算机智能程序系统。可以认为,专家系统是一种基于知识的系统,因为它能利用收集来的知识进行推理,求得有关问题的解答。当然,目前专家系统还未发展到能完全替代专家的地步,但可以在没有专家或缺少专家的情况下提供较好的咨询服务。

4)计算机模拟仿真在土木工程中的应用

计算机仿真是利用计算机对自然现象、系统工程、运动规律以及人脑思维等客观世界进行逼真的模拟。这种模拟仿真是数值模拟的进一步发展。计算机仿真技术在土木工程中的应用主要体现在以下几个方面。

(1)模拟结构试验

工程结构在各种作用下的反应,特别是其破坏过程和极限承载力,是人们最为关心的问题。当结构形式特殊,荷载及材料特性十分复杂时,人们常常借助于结构的模型试验来检测其受力性能。但模型试验往往受到场地和设备的限制,只能做小比例模型试验,难以完全反映结构的实际情况。若用计算机仿真技术,在计算机上做模拟试验,则可以进行足尺寸的试验,还可以方便地修改试验参数。此外,有些结构难于进行直接试验,用计算机模拟仿真就更能体现出其优越性,例如,汽车高速碰墙的检验试验、地震作用下的构筑物倒塌分析等只有采用计算机模拟仿真分析,分析才能大量进行。

(2)工程事故的反演分析

计算机仿真技术可以用于工程事故的反演，以便寻找事故的原因，例如，核电站、海洋平台、高坝等大型结构，一旦发生事故，损失巨大，又不可能做真实试验来重演事故，计算机仿真则可用于反演，从而确切地分析事故原因。例如，对美国纽约世界贸易中心大楼飞机撞击后的倒塌过程进行的仿真分析，说明了世界贸易中心倒塌的直接原因是火灾导致的钢材软化和楼板塌落冲击荷载引起的连锁反应，仿真结果与真实倒塌过程非常接近。

(3)用于防灾工程

由于将自然灾害的原型重复实验几乎是不可能的，因此计算机仿真在这一领域的应用就更有意义。目前已有不少抗灾、防灾的模拟仿真系统制作成功。例如，洪水泛滥淹没区的洪水发展过程演示系统，该系统预先存储了泛滥区的地形地貌和地物，只要输入洪水标准（如百年一遇的洪水）及预定河堤决口位置，计算机就可根据水量、流速、区域面积及高程数据算出不同时刻的淹没地区，并在显示器和大型屏幕上显示出来，人们从屏幕上可以看到水势从低处向高处逐渐淹没的过程，这样对防洪规划以及遭遇洪水时指导人员的疏散是很有帮助的。例如，在火灾方面，对森林火灾的蔓延，建筑物中火灾的传播，均已开发出相应的模拟仿真系统，这对消防工程起了很好的指导作用。

(4)施工过程的模拟仿真

许多大型工程如超高层建筑、大坝、大桥的施工是相当复杂的，工程质量要求很高，技术难度很大，稍有不慎就可能造成巨大损失。利用计算机仿真技术可以在屏幕上把这类工程施工的全部过程预演出来，施工可能发生的风险、技术难点以及许多原来预想不到的问题就能形象而逼真地暴露出来，便于人们制订相应的有效措施，使对工程施工的质量、进度和投资的控制更加可靠。例如，在长江三峡大坝的混凝土浇筑施工中，就成功的应用了计算机仿真技术。

(5)在岩土工程中的应用

岩土工程处于地下，往往难于直接观察，而计算机仿真则可把受力后的内部变化过程展现出来，有很大实用价值。例如，地下工程开挖时经常发生塌方冒顶事故，造成严重损失。计算机仿真技术可以根据开挖工程的工程地质资料及岩体的物理力学性能，把其在外力和重力作用下发生的各种内部变化过程在显示器和大型屏幕上显示出来，最终可以看到塌方的区域及范围，这就为支护设计提供了可靠依据。

二、世界土木工程新成就及代表工程

1.港口工程

为适应各国交通运输、工业、商贸业和旅游业的发展，港口建设发展很快，据统计，全世界已有近万个港口。到 1990 年，全世界吞吐能力超过 1 亿 t 的港口已达七个，居前四位的分别是：荷兰的鹿特丹大港，吞吐量为 2.88 亿 t；新加坡大港，吞吐量为 1.88 亿 t；日本的神户大港，吞吐量为 1.67 亿 t；中国的上海大港，吞吐量为 1.39 亿 t。具有代表性工程。

(1)鹿特丹港

鹿特丹港是荷兰的海港，是世界第一大港，也是西欧和荷兰最重要的外贸门户。海港位于北纬 51°55′、东经 4°30′，在莱茵河和马斯河的入海口处。吞吐量多年来都在 3 亿 t 左右。鹿特丹港在筑港技术、管理水平方面十分先进，装卸作业的机械化、自动化程度很高，采用电子计算机集中管理，是当前世界上具有代表性的现代化大港之一，如图 2-46 所示。

(2)上海港

上海港是我国最大的货运和客运港,如图 2-47 所示。上海港位于我国海岸线的中点,位于世界第三大河——长江的入海门户,位置优越,得天独厚。上海自唐代才开始从海洋变成陆地,北宋形成港口雏形,1949 年仅有泊位 79 个,吞吐量 194 万 t。到 1990 年止,上海港泊位已达 133 个,其中万吨级以上泊位达 55 个,吞吐国际集装箱 45.6 万个,吞吐量达 1.39 亿 t。2005 年,上海港货物吞吐量累计完成 4.43 亿 t,比 2004 年增长 16.9%,超越新加坡港约 2 100 万 t ,成为世界第一大货运港。同年,上海港累计完成集装箱 1 808.4 万标准箱,增长 24.3%,约占全国规模以上港口集装箱量的 25.9%,居香港、新加坡之后继续稳居世界第三位。

图 2-46　鹿特丹港

图 2-47　上海港

2. 铁路工程

自 1825 年英国建成世界第一条铁路后,开始了铁路建设的新纪元。到 20 世纪 30 年代,世界铁路总里程为 130km,铁路运输成为各国陆上运输的主要手段。随后由于公路和航空运输的兴起和迅速发展,铁路建设放慢了速度,有的国家甚至封闭或拆除了部分线路。目前世界铁路总里程约为 120km。我国自 1950 年以来共新建铁路 3 万余 km,到 1994 年底,铁路总里程达 6.023 万 km,初步形成全国的铁路网,2004 年我国铁路总里程已达13.070 9km。

这一时期铁路发展具有以下三个特征。

(1)提高动力,实施重载铁路

重载铁路是现代铁路的一个分支,主要用于货运。重载铁路是指满足列车满载轴重大于 21t、总重大于 5 000t、年通过总重大于 2 000 万 t 这三个条件中两个条件的铁路。因此,轴重大,列车质量大,行车密度小,是重载铁路运输的主要特点。发展重载铁路运输,是提高铁路运力的有效措施,是现代铁路发展的重要标志。

(2)大力发展高速铁路

当代铁路技术发展的另一重要标志就是高速铁路的出现。高速铁路是指客运列车以超过 200km/h 的高速运行的铁路。1964 年,日本建成东京至大阪间的世界第一条高速铁路——东海道新干线,干线全长 515.4km,运行时间由原来的 6h30min,缩短至 3h10min,最高速度达 210km/h。日本现有高速铁路 1 830km,每年运送旅客 18 亿人次,高速铁路的里程还不足铁路总长的 1/10,但其营运收入却占 38%,有很好的社会经济效益。此后,法国、意大利、前苏联、德国、波兰也相继修建了高速铁路。高速铁路具有节省能源、保护环境、安全舒适、节省时间等优点。

(3)新型轨道交通的兴起

近 20 年来,一种新的地面轨道交通运输技术——磁悬浮运行技术正在兴起,它利用磁力作用使车辆悬浮在轨道上,再靠直流电动机驱动,实现车轨与轨道无接触的高速运行,是一种完全不同于传统轮、轨运行的新技术。其优点是:速度快、效率高、安全可靠、没有环境污染问题。磁悬浮技术的工作原理如图 2-48 所示，如图 2-49 所示为日本 HSST-100L 磁悬浮列车。

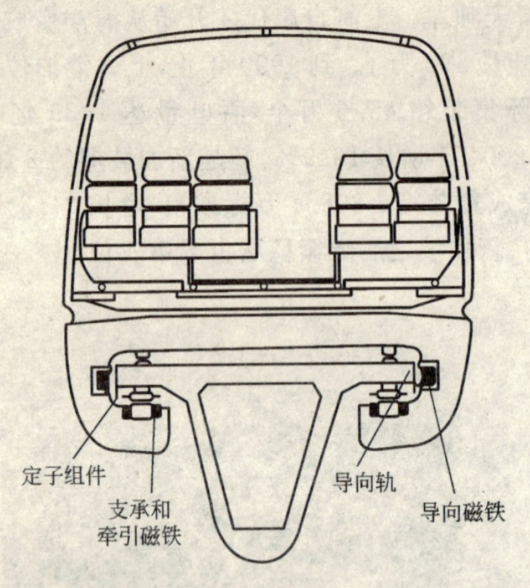

图 2-48 磁悬浮车辆工作原理

图 2-49 日本 HSST-100L 磁悬浮列车

磁悬浮铁路最早在 1969 年原联邦德国开始研制，1974 年在慕尼黑建成长 3.8km 的试验路线，最高运行速度达 401.3km/h。我国 20 世纪 80 年代初开始进行研究，1994 年试制了第一辆磁悬浮车辆，并在上海试运行成功。

3. 水工建筑工程

现代水工建筑的重要标志是高大库坝建筑的快速发展。为了发电、灌溉、防止水灾，各国都规划修建了一大批水库。到 1990 年初，世界上建成容量超过 6 000 亿 m^3 的水库 12 座，其中最大的是乌干达的欧文瀑布水库，库容量达 27 000 亿 m^3；坝高 200m 以上的大坝有 27 座，最高的是前苏联的努列克土石坝，坝高达 300m，正在修建的罗贡（前苏联）土石坝，坝高达 335m；装机容量超过 400kW 的水电站有十余座，巴西和乌拉圭合建的伊泰普照水电站，装机容量达 1 260kW。

半个世纪来，我国水工建筑工程蓬勃发展，成就辉煌，开展了长江、黄河、淮河和海河等河流域的治理工程，新建和整修堤防 26km，建设水库、水电站 8.6 万余座，代表性的水库和水电站有三峡水利工程、官厅水库、密云水库、佛子岭水库、新安江水电站、三门峡水利枢纽、刘家峡水电站、乌江渡水电站、丹江口水利枢纽、二滩水电站、小浪底水利枢纽工程等。

具代表性的工程有：

(1)三峡工程

三峡工程是当今世界上规模最大的水利枢纽工程，如图 2-50 所示。主要建筑物有拦河大坝、水电站、泄洪闸、通航建筑物等，拦河大坝约长 2 335m，底部宽 115m，顶部宽 40m，坝顶高程 185m；通航建筑物包括双线五级船闸和垂直升船机，双线五级船闸被称为长江第四峡，它完全是在花岗岩山谷中拦挖出来的一条长 6 442m、深 176m 的深槽，然后在这个深槽中修建的五级船闸，它是当今世界上级数最多，总水位(113m)最高的内河船闸，垂直升船机运行时承船厢总重约11 800t；电站安装水力发电机 32 台，单机容量均为 70 万 kW，总装机容量为 2 240 万 kW。三峡工程主要工程量为：石方开挖量 10 283 万 m^3，土石方填筑 3 198 万 m^3，混凝土总量 2 794 万 m^3，钢筋 46.30 万 t，金属结构 25.65 万 t，而且施工强度非常大，主体工程最大的年建筑值曾达到 548 万 m^3，最大年开挖强度达 3 000 多万 m^3，最大年填筑强度达 280 万 m^3，这些都创下了世界记录，见表 2-1。

图 2-50　三峡工程

三峡工程和世界巨型水电站比较表　　表 2-1

国　　家	水电站名称	所在河流	装机容量(10kW)	年发电量(10kW·h)	最大水头(m)	开始发电年份
中国	三峡	长江	1 820	847	113	2003
巴西、巴拉圭	伊泰普	巴拉圭河	1 260	710	123	1984
美国	大古力	哥伦比亚河	1 083	203	108	1942
委内瑞拉	古力	卡罗尼河	1 030	510	146	1968
巴西	图库鲁伊	托坎廷斯河	800	324	68	1984
俄罗斯	萨扬舒申斯克	莱尼塞河	640	237	220	1978
俄罗斯	克拉斯诺亚尔斯克	莱尼塞河	600	204	100.5	1968
加拿大	拉格兰德二级	拉格兰德河	533	358	143	1979
加拿大	丘吉尔瀑布	丘吉尔河	523	345	322	1971

注：本表未计算三峡右岸山体内地下电站的 70×10^4kW×6 台的装机容量及年发电量。

(2)世界超级高坝工程

据不完全统计，全世界已建成 200m 以上的高坝有 28 座，其中 250～300m 的 6 座，最高坝 335m，库容为 1 419 亿 m^3。

①马尼克 5 级坝

马尼克 5 级坝位于加拿大马尼可畏根河上，水库库容为 1 419 亿 m^3，水电站装机容量为 134.4 万 kW(8 台 16.8 万 kW)。工程于 1962 年开工，1968 年建成。马尼克 5 级坝坝址下部为"V"形窄谷，深 50m，谷顶宽约 45m，底部宽 1～2m，覆盖层深约 50m。

马尼克 5 级高混凝土连拱坝由三部分组成，即拱圈、坝垛和坝顶。最大坝高为 214m，坝顶长 1 314m。大坝设 13 个拱，14 个南垛，中间为大拱，跨度为 165m，拱底厚 25m，如图 2-76 所示。

②罗贡坝

罗贡坝位于塔吉克斯坦的瓦赫什河上游，它是该河最大的一座梯级电站。水库库容为 133 亿 m^3，水电站装机容量为 360 万 kW，除了发电用处还有灌溉效益。工程于 1976 年开工，是在建工程。

罗贡斜心墙土石坝的最大坝高为 335m，为世界之最，坝顶长 660m，河谷宽高比 1.970，坝顶厚 20m，上游坝坡 1∶2.4 和 1∶2，下游坝坡 1∶2，坝底宽约 1.5km。斜心墙在平面上是呈曲拱状，坝体总体积为 7 550 万 m^3，如图 2-77 所示。

(3)水工隧洞工程

水工隧洞是在山体中开挖的输水或泄水的水工建筑物，其功能是作为发电的引水和尾水以及城市供水和农田灌溉用水。据统计，目前世界上10km以上的长水工隧洞约58座，其中30km以上的有8座。最长的水工隧洞是芬兰的佩扬奈无压引水隧道，长度120km，为3.8m×4.75m马蹄形断面。瑞典斯托诺尔福斯发电尾水隧洞断面积达390m²。我国最长的水工隧洞是引水入秦的盘道岭引水隧洞，全长15.728km，4.4m ×4.4m马蹄形断面。我国的南水北调工程，穿越巴颜喀拉山脉的最长隧洞长达131km，断面直径为8～10m。

4. 高层、大跨及特种建筑

(1)高层建筑

从古埃及时代起，人们就开始尝试建造高耸的建筑物，那时建造高耸建筑物并不是物质的需求，而是为了更接近“神和天堂”。

上古时期西方七大建筑奇迹之一的巴比伦城巴贝尔塔是公元前338年巴比伦王所建。据说，建造这座高塔是要在高空形成葱翠的花园以取悦皇后。同样，古代兴建高耸的建筑也有为了物质需求而建造的例子，建于公元前280年的埃及亚历山大港口的法罗斯灯塔，塔高122m，塔身用石头砌成，塔顶长年用木柴点燃烽火，以警告过往船只避免触礁，如图2-51所示。

高层建筑具有用地省、利用空间、节省投资等优点，20世纪中，特别是近20年，犹如雨后春笋，拔地而起。

世界上第一幢高层建筑是美国芝加哥的家庭保险大楼，共10层，高55m，建于1885年。近20年来，世界高层建筑发展迅速，据统计，超过200m高的建筑有100多幢。

我国建造高层建筑始于20世纪50年代，1959年，北京建成民族饭店(12层，47.7m)。1975年，广州建造了白云宾馆(33层，114.05m)，标志着我国建筑物高度突破100m。20世纪80年代是我国高层建筑的兴盛时期，北京1980～1985年建成的高层建筑面积达548m²。1985年，深圳国际贸易中心建成，共50层，使我国高层建筑高度达到158.65m。2004年竣工的我国台湾台北101大厦(图2-52)，共101层，高达508m，成为世界第一高楼。正在建设的阿拉伯联合酋长国的“迪拜塔”，高达700m，预计2008年将建成。

图2-51　法罗斯灯塔

图2-52　中国台北101大厦

(2)高耸建筑物

高耸建筑物作为纪念性、宗教性、浏览性建筑，早在1 000多年前就遍布世界各地，如意大利的比萨斜塔已有近千年的历史。1975 年建成的加拿大多伦多电视塔高达 553.34m，为世界最高的钢筋混凝土电视塔(图 2-53)。

1974 年建成的波兰华沙广播中心电台无线电传送塔，高达 644.28m，是世界最高的人工建筑物，成为华沙的标志。1986 年后，我国的电视塔开始跨入世界高塔行列，出现了一批超过 300m 的电视塔，有中央电视塔(1992 年建，高 405m，图 2-54)、天津电视塔(1991 年建，高 415m)。

图 2-53　加拿大多伦多电视塔

图 2-54　中国中央电视塔

(3)大跨建筑物(不含桥梁工程)

大跨度是现代建筑发展的另一个特征。近年来大跨建筑物在结构形式上变化多端，式样繁多，如钢筋混凝土薄壳和折板、悬索结构、网架结构、钢管结构、张力结构、悬挂结构等。这些结构，在外形上不拘一格，打破了人们常见的框架。最早的大跨结构是 1889 年建成的巴黎国际博览会的一个主展厅，全长 420m，跨度(即宽度)达 115m，采用钢架三铰拱结构，这是世界上最早超过 100m 的大跨结构物(图 2-55)。

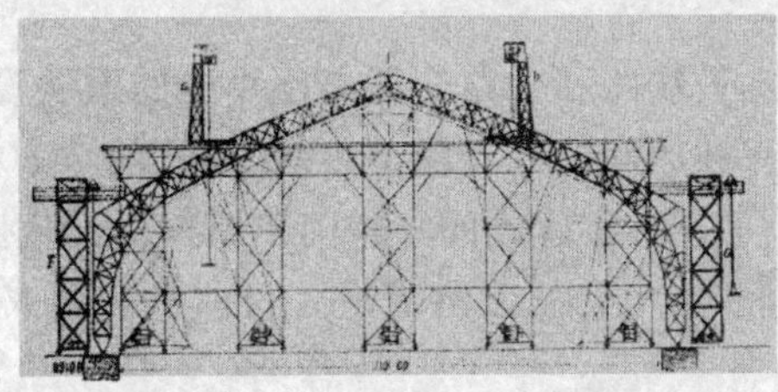

图 2-55　法国巴黎国家工业与技术展览中心大跨结构图

20 世纪 70 年代建造的美国西雅图市的金县体育馆，其屋盖采用了钢筋混凝土薄壳圆顶，直径 201m，高 76m，覆盖面积达 4.05m^2，壳顶中央仅厚 12.5cm，这是目前世界上最大跨度的混凝土圆屋盖之一。

我国早在 1959 年建成的北京火车站大厅，采用钢筋混凝土双曲扁壳结构，屋盖尺寸为 35m×35m，中央层厚只有 8cm ，随后 20 世纪 60 年代初建成的北京工人体育馆，采用圆形双层辐射形悬索屋盖，直径达94m。20世纪90年代初建成的北京奥林匹克体育中心的综合体育馆、游泳馆，采用新型的斜拉双坡形曲面网壳，综合体育馆的最大空间平面尺寸为80m×83m，两侧的索塔高达60m。

(4)膜材建筑

膜材建筑是一种采用薄膜材料(如玻璃纤维布、有机合成化学纤维布等)用充气或钢骨架结构方式构成的轻型建筑物，宜用于博览会场、体育馆、会议场所等公共建筑物。早在公元1世纪时，庞贝城(意大利)可容纳5 000观众的圆形剧场上就装有一种类似悬索结构的可移动的吊幕，这是采用篷幕构造的早期实例。1950年德国的费莱沃特提出在鞍形曲面上引入初始张力的概念，从此诞生了新的膜材结构法。

膜材结构的开发与应用，摆脱了对钢材、木材、混凝土等传统材料的依赖，打破了旧的建筑观念，为建筑带来一场新的革命。据统计，以膜材为屋面的建筑可节约屋面造价50%，屋面质量减轻2/3，从而相应降低了基础及主体工程费用，建筑总造价可降低15%～20%。膜材可在工厂预制成卷，便于搬运，且施工简便，具有良好的透光性，极高的阻燃性和良好的防震性，但其材料一般比较昂贵。日本东京奥运体育馆是典型的穹顶膜材建筑(图2-56)。

图2-56 日本东京奥运体育馆

5.隧道及机场工程

隧道是穿越大山、大江或海峡的地下通道，是铁路和公路交通必不可少的重要设施。

最古老的隧道是古埃及巴比伦城连接皇宫神庙间的人行隧道，建于公元前2180～前1905年，长约1km，3.6m×4.5m，用砖砌筑。1895～1905年建成的穿越阿尔卑斯山的铁路隧道，长达19.23km。1980年，瑞士建成长16.91km的世界最长公路隧道。目前世界最长的公路隧道是挪威的山岭隧道，长25.8km。

我国最早的交通隧道建于公元66年，是位于今陕西汉中县的“石门”隧道。建国后隧道工程迅速发展，相继建成京广铁路大瑶山隧道(全长14.295km)、西康线秦岭隧道(18.457km)终南山隧道等。

海底隧道(水下隧道)是现代土木工程的标志之一，近几年来向着长距离发展，如日本青函海底隧道长达53.85km，居世界第一；1990年贯通的英法海峡隧道长50.5km，埋深45m，水深60m；我国1970年建成的上海黄浦江打浦路隧道，长2.76km，是我国第一座水下隧道。

第四节　未来土木工程展望

一、世界科学发展对土木工程的影响

1. 土木工程面临的挑战

土木工程是一门古老的学科，它已经取得了巨大的成就，而未来土木工程发展的前景将会怎样？首先要弄清目前人类社会所面临的挑战和发展机遇。土木工程目前面临的形势有以下几方面：

(1)世界正经历工业革命以来的又一次重大变革，这便是信息(包括计算机、通信、网络等)工业的迅猛发展，可以预计人类的生产、生活方式将会发生重大变化。

(2)航空、航天等高科技事业的发展，月球上已经留下了人类的足迹，对火星及太阳系内外星空的探索已取得了巨大进步。

(3)地球上的居住人口激增，目前世界人口已达 60 亿，预计到 21 世纪末，人口要接近百亿，而地球上的资源是有限的，并且会因过度消耗而日益枯竭。

(4)生态环境受到严重破坏，例如，森林植被破坏、土地荒漠化、河流海洋水体污染、城市垃圾成山、空气混浊、大气臭氧层破坏等。

(5)人类为了争取生存，为了争取舒适的生存环境，未来的土木工程必将有重大的发展。

2. 未来科学发展的方向

1)创造绿色环保建材

1992 年 6 月，联合国召开的全世界环境与发展的首脑会议通过的《21 世纪议程》确定了可持续发展的战略方针，就是要在满足当代人发展需要的同时，为后代留下一个可以持续利用的资源环境。环境问题与材料密切相关。绿色建材、环保建材和健康建材等。绿色建材指采用清洁卫生生产技术，少用天然资源和能源，大量使用工业或城市固态废弃物生产的无毒害、无污染、无放射性、有利于环境保护和人体健康的建筑材料。绿色建材与传统建材相比有如下特征：①生产所用原料尽可能少用天然资源，大量使用尾矿、废渣、垃圾、废液等废弃物；②采用低能耗制造工艺和无环境污染的生产技术；③在产品配置或生产过程中，不得使用甲醛、卤化物剂或芳香族碳氢化合物，产品中不得含有汞及其化合物的颜料和添加剂；④产品的设计是以改善生产环境、提高生活质量为宗旨，即产品不仅不损害人体健康，而且有益于人体健康，产品具有多功能化；⑤不可循环品或回收利用无污染环境的废弃物。

2)保护人类生存环境

地球上的 10 大环境祸患为：①土壤遭到破坏；②空气污染；③淡水受到威胁；④气候变化和能源浪费；⑤森林面积减少；⑥生物品种减少；⑦化学污染；⑧混乱的城市化；⑨海洋的过度开发和沿海地带的污染；⑩极地臭氧层空洞。

世界环境纪念日有：2 月 2 日国际湿地日，3 月 22 日世界水日，3 月 23 日世界气象日，4 月 22 日地球日，5 月 31 日世界无烟日，6 月 5 日世界环境日，6 月 17 日世界防治荒漠化和干旱日，7 月 11 日世界人口日，9 月 16 日国际保护臭氧层日，10 月 4 日世界动物日，10 月 6 日世界粮食日和 12 月 29 日国际生物多样性日。

保护生存环境的主要目标是：①治理和防止环境污染；②保护空气、水环境；③抵抗人为和自然灾害；④处理城市垃圾；⑤实施绿化与碧水蓝天工程；⑥抢救湖泊及名胜古迹；⑦节约水资源、土地资源；⑧保护植被，防止水土流失；⑨保护湿地，防止沙漠化。

3)发展新能源

地球的能源日趋减少，且由石油、煤能源对环境带来巨大的污染，因此，急切探探新能源是未来科学发展的方向。

(1)太阳能——对环境无害的能量资源之一，澳大利亚的开发利用居世界领先地位。1994年，美国已在加利福尼亚成功的建有6座输出量为3亿Wh和一座8亿Wh的太阳能发电站。西藏阿里(海拔4 500m以上，累计日照达145天)已建成集热(蓄热)式、直接受益式、暖廊式住宅楼及其他用途的太阳能房40多万m^2，亦达世界领先水平。

(2)地下热能——地热是一种集热能和水资源为一体的无污染能源，被称为“绿色之泉”。

(3)地热发电——1981年，美国建成世界一座地热发电站。冰岛有2 000多座火山，其中30多座为活火山，首都雷克雅米克地下有一个永不熄灭的地热大火炉，为世界上唯一没有烟囱的城市。我国西藏羊八井地热电站年发电8 000万Wh，占拉萨地区总发电量的一半。

(4)风力发电——不少国家采用风力发电并与其他电站联网，其中加利福尼亚发电量最多，每年达18亿Wh。我国开发风力发电已有若干年，新疆达坂城建有国内最大的风力发电站，目前全国探明可利用的风能总功率有2.53亿kW，其中内蒙古占1.01亿kW，但风力发电仅排在全国第3位，亟待改善。英国将大规模发展海洋风力，计划建设15座海洋风力发电厂。

(5)潮汐发电——1965年，法国最早在伦斯河上建成第一座潮汐发电站，也是最大的一座。我国第一座建在浙江乐清，但因受潮汐限制，近期可能不会有很大发展。

利用海浪动力转换器转化能量、利用海洋热能转换器将海洋吸收的大量太阳能转化成能量都在研究中。尽管在多渠道开发新能源，但建筑节能依旧是关系人类命运的全球性课题，也是中国经济社会发展的迫切需要，中国建筑节能工作必将取得跨越式发展。

二、土木工程发展趋势

1.工程材料向轻质、高强、多功能化发展

近百年来，土木工程的结构材料主要是钢材、混凝土、木材和砖石。

1)传统材料的改性

混凝土材料应用广，且耐性好，但其强度(比钢材)低，韧性差，建造工程笨重而且易开裂。目前混凝土常用强度可达C50～C60(强度为50～60MPa)，特殊工程强度可达C80～C100，今后将会有C400的混凝土出现，而常用的混凝土可达C100左右。为了改善韧性，加入微型纤维的混凝土、塑料混合混凝土正在开发应用之中。对于钢材而言主要问题是易锈蚀、不耐火，必须研制生产耐锈蚀(甚至不锈)的钢材，生产高效防火涂料用于钢材及木材。

2)化学合成材料的应用

目前的化学合成材料主要用于门窗、管材、装饰材料，今后的发展方向是向大面积围护材料及结构骨架材料发展。一些化工制品具有耐高温、保温隔声、耐磨抗压等优良性能，用于制造隔板等非承重功能构件很理想。目前碳纤维以其轻质、高强、耐腐蚀等优点而用于结构补强，在其成本降低后可望用作混凝土的加筋材料。

3)组合材料要大力加以开发

用两种或两种以上材料组合，利用各自的优越性开发出高性能的便于使用的建筑制品，应该成为21世纪土木工程的一个重要特征。目前，用钢筋和混凝土做成的压型钢板楼盖、组合

梁、组合柱已在高层建筑和大跨桥梁中广泛应用;今后,利用层压技术把传统材料组合起来形成具有建筑装饰、受力、热工、隔音、绝缘、防火等方面新性能的复合材料,用于屋面、墙体乃至结构构件,是建筑业发展的新天地。

2.信息和智能化技术全面引入土木工程

信息、计算机、智能化技术在工业、农业、运输业和军事工业等各行各业中得到了广泛的应用,土木工程也不例外,将这些高新技术用于土木工程将是今后相当长时间内的重要发展方向,现举一些例子加以说明。

1)信息化施工

所谓信息化施工是在施工过程所涉及的各部分、各阶段广泛应用计算机信息技术,对工期、人力、材料、机械、资金、进度等信息进行收集、存储、处理和交流,并加以科学地综合利用,为施工管理及时、准确地提供决策依据。例如,在隧道及地下工程中将岩土样品性质的信息、掘进面的位移信息收集集中,快速处理及时调整并指挥下一步掘进及支护,可以大大提高工作效率并可避免不安全事故。信息化施工还可通过网络与其他国家和地区的工程数据库联系,在遇到新的疑难问题时可及时查询解决。信息化施工可大幅度提高施工效率和保证工程质量,减少工程事故,有效控制成本,实现施工管理现代化。

2)智能化建筑

智能化建筑目前还没有确切的定义,但有两个方面的要求应予满足。一是房屋设备用先进的计算机系统监测与控制,并可通过自动优化或人工干预来保证设备运行的安全、可靠、高效。例如,有客来访,可远距离看到形象并对话,遇有歹徒可摄像、可报警、可自动关闭防护门等;供暖制冷系统,可根据主人需要调至标准温度,室温高送冷风,室温低送暖气。二是安装了对居住者的自动服务系统,例如,早晨准点报时叫醒主人,并可根据需要放送新闻或提醒主人今天的主要活动安排,同时早餐在自动加工,当你洗漱完毕后即可用膳等。总之,这是一个非常温馨的住宅。对于办公楼来讲,智能化要求配备办公自动化设备、快速通信设备、网络设备、房屋自动管理和控制设备等。

3)智能化交通

智能化交通,英文简写为ITS,在欧美已于20世纪90年代开始研究,中国也在迎头赶上。智能化交通一般包括以下几个系统:①先进的交通管理系统;②交通信息服务系统;③车辆控制系统;④车辆调度系统;⑤公共交通系统等。它应具有信息收集、快速处理、优化决策、大型可视化系统等功能。

4)土木工程分析的仿真系统

许多工程结构都毁于台风、地震、火灾、洪水等灾害作用。在这种小概率、大荷载作用下的工程结构性能很难一一去做实验验证,一是参数变化条件不可能全模拟,二是实体试验成本过高,三是破坏实验有危险性,设备达不到要求。而计算机仿真技术可以在计算机上模拟原型大小的工程结构在灾害荷载作用下从变形到倒塌的全过程,从而揭示结构不安全的部位和因素,以此技术指导设计可大大提高工程结构的可靠性。

3.土木工程将向太空、海洋、荒漠地开拓

1)地球上的海洋面积占整个地球表面积的70%左右,陆地面积太少,首先想到可向海洋发展。向海洋开拓,近代已经开始。为了防止噪声对居民的影响,也为了节约用地,许多机场已开始填海造地,例如,中国的澳门机场、日本关西国际机场均修筑了海上的人工岛,在岛上建跑道和候机楼;香港大屿山国际机场劈山填海、荷兰Delf围海造城都是利用海面造福人类的宏大工程。现代海上采油平台体积巨大，在平台上建有生活区，工人在平台上一工作就是几个月，如果将平台扩大，建成海上城市是完全可能的。另外，从航空母舰和大型运输船的建造中得到启发，人们已设想建造海上浮动城市。海洋土木工程的兴建，不仅可解决陆地土地少的问题，同时也将对海底油、气资源及矿物的开发提供立足之地。

2)全世界陆地中约有1/3为沙漠或荒漠地区，千里荒沙、渺无人烟，目前还很少开发。沙漠难于利用主要是缺水，生态环境恶劣，日夜温差太大，空气干燥，太阳辐射强，不适于人类生存。近代许多国家已开始进行沙漠改造工程。在我国西北部，利用兴修水利、种植固沙植物、改良土壤等方法，已使一些沙漠变成了绿洲。但大规模改造沙漠，首先要解决水的问题。目前设想有以下几种可能：①首先在沙漠地下找水，如利比亚已发现撒哈拉大沙漠有丰富的地下水，现已部分开始利用；②从南极将巨大的冰山拖入沙漠地区，如沙特阿拉伯曾进行可行性研究，运输不成问题，如何利用冰山才符合成本要求，仍有待解决；③海水淡化，海水淡化方法有多种，但成本均居高不下，如果随着技术进步，成本降低，这是最有希望成为沙漠的水源。沙漠的改造利用不仅增加了有效土地利用面积，同时还改善了全球生态环境。

3)向太空发展是人类长期的梦想。美籍华裔科学家林柱铜博士利用从月球带回来的岩石烧制成了水泥。可以设想，只要带上的氢、氧到月球能化合成水，则在月球上就可制造混凝土。林博士预计在月球上建造一个圆形基地，需水泥100t、水300t和钢筋360t。而除水以外，其他材料均可从月球上就地制造，因为月球上有丰富的矿藏，美国已经计划在月球上建造一个基地。日本人设想在月球上建立六角形的蜂房式基地，用钢铁制成，可以拼接扩大，内部造成人工气候，使之适合人类居住。随着太空站和月球基地的建立，人类可向火星进发。与地球最相似的是火星，但火星上缺氧，如何使火星地球化，人们设想利用生物工程，将制氧微生物及低等植物移向火星，使之在较短时间内走完地球几亿年才走完的进程，使火星适于人类居住，那时人类便可向火星移民，而火星到地球可用宇宙飞船联系，人们的生活空间将大大扩展。

4.设计方法更加精确化，设计工作将全面自动化

在19世纪与20世纪，力学分析的基本原理和有关微分方程已经建立，用于指导土木工程设计也取得了巨大成功，但是由于土木工程结构的复杂性和人类计算能力的有限性，人们对工程的设计计算还比较粗糙，有一些主要依靠经验。三峡大坝，用数值法分析其应力分布，其方程组可达几十万甚至上百万个，靠人工计算显然是不可能的。高速电子计算机的出现，使这一计算得以实现，类似的海上采油平台、核电站、摩天大楼、海底隧道等巨型工程，有了计算机的帮助，便可合理地进行数值分析和安全评估。此外，计算机的进步使设计由手工走向自动化，目前，许多设计部门已经丢掉了传统的制图板而改用计算机绘图，这一进程在21世纪将进一步发展和完善。数值计算的进步使过去不能计算或带有盲目性的估计变为较精确的分析，例如，土木工程中的由各个杆件分析到整体结构分析、工程结构的定型分析到按施工阶段的全过程仿真分析、工程结构在灾害载荷作用下的全过程非线性分析、与时间有关的长时间徐变分析和瞬间的冲击分析等。

5.土木工程向可持续方向发展

面临人口增长、生态失衡、环境污染、人类生存环境恶化，20世纪80年代提出了“可持续发展”的原则，此原则已为大多数国家和人民所认同。可持续发展是指“既满足当代人的需要，又不对后代人满足其需要的发展构成危害”，例如，一代人过度消耗能源（如石油）以致枯竭，则后代人无法继续发展，甚至保持原有水平也不可能。这一原则具有远见卓识，我国政府已将

"持续发展"与"计划生育"并列为两大国策，大力加以宣传，土木工程工作者对贯彻这一原则有重大责任。

在建设与使用土木工程的过程中与能源消耗、资源利用、环境利用、环境保护、生态平衡有密切关系，对贯彻"可持续发展"的原则影响很大。

从资源方面看，建房、修路大多要占地，而我国土地资源十分紧张，因而在土木工程中不占或少占土地，尽量不占可耕地是必须坚持的。另外，建材中的黏土砖毁地严重，应予限制或禁止。建材生产、施工建造还要消耗能源和水资源，在这方面应尽可能采用可再生资源和循环利用已有资源。

6. 工程项目向更高、更深、更快的方向迈进

1)更高方向

了解城市土地供求的矛盾，由于人类生产生活的需求或者因为商业聚集效应的需要，建筑工程项目会向更高更深的方向发展。当前拟在日本东京建造 Shimizu 超高层建筑已设计完成，有 121 层，高 550m。美国也拟在芝加哥建造一幢米格林—拜特勒大厦，它从地平面到塔尖的高度为 609.7m，有 125 层。日本竹中工务店技术研究所提出的摩天城方案为一底座宽 400m，地下 60m 深，地上 1 000m 高的六边形建筑，总建筑面积 800 万 m^2，可居住3.5 万人。

2)更深方向

土木工程建筑进一步向地下、水下、海底发展，为人类争取更多的地下空间。例如，从福建到台湾的海峡连接通道。目前，清华大学 21 世纪发展研究院台湾海峡隧道论证中心吴之明教授等已经提出在这个区域建造台湾海峡隧道的设想，此设想可能为一桥隧组合方案，即从福建的福清到沿海平潭岛为海上桥梁，从平潭岛到台湾岛的新竹为海底隧道，与两岸的铁路和公路网连接。隧道的海底段约长 125km，陆地段约长 19km，全长 144km，埋设在海底下 50m(海水深 30～70m)处，隧道洞身主要部分位于海平面下 80～120m 处，可通行高速列车和汽车。

3)更快方向

信息社会的发展在很大程度上取决于交通和信息工具，高速交通工具的出现又推动了铁路、公路和隧道工程的快速发展。高速火车已在日本和欧洲运营，不少国家正在开发实验磁悬浮列车系统和真空隧道。高速铁路既是空运和市内高速道路的补充，又是航空和汽车运输的竞争对象。仅在欧洲，高速铁路总长就达 2 万多 km。当前欧洲 12 个国家已制定了一项用高速铁路将其主要城市连接起来的计划，将耗资 760 亿美元，铺设 3 万 km 的高速铁路。法国、意大利高速铁路时速已达 300km/h，日本新干线的行车速度则达 345km/h。预期磁悬浮列车由于行进中轮轨间不直接接触消除了摩擦力而可达 500km/h 的时速。我国上海、杭州间准备兴建全长 170km、设计时速为 500km/h 的磁悬浮高速铁路已提到议事日程上。另外，高速公路已在全世界普及，我国也将会进一步发展。

7. 建筑机器人将更广泛的应用

机器人是一种机械与电子相结合的自动化机器，通过预先编制的程序完成各种动作，进行自动化的作业生产。第一代机器人只能以"示范—再现"方式工作，动作简单，应用面窄，已成为实用化的机器人；第二代机器人具备一些简单的智能，如视觉、触觉等感知功能，还具有人为思维和判断功能，目前处于实验阶段。1961 年美国生产出世界第一个现代机器人(第一代机器人)。

土木建筑业是一个劳动强度大、工作环境差、受伤事故多的行业，应用机器人生产作业将

大大减少人们的劳动强度，改善劳动条件，节省材料、能源，提高劳动生产率。日本已开发出90多种建筑机器人，年产量约100台左右。机器人将广泛应用于土木工程、基础工程、混凝土工程、水坝工程、隧道工程等方面。

思 考 题

1. 古代土木工程有什么特点？有哪些典型工程？
2. 古代土木工程主要有哪些成就？
3. 近代土木工程有什么特点？有哪些典型工程？
4. 近代土木工程进步时期，交通工具的变革对土木工程发展有何影响？
5. 现代土木工程的基本特征是什么？
6. 为什么说三峡工程是当今世界规模最大的工程？
7. 请查阅相关资料简要说明三峡工程建设的意义。
8. 未来土木工程发展的趋势是什么？

第三章　土木工程分类

第一节　房屋及特种建筑物

一、房屋建筑工程

1.概念

房屋是人们进行生产、生活或其他活动所必不可少的空间，一般来说它是一个受地面、墙板、楼板所限制的空间。房屋建筑工程是指兴建房屋时所做的勘察、规划、设计、施工和设备调试等工作的总称，最终目的是为人类生产与生活提供适宜的场所。

房屋建造主要包括房屋的建筑规划、建筑勘察、建筑工程等方面的内容。房屋设计是一项以满足人们使用和审美需要为目的，设置承受自然界和人为作用的骨架，设计供水、供电、供燃气以及控制环境（供暖、通风、空调、防火、隔音等）的系统工程，是房屋建造（设）的重要前期工作。

2.基本组成

建筑物是由基础、墙和柱、楼地层、楼梯、屋顶、门窗等主要构件所组成的。现将各部分构件的作用、要求等分述如下（图 3-1）。

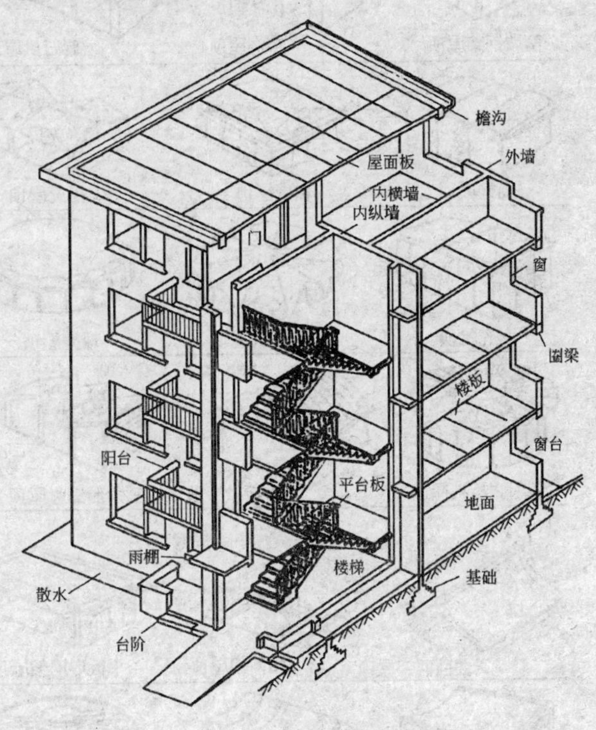

图 3-1　房屋的基本组成

1)基础

基础是建筑物最下面的部分，是埋在地面以下、地基之上的承重构件。它承受建筑物的全部荷载（包括基础自重），并将其传递到地基上，要求坚固、稳定，且能抵抗冰冻、地下水与化学侵蚀等。基础的大小、形式取决于荷载的大小、土壤性能、材料性质和承重方式。构造形式有带形、柱形及箱形等。

2)墙和柱

墙是建筑物的承重及维护构件。按其所在位置及作用，可分为外墙和内墙。按其本身结构，可分为承重墙和非承重墙，承重墙是垂直方向的承重构件，承受着屋顶、楼层等传来的荷载。有时为了扩大空间或结构要求，不采用墙承重，而用柱来承重。外墙应能起到抵抗风雪、寒暑及太阳辐射热的作用，分为勒脚、墙身和檐口三部分。勒脚是外墙与室外地面相接的部分，墙身设有门窗洞、过梁等构件，檐口为外墙与屋顶连接的部位。内墙用于分隔内部空间，除

单坡顶
硬山两坡顶
悬山两坡顶
四坡顶
卷棚顶
庑殿顶
歇山顶
圆攒尖顶
挑檐平屋顶
女儿墙平屋顶
挑檐女儿墙平屋顶
盝顶平屋顶
多跨双坡屋顶
多跨拱形屋顶
单坡钢架屋顶
两坡钢架屋顶
窑洞屋顶
砖石拱屋顶
落地拱屋顶
双曲拱屋顶
筒壳屋顶
扁壳屋顶
扭壳屋顶
落地扭壳屋顶
双曲壳板屋顶
伞壳屋顶
抛物面壳屋顶
球壳屋顶
V形折板屋顶
平行折板屋顶
辐射式折板屋顶
折板拱屋顶
三角形锯齿屋顶
筒壳锯齿屋顶
劈锥壳锯齿屋顶
曲面网架屋顶
落地拱网架屋顶
平板形网架屋顶
球形网壳屋顶
肋环网壳屋顶
单向悬索屋顶
地锚悬索屋顶
车轮形悬索屋顶
鞍形悬索屋顶
单向悬挂屋顶
伞形悬挂屋顶
活动球顶
充气屋顶

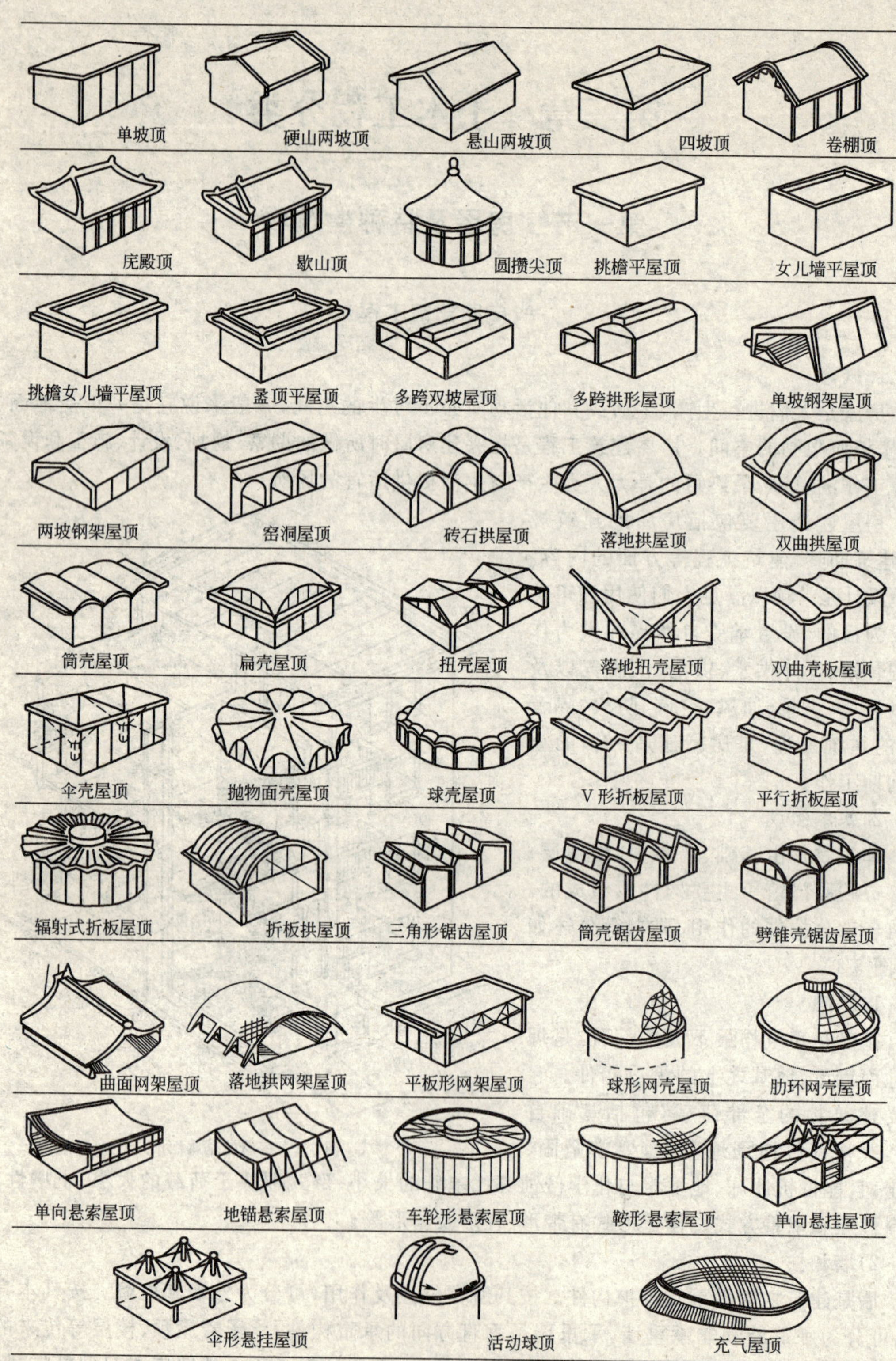

图 3-2 形式多样的屋顶

承重外，还能增加建筑物的坚固、稳定和刚性；非承重的内墙称为隔墙。

3）楼地层

楼地层是建筑物水平方向的承重构件，分为楼层和地层。楼层将建筑物分隔为若干层，并将其荷载传递到墙或柱上。它对墙身还起水平支撑作用。楼层主要包括面层、结构层和顶棚三部分，应具有足够的坚固性、刚性、耐磨以及隔声等特性。地层贴近土壤，应坚固、耐磨、防潮与保温。

4）楼梯

楼梯是多层建筑中的上下交通通道，应有足够的通行宽度和疏散能力，并符合坚固、稳定、耐磨、安全等要求。

5）屋顶

屋顶是建筑的顶部结构，形式多样，构造各异，有坡屋顶、平屋顶、拱形顶等，如图 3-2 所示。屋顶由屋面及屋架组成。屋面用以防御风沙雨雪的侵袭和太阳的辐射；屋架支于墙或柱上，并将自重及屋面的荷载传至墙或柱上。屋顶应坚固、耐久、防渗漏，并能保温、隔热。

6）门窗

门的大小和数量以及开关方向是根据通行能力、使用方便和防火要求决定的。窗用作采光和通风透气，它是围护结构的一部分，亦须考虑保温、隔热、隔声、防风沙等要求。

二、特种结构工程

1. 概念

凡不属于房屋建筑、道路桥梁、隧道及水工结构等一般工程结构的土建结构统称为特种结构工程，主要包括烟囱、冷却塔、水塔、污泥清化池、卫星发射塔、电视塔、管道结构和容器结构等。随着科学技术的发展，将会出现越来越多具有新用途的特种工程结构。

2. 主要特种结构工程

1）烟囱

烟囱一般用钢筋混凝土和砖建造，国外也采用金属烟囱，因其安装方便。烟囱可造成单筒或双筒乃至四筒。我国四筒钢筋混凝土烟囱高达 240m，单筒烟囱最高达 270m（山西神头二电厂）。20 世纪 80 年代我国还建造了筒中筒烟囱，如图 3-3 所示，外筒由钢筋混凝土建造，承受风载和地震作用，内筒用钢制成，起耐火、防腐、排烟等作用，两者为既分又合的内外组合体。

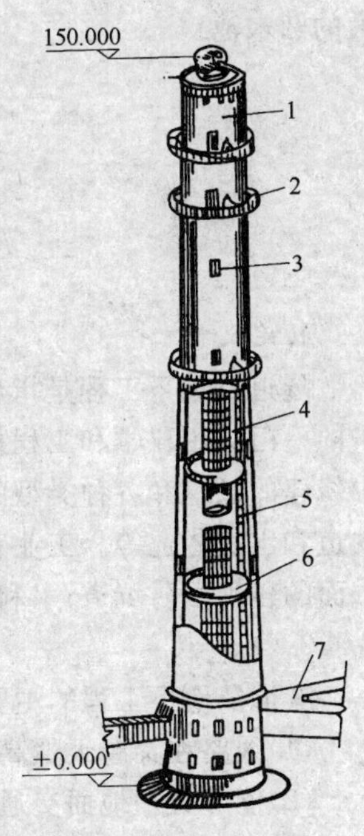

图 3-3　筒中筒烟囱

1-外筒；2-夜航灯钢平台 3 层；3-采光窗；4-钢内筒并衬里；5-钢爬梯；6-钢平台（7 层）；7-烟囱箱 7 个

2）冷却塔

冷却塔指火力电站及其他工业中用于循环冷却水的高耸结构。在冷却塔内依靠水电蒸将水的热量传给空气而使水冷却。冷却塔的冷却能力与环境的空气温度、相对湿度、所要求达到的冷却幅度（进塔水温与冷却后水温之差）和冷却幅高（冷却后水温与湿球温度之差）有关。冷却能力以每小时的水负荷或热负荷表示。

根据冷却过程的不同，冷却塔分为湿式和干式两类。

(1)湿式冷却塔。主要以蒸发过程散热。塔内水与空气直接接触进行热交换,空气竖向流过水平布置的散热装置并与热水下落方向相反的称逆流式冷却塔(图 3-4)和空气水平流过竖向布置的散热装置并与热水下落方向相交的称横流式冷却塔。

(2)干式冷却塔。主要以传导、对流散热。塔内水与空气不接触,而是经过带鳍管组的散热器与空气接触散热。干式冷却塔耗资大、效率低,但省水。

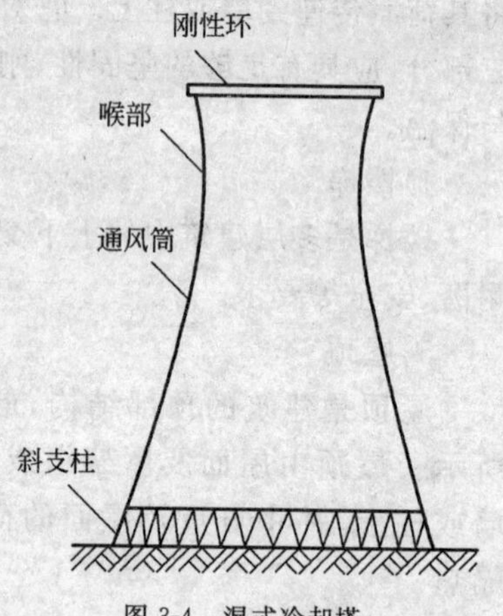

图 3-4 湿式冷却塔

近年来,新发展干/湿式混合冷却塔,热水先通过干塔部分进行降温,然后流入湿塔部分再蒸发冷却,兼有干式和湿式冷却塔的优点。

3)水池

水池是供直接使用或供处理用的储水容器,前者称储水池,后者称水处理池(如冷池、沉淀池、澄清池和过滤池等)。

水池可用土、钢筋混凝土和砖石等材料建造。水池的平面形状有圆形、方形、矩形和多边形等;可以是单格的,也可以是多格的。水池按位置的高低可分为架空式、地面式、半地下式及地下式四种。水池一般由底板和壁板组成,有些水池没有顶板,当平面尺寸较大时,为了减少顶板的跨度,可在水池中设中间支柱。

我国建造的最大矩形混凝土水池在北京,为 10 万 m^3 拼装式清水池,其平面尺寸为 255.9m×90.9m。

美国在阿拉瓦达市建造的地下水处理用的蓄水池内径 83.8m,壁高 7.5m,可能是世界最大的圆水池。

第二节 隧道及地下工程

一、隧道及地下工程的概念

1. 定义

隧道及地下工程是指从事研究和建造各种隧道及地下工程的规划、勘测、设计、施工和养护的一门应用科学和工程技术,是土木工程的一个分支。隧道及地下工程也指在岩体或土层中修建的通道和各种类型的地下建筑物,包括交通运输方面的铁路、道路、运河隧道以及地下铁道和水底隧道等。工业和民用方面的市政、防空、采矿、储存和生产等用途的地下工程;军用方面的各种国防坑道;水利发电工程的地下发电厂房以及其他各种水工隧洞等。

2. 特点

隧道及地下工程的主要特点有以下几点:

(1)线路在穿越天然高程或平面障碍时修建地下通道,是克服障碍的有效方法。

(2)能够分担地面交通和人流的负荷,节约城市用地。

(3)承受爆炸荷载和地震荷载的能力比地面结构强,许多国防、民防工程以及抗震和各类防护工程都可采用。

(4)地下建筑物内部的气温和温度都比较稳定,具有节能特点,可作为各类地下储库和冷藏库。

(5)造价昂贵，只有在已论证其有充分的战术、技术和经济效益的条件下才宜兴建。

(6)施工期长，施工作业面较窄，可能容纳的劳力和机械都受限制，但由于工业化施工和机械性能的提高，这种情况正在得到改善。

(7)穿越的地质条件常复杂多变，遇到的意外情况比较多，工程的定位、设计和施工方法都必须随时作相应的调整，因此要求有关规划、勘测、设计、施工和使用管理部门密切配合。

3.类型

隧道及地下工程按其使用性质不同可分为：①铁路隧道；②公路隧道；③城市地铁隧道；④水底隧道；⑤地下建筑工程；⑥水工隧道。

二、主要隧道及地下工程

1.铁路隧道工程

1)概况

铁路隧道工程是铁路隧道的勘测、设计、贯通控制测量和施工等工作的总称。

铁路隧道是修建在地下或水下仅铺设铁路供机车车辆通行的建筑物。根据其所在位置可分为山岭隧道、水下隧道和城市隧道三类。为缩短距离和避免大坡道从山岭或丘陵下穿越的隧道称为山岭隧道；为穿越河流或海峡而从河下或海底通过的隧道称为水下隧道；为适应铁路通过大城市的需要而在城市地下穿越的隧道称为城市隧道。这三类隧道中修建最多的是山岭隧道。

自英国于1826年起在蒸汽机车牵引的铁路上开始修建长770m的泰勒山单线隧道和长2 472.4m的维多利亚双线隧道以来，英、美、法等国相继修建了大量铁路隧道。

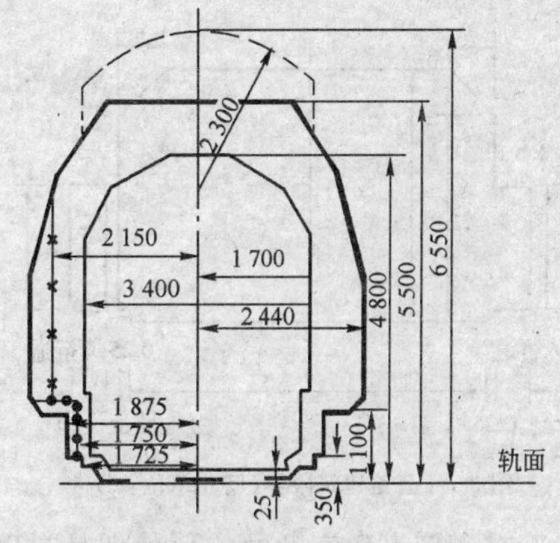

图3-5　铁路隧道净空(尺寸单位：mm)

2)净空要求

铁路隧道为保证火车安全通行，洞内应有足够的净空，称为铁路的建筑限界，规定如图3-5所示。

3)衬砌

沿开挖的铁路隧道壁面建造的，用以防止围岩变形和地层塌方以及防挡地下水渗漏的构筑物。对于围岩坚硬完整而又无渗漏水的铁路隧道，也可不作人工衬砌，但一般需在壁面上喷浆或喷混凝土，以防岩石风化剥落。

铁路隧道衬砌按建造材料可分为砖隧道衬砌、料石隧道衬砌、混凝土隧道衬砌等；按隧道埋深可分为深埋隧道衬砌、浅埋隧道衬砌；按隧道围岩性质可分为石质隧道衬砌、土质隧道衬砌；按建造方法可分为拼装式隧道衬砌、混凝土就地灌筑隧道衬砌、喷锚支护隧道衬砌等。

铁路隧道衬砌分拱、边墙和仰拱三部分，如图3-6所示。

2.公路隧道工程

1)概况

公路隧道是修筑在地下供汽车行驶的通道，一般还兼作管线和行人等通道。

公元前 2180～前 2160 年左右，在幼发拉底河下修建的一条约 900m 长的砖衬砌人行通道，是迄今已知的最早用于交通的隧道，它是在旱季将河流改道后用明挖法建成。公元前 36 年，在那不勒斯和普佐里之间开凿的婆西里勃道路隧道，长约 1 500m，宽 8m，高 9m，是在凝灰岩中开凿的一条长隧道。中国最早用于交通的隧道是古褒斜道上的石门隧道，建成于东汉永平九年(公元 66 年)。

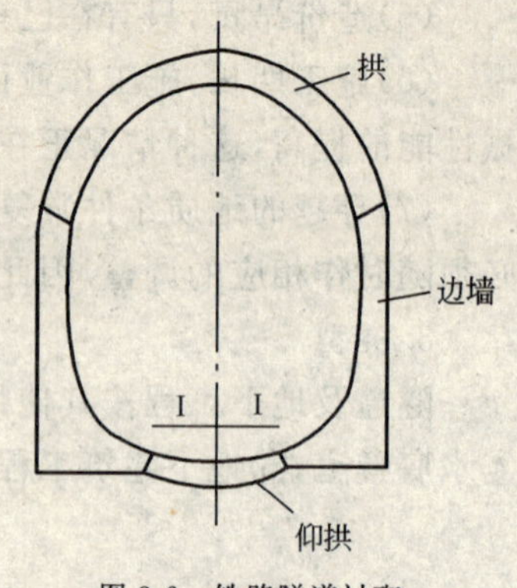

图 3-6 铁路隧道衬砌

2)净空要求

隧道衬砌的内轮廓线所包围的空间称为隧道净空。隧道净空包括公路的建筑限界(图 3-7)、通风及其他需要的断面积。建筑限界是指隧道衬砌等任何建筑物不得侵入的一种限界。公路隧道的建筑限界包括车道、路肩、路缘带、人行道等的宽度以及车道、照明、防灾、监控、运行管理等附属设备所需要的空间以及富裕量和施工允许误差等，如图 3-8 所示。

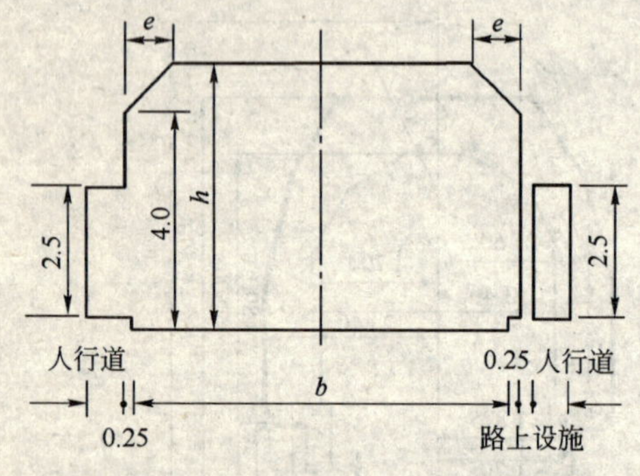

图 3-7 公路建筑限界(尺寸单位：m)

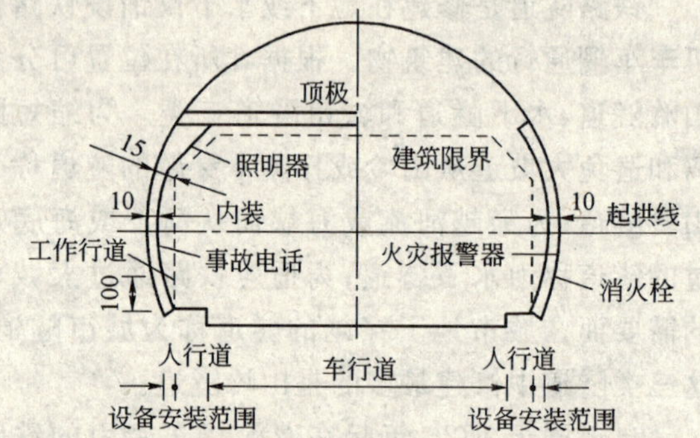

图 3-8 公路隧道横断面净空(尺寸单位：mm)

3)衬砌隧道净空断面的形状即是衬砌的内轮廓形状。衬砌的形状应使衬砌受力合理，围岩稳定。衬砌的形状可采用圆拱直墙，圆形断面利于承压和盾构施工。在浅埋、深埋公路隧道采用矩形或近椭圆形断面。公路隧道的各种主要断面形状如图 3-9 所示。

3. 城市地铁

1)概况

简称地铁，在城市地下的电力机车牵引的铁道。通常设在城市地面下的隧道中，也有从地下延伸至地面，有时升高到高架桥上。地铁是解决大城市交通拥塞和大量、快速、安全地运送乘客的一种现代化交通工具。在特殊情况下，可以运送货物，在战时可起到防护的作用。

2)类型

根据地铁线路所处的位置，可分为地下、地面及高架线路。地下线路是地铁线路的基本形式，按隧道距地面的位置可分为浅埋及深埋两种：①浅埋地铁，一般将线路埋设在街道之下，车站隧道的净空高度要比区间隧道大，为保证车站隧道顶部有最小厚度的回填层，浅埋地铁车站要较区间隧道埋得深些，使车站设置在线路纵剖面的低点；②深埋地铁，可不受城市地面建筑物的影响。因此，多数线路在平面上都为直线，转弯处可采用大半径曲线，使列车运行平稳。车站设置在较浅处或修建在居民较少的城郊。有的地面线路的地铁车站与郊区的铁路车站相邻或结为一体，以方便旅客。高架线路则是设置在用钢或钢筋混凝土建造的高架线路桥上。

图 3-10 为浅埋区隧道断面形式。

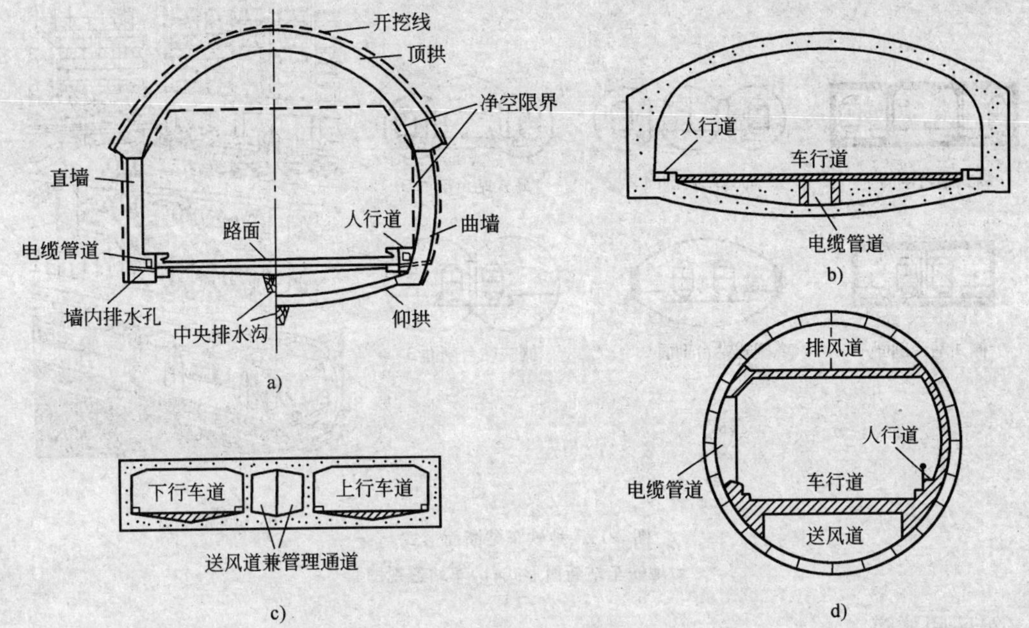

图 3-9　隧道断面形式

a)直墙拱形断面(左半图)、带仰拱的马蹄形断面(右半图);b)带仰拱的三心圆坦拱多车线断面;c)矩形断面;d)圆形断面

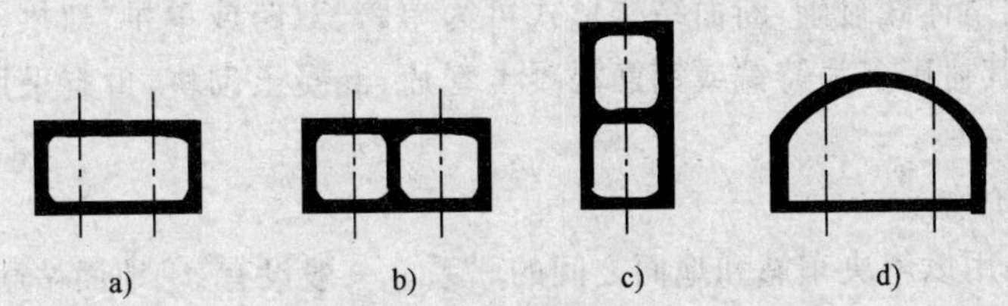

图 3-10　浅埋区隧道断面形式

a)单跨矩形;b)双跨矩形;c)单跨双层;d)单拱形

3)地铁建筑物

地铁建筑物主要由车站、连接各站的区间隧道和出入口建筑物等组成。

(1)地铁车站

从总体规划、设备的配置、结构形式及施工方法等方面而言,车站是地下铁道中复杂的建筑物,是大量乘客的集散地,应能保证他们迅速而方便地上下或换乘,并要求有良好的通风、照明和清洁的环境,还要有艺术性。

地铁车站按站台形式可分为三类:①岛式车站,站台位于两条线路之间,供两条线路同时使用。站台两端设有阶梯或自动扶梯通至地面。浅埋地铁线路由区间进入车站时,由于需要从正常的线间距逐渐扩大到车站的线间距,而要在车站两端设置喇叭口;②侧式车站,站台位于两条线路的外侧,分设两个站台,线路按最小间距设在两站台之间;③混合式车站,在一个车站内既有岛式站台,又有侧式站台,它们之间用天桥或地道相连,此种车站只适用于三线以上的地下铁道。

深埋地铁车站可按横断面形式分为单拱、双拱、三拱及多拱式。浅埋地铁车站通常为矩形断面,分为单跨、双跨、三跨及多跨框架结构。地铁车站断面形式如图 3-11 所示。

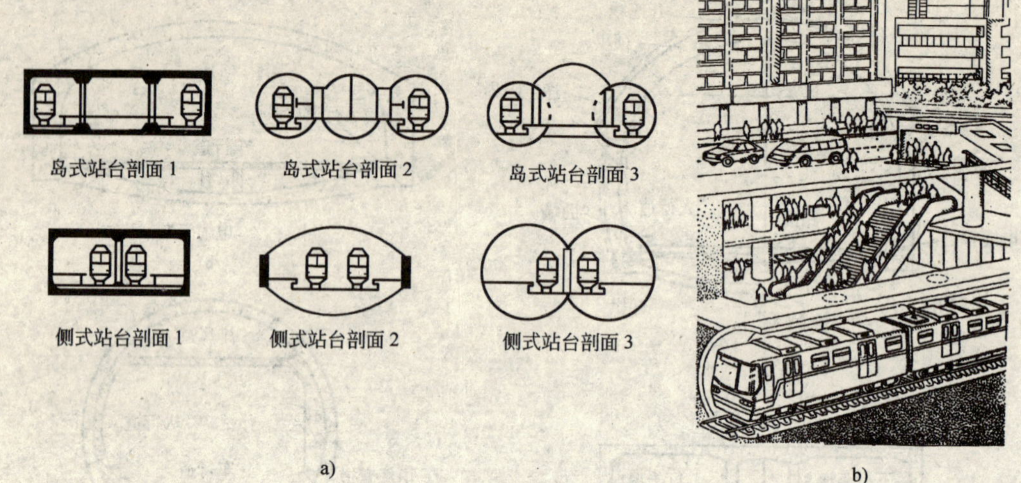

图 3-11 地铁车站断面形式

a)地铁车站断面形式；b)车站透视图

(2)区间隧道

区间隧道是连接各车站的隧道。其横断面形式的选择，取决于埋深、地质条件和施工方法等因素，其内部尺寸根据建筑限界来拟定。浅埋隧道一般为混凝土、钢筋混凝土整体式衬砌、预制装配式或预制整体式衬砌，断面结构形式可为单跨、双跨或单拱、双拱等。深埋隧道的横断面一般为圆形，其衬砌多为铸铁或钢筋混凝土管片、混凝土砌块，也有采用现场灌筑的整体式混凝土衬砌。

(3)出入口建筑物

出入口建筑物用以解决车站和地面之间的联系。一般设有：①地面站厅，是乘客进入地铁车站的咽喉。其位置的选择和规模，均应满足城市的总体规划和交通运输的要求。地面站厅可单独修建，亦可修建在待建或已建的建筑物底层，但要采取措施消除自动扶梯运转时的噪声和振动；②地面出入口，不设地面站厅的车站可设地面出入口。它包括阶梯(或自动扶梯)、地面或地下售票处和地下人行通道。一个车站设置多处地面出入口，并与人行横道连接，有利于地面交通；③自动扶梯斜隧道，与水平成 30°角，设置连续运送的自动扶梯和容纳张拉设备的张拉室及驱动设备的机器房；④地面牵出线，每条线路上需要设置一段和车库及地面段相联系的线路。

第三节 铁道及机场工程

一、铁 道 工 程

1. 定义及研究范围

铁道工程主要是指铁路上的各种土木工程设施和修建铁路各阶段(勘测、设计、施工、养护、改建等)所运用的技术。铁道工程包括铁路选线、铁路轨道、路基和铁路站场、控制信号及枢纽等。

2. 铁路的分类

(1)按轨距划分,可将铁路分为标准轨距铁路(世界各国多采用 1 435mm)、宽轨铁路(轨距宽于 1 435mm)和窄轨铁路(轨距窄于 1 435mm)三种类型。目前世界上采用 1 435mm 标准轨距铁路的国家和地区约占 62%,采用宽轨(1 676mm,1 600mm,1 524mm,1 500mm 等)的约占 17%,采用窄轨(1 372 mm,1 067mm,1 050mm,1 000mm 等)的约占 21%。

(2)按牵引动力划分,可将铁路划分为电力牵引、内燃牵引及蒸汽牵引三种。蒸汽机车虽是铁路发源的最早的动力,但由于污染空气、热效率很低以及噪声过大等原因,已经逐渐被淘汰或仅用于小运量的铁路线上。

(3)按铁路的任务和运量,我国铁路划分为 I 级、II 级、III 级及地方铁路。

①I 级铁路指在路网中起骨干作用,远期(一般指运营后 10 年以上)年直通货运输送能力大于 800～1 000 万 t 的铁路;②II 级铁路指在路网中起辅助联络作用,远期年直通货运输送能力等于或大于 500 万 t 的铁路;③III 级铁路通常是地方性质的铁路,远期年直通货运输送能力小于 500 万 t 的铁路。

3. 基本组成

铁路主要由铁路轨道、路基、铁路站场及枢纽等几个部分构成。

(1)铁路轨道

铁路轨道是铁路工程的重要组成部分,主要由钢轨、轨枕、连接零件、道床、道岔和其他附属设备组成。铁路轨道位于铁路路基上,承受车轮传来的荷载,传递给路基,并引导机车车辆按一定方向运转。有些国家或地区也称其为线路上部建筑。

钢轨由工字形钢材构成。轨枕一般为横向铺设,用木、钢筋混凝土或钢制成。道床采用碎石、卵石、矿渣等材料。钢轨、轨枕和道床是一些不同力学性质的材料,以不同的方式组合起来的。钢轨用连接零件扣紧在轨枕上,轨枕则埋在道床内;道床直接铺在路基面上。

为使轨道成为一个整体,要根据铁路的具体运营条件,考虑轨道、车辆、路基三者之间的相互作用关系,使轨道各部分之间相互协调。铁路的运量、机车车辆轴重和行车速度是轨道设计的基本依据。铁路轨道通常按不同运营条件划分为不同等级,这种分等级的标准各国不尽相同。我国铁路"规程"将轨道分为四种类型,即轻型、中型、次重型和重型四类。

铁路轨道的基本组成如图 3-12 所示。50kg/m 钢轨断面的示意图如图 3-13 所示。

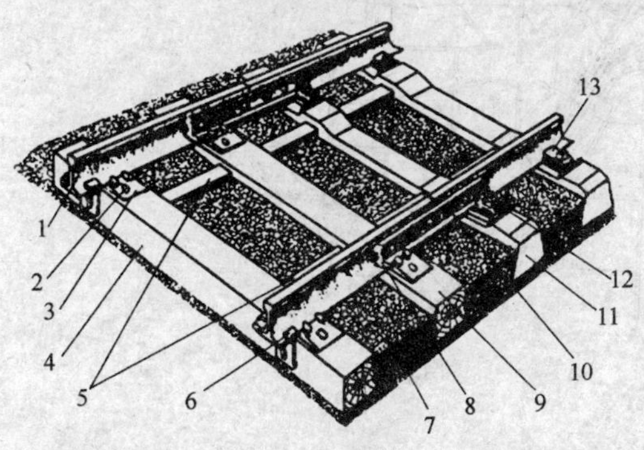

图 3-12 铁路轨道的基本组成

1-钢轨;2-普通道钉;3-垫板;4、9-木枕;5-防爬撑;6-防爬器;7-道床;8-鱼尾板;10-螺栓;11-钢筋混凝土轨枕;12-扣板式中间联结零件;13-弹片式中间联结零件

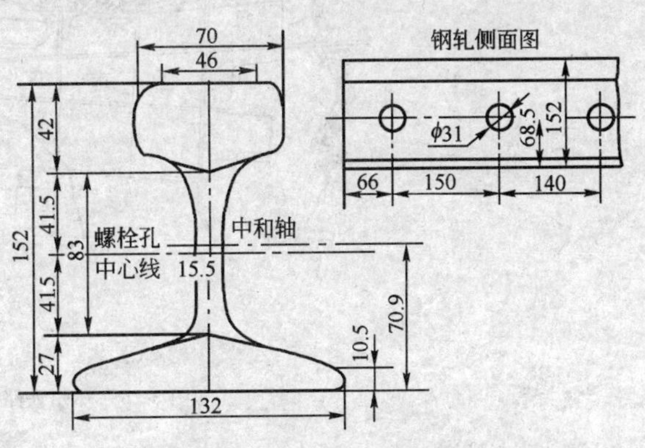

图 3-13 50kg/m 钢轨断面示意图(尺寸单位:mm)

(2)铁路路基

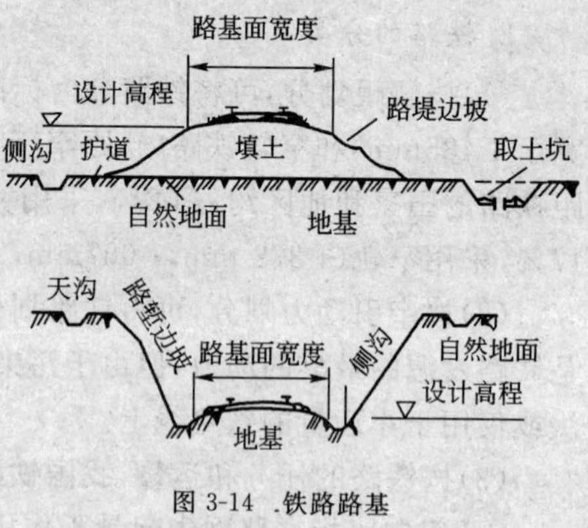

图 3-14 .铁路路基

路基是铁路轨道下面的基础建筑。自然地面是起伏不平的,为了使轨道铺筑平顺,必须要将自然地面低于路基设计高程处填筑成路堤,而将自然地面高于路基设计高程处开挖成路堑(图 3-14)。路基必须具有足够的强度和稳定性,即在其本身静力作用下地基不应发生过大沉陷;在车辆动力作用下不应发生过大的弹性或塑性变形,路基边坡应能长期稳定而不坍滑。为了达到上述目的,还须在必要处修筑一些路基附属建筑物,如排水沟、护坡、挡土结构等。

(3)铁路站场及枢纽

铁路站场与枢纽工程是铁路工程的重要组成部分。铁路车站及枢纽工程内设有办理客运、货运业务和列车接发、会让、解体、编组、机车乘务组、机车更换、车辆和货物检查以及机车修理和存放等的专门设备。铁路车站或枢纽在铁路网上的分布和其中各种设备的布置是否合理,对节约投资与运营开支,提高线路与站场通过能力、作业能力以及加速机车车辆周转,都有很大影响。一些大型编组站每一车站占地达 300～400hm^2,设置道岔数百组,站线总延长超过百公里,施工土石方多的可达百万 m^3 以上。

图 3-15 为郑州铁路枢纽总布置图。

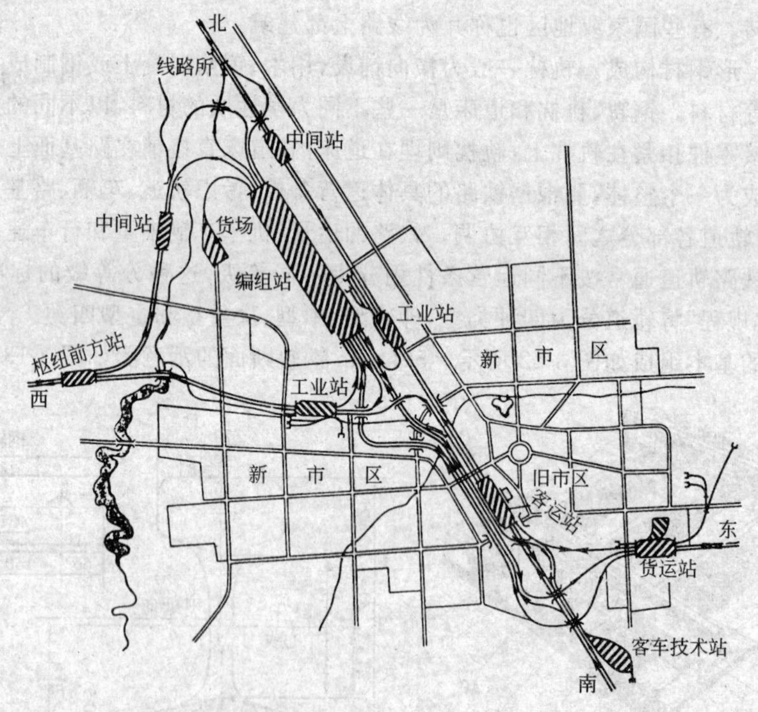

图 3-15　郑州铁路枢纽总布置图

4. 高速铁路

一般地讲,铁路运行速度为 100～120km/h 称为常速;运行速度为 120～160km/h 称为中速;运行速度为 160～200km/h 称为准高速或快速;运行速度为 200～400km/h 称为高速。世界上第一条高速铁路为 1964 年 10 月建成的日本东海道新干线,最高速度达 210km/h,后来日本还建成山阳新干线(230km/h,1975 年)、东北新干线和上越新干线(260km/h,1982 年)。多年来的实践证明,高速铁路具有节省能源、保护环境、安全、舒适、省时等优点。

图 3-16 飞驰的高速列车

高速铁路的实现为城市之间的快速交通来往和旅客出行提供了极大方便,同时也对铁路选线与设计等提出了更高的要求,如铁路沿线的信号与通信自动化管理,铁路机车和车辆的减震和隔声要求,对线路平、纵断面的改造,加强轨道结构,改善轨道的平顺性和养护技术等。图 3-16 为飞驰的高速列车。

二、机 场 工 程

1. 定义

机场是航空运输的基础设施,通常机场的定义是指在陆地上或水面上一块划定的区域(包括各项建筑物、装置和设备),其全部或部分用来供航空器着陆、起飞和地面活动之用。机场工程则是指规划、设计和建造飞机场各项设施的统称。机场是飞机起飞、着陆、运行、停放、维修和实施飞行保障等活动的场所。

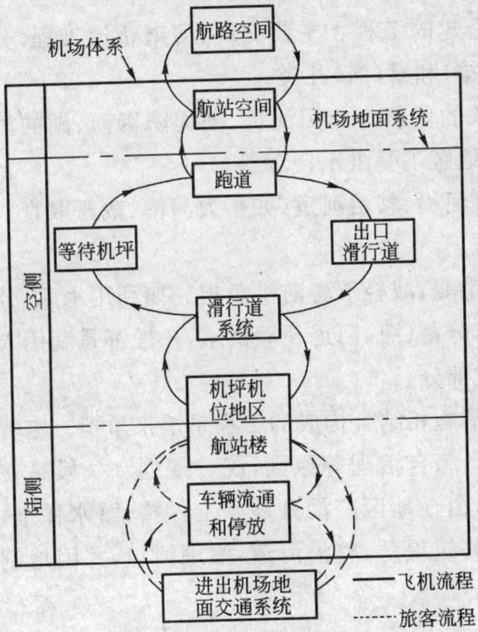

图 3-17 机场的组成

机场工程是一种复杂、精密的综合体,内容广泛,涉及的领域和相关学科很多。机场工程的内容主要包括:机场规划设计、场道工程、导航工程、空中交通管制系统工程、气象工程、旅客航站及指挥楼工程、地面道路工程以及其他辅助工程(如照明、排水、供水等)。

2. 基本组成

一个大型完整的机场由空侧和陆侧两个区域组成,航站楼则是这两个区的分界线。空侧是指机场控制区和飞机活动区,又叫飞行区;陆侧则是指地面的工作区,又叫航站区。机场各组成部分如图 3-17 所示。

第四节 水利及港口工程

一、水 利 工 程

1. 概念

(1)定义

水利工程是研究防止水患、开发水利资源的方法及选择和建设各项工程设施的科学技术的统称。

水利工程的目的是控制或调整天然水在空间和时间的分布，防止或减少旱涝灾害，合理开发和利用水资源，为工农业生产和人民生活提供良好的环境和物质条件。水利工程主要包括水力发电工程、治河工程、防洪工程、农田水利工程（又称排水灌溉工程）、跨流域的调水工程等。

(2)水利工程的特点

①水工建筑物受水的作用，工作条件复杂，施工难度大。

②各地的水文、气象、地形、地质等自然条件有差异，水文、气象状况存在或然性，因此大型水利工程的设计，总是各有特点，难以统一。

③大型水利工程投资大、工期长，对社会、经济和环境有很大影响，既有显著效益，但若严重失误或失事，又会造成巨大的损失和灾害。

由于水利工程具有自身的特点，且社会各部门对水利事业日益提出更多、更高的要求，促使水利学科在 20 世纪上半叶逐渐成为独立的科学。

2. 水利工程的种类

(1)防洪工程

防洪工程是控制、防御洪水以减免洪灾损失所修建的工程。主要有堤、河道整治工程、分洪工程和水库等。按功能和兴建目的可分为挡、泄（排）和蓄（滞）几类。

①挡：主要是运用工程措施挡住洪水对保护对象的侵袭。如用河堤、湖堤防御河、湖的洪水泛滥；用海堤和挡潮闸防御海潮；用围堤保护低洼地区不受洪水侵袭等。

②泄：主要是增加泄洪能力。常用的措施有修筑河堤、整治河道（如扩大河槽、裁弯取直）、开辟分洪道等，是平原地区河道较为广泛采用的措施。

③蓄（滞）：主要作用是拦蓄（滞）调节洪水，削减洪峰，减轻下游防洪负担。如利用水库、分洪区（含改造利用湖、洼、淀等）工程等。开辟分洪区，分蓄（滞）河道超额洪水，一般都是利用人口较少的地区，也是很多河流防洪系统中的重要组成部分。

一条河流或一个地区的防洪任务通常是由多种措施相结合构成的工程系统来承担。本着除害与兴利相结合、局部与整体统筹兼顾、蓄泄兼筹、综合治理等原则，统一规划。一般是在上、中游干支流山谷区修建水库拦蓄洪水，调节径流；山丘地区广泛开展水土保持，蓄水保土，发展农林牧业，改善生态环境；在中、下游平原地区，修筑堤防，整治河道，治理河口，并因地制宜修建分蓄（滞）洪工程，以达到减免洪灾的目的。

(2)农田水利工程

农田水利工程主要是以农业灌溉和排涝为目的所修建的工程。包括：排灌、取水、泵站、渠道等工程。

①排灌工程

当农田水分不能满足作物需要时，则应增加水分，这就是灌溉；当水分过多时，则应减水，这就是排水。灌溉与排水是农田水利的两项主要措施。

②取水工程

取水工程的作用是将河水引入渠道，以满足农田灌溉、水力发电、工业及生活供水等需要。因取水工程位于渠道的首部，所以也称渠首工程。

取水工程的基本类型为无坝取水和有坝取水两类，如图 3-18 和图 3-19 所示。

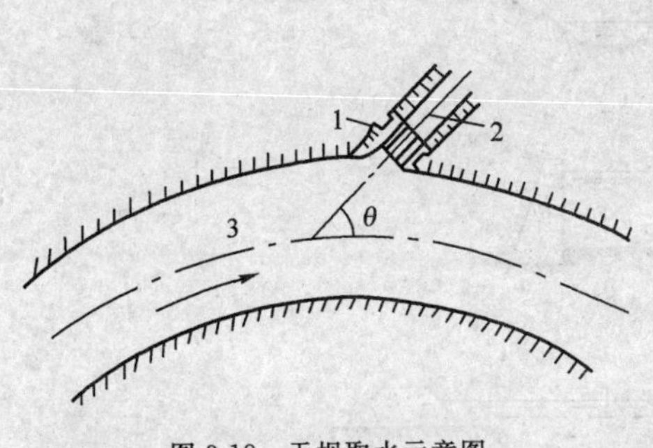

图 3-18 无坝取水示意图

1-进水闸;2-干渠;3-河流

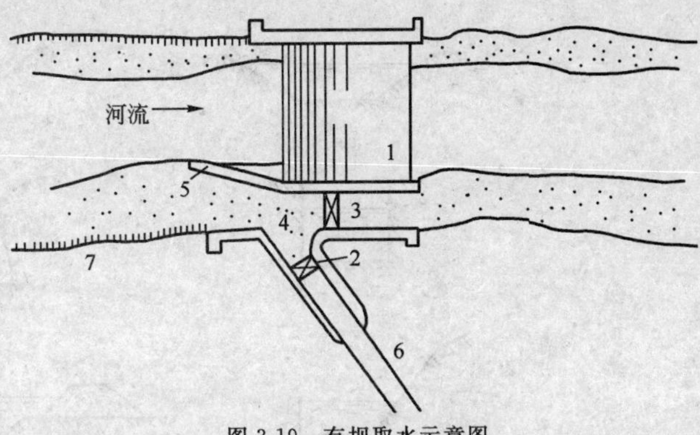

图 3-19 有坝取水示意图

1-壅水坝;2-进水闸;3-排沙闸;4-沉沙池;5-导水墙;6-干渠;7-堤防

③泵站

在平原地区的下游河道,由于枯水位低于灌区高程,自然条件或经济条件又不适合修建闸坝工程,只有修建水泵站引水灌溉。引水流量依水泵能力而定。图 3-20 为有引水渠的泵站布置图。

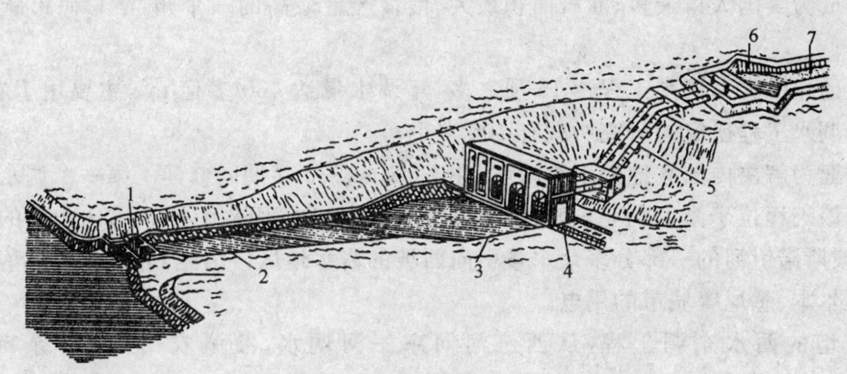

图 3-20 有引水渠的泵站布置图

1-进水闸;2-引水渠;3-进水池;4-泵房;5-出水管道;6-出水池;7-灌溉干渠

④渠道工程

渠道是农田水利排水、取水的通道。为了宣泄洪水、排除积水、引水灌溉、降低地下水位,常需在灌溉区修建各种排水沟道。渠道断面形式取决于水流、地形、地质以及施工条件等,常见的断面形式如图 3-21 所示。

(3)水电工程

水力发电突出的优点是以水为能源,水可周而复始的循环供应,是永不会枯竭的能源。更重要的是水力发电不会污染环境,成本要比火力发电的成本低得多。世界各国都尽量开发本国的水能资源。

(4)调水工程

水是人们生活中必不可少的资源,将水源充足地区的水用各种水渠、水工构造物调入缺水地区,这一系列工程总称为调水工程。

我国从 20 世纪 50 年代提出“南水北调”设想后,经过几十年研究,已经形成总体规划,分别从长江上、中、下游调水,以适应西北、华北各地发展的需要,即南水北调西线工程、中线工程和东线工程。到 2050 年,总调水规模 448 亿 m^3。21 世纪整个工程将分期实施。

美国西部素有干旱“荒漠”之称。由于修建了中央河谷、加州调水、科罗拉多水道和洛杉矶

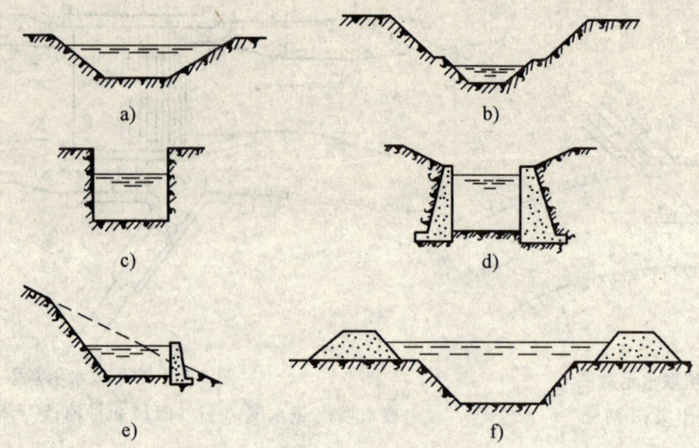

图 3-21　渠道断面示意图

a)梯形断面;b)复式断面;c)矩形断面;d)有挡土墙矩形断面;e)盘山断面;f)半填半挖断面

水道等长距离调水工程,在加州干旱河谷地区发展灌溉面积 2 000 多万亩(1 亩=666.6m^2),使加州发展成为美国人口最多、灌溉面积最大、粮食产量最高的一个州,洛杉矶市跃升为美国第三大城市。

前苏联已建的大型调水工程达 15 项之多,年调水量达 480 多亿 m^3,主要用于农田灌溉,其国内进行调水工程研究的研究所就有 100 多个。

澳大利亚为解决内陆腹地的干旱缺水,在 1949～1975 年期间修建了第一个调水工程——雪山工程。该工程位于澳大利亚东南部,通过大坝水库和山涧隧道网,从雪山山脉的东坡建库蓄水,将东坡斯诺伊河的一部分多余水量引向西坡的需水地区。沿途利用落差(总落差 760m)发电供应墨尔本、悉尼等城市的用电。

巴基斯坦的西水东调工程,从西三河向东三河调水,灌溉农田 2 300 余亩(1 亩=666.6m^2),使巴基斯坦由原来的粮食进口国变成每年出口小麦 150t、大米 120 万 t 的国家。

二、港 口 工 程

1. 定义及研究范围

港口是具有水陆联运设备和条件的,供船舶安全进出和停泊的运输枢纽。港口工程是兴建港口所需的各项工程设施和工程技术的总称,包括港址选择、工程规划设计及各项设施的修建。港口工程设施有进港交通设施、码头、防波堤等。港口工程原是土木工程的一个分支,随着港口工程技术的发展,已逐渐成为相对独立的学科。

港口工程指港口建设中的勘测、规划、设计、施工等工作。港口工程的目的是使港口建成后,设计船舶能安全进入、驶离港口,顺利靠泊码头和进行装卸作业,港口能完成预期的货物吞吐任务和旅客运送任务。

2. 港口建设的基本程序

港口建设工作一般分规划、设计、施工三个阶段。规划是新建、扩建港口所需的前期工作,又称可行性研究,规划之前要进行全面的调查和必要的勘测工作,然后进行技术经济论证,分析判断建设项目的技术可行性和经济合理性,并对是否需要建设新港作出判断,确定新港的性质和规模,以便为拟建工程项目方案和设计提供科学依据。规划一般分为选址可行性研究(初步研究)和工程可行性研究两个阶段。新建或扩建港口要以彻底了解老港潜力和扩建的可能性为基础，通常在老港已经没有潜力的情况下才考虑建设新港。设计是在规划的基础上进行的港口建设的具体设想和计划，一般分为初步设计和施工设计两个阶段，有些重要工程可分初步设计、技术设计和施工设计三个阶段。施工是设计的实施，按施工进度计划进行。

3.港口的类型

港口按用途分，有商港、军港、渔港、避风港等；按所处的位置分，有河口港、海港和河港等。

(1)河口港：位于河流入海口或受潮汐影响的河口段内，可兼为海船和河船服务。一般有大城市作依托，水陆交通便利，内河水道往往深入内地广阔的经济腹地，承担大量的货流量。河口港的特点是，码头设施沿河岸布置，离海不远而又不需要建防波堤，如岸线长度不够，可增设挖入式港池。

(2)海港：位于海岸、海湾或泻湖内，也有离开海岸建在深水海面上的。位于开敞海面岸边或天然掩护不足的海湾内的港口，通常须修建相当规模的防波堤。

(3)河港：位于天然河流或人工运河上的港口，包括湖泊港和水库港。湖泊港和水库港水面宽阔，有时风浪较大，因此同海港有许多相似处，往往也需修建防波堤等。

4.港口组成

港口由水域和陆域两大部分组成，如图 3-22 所示。

(1)水域。水域通常包括进港航道、锚泊地和港池。进港航道要保证船舶安全方便地进出港口，必须有足够的深度、宽度和适当的弯道曲率半径。为便于船舶停靠，有时还须开挖人工航道。锚泊地是指有天然掩护或人工掩护条件，能抵御强风浪的水域，船舶可在此锚泊，等待靠泊码头或离开港口，也可供内河驳船船队在此进行编、解队和换拖(轮)作业用。港池指直接和港口陆域毗连，供船舶靠离码头、临时停泊和调头的水域。港池按构造形式分，有开敞式港池、封闭式港池和挖入式港池。开敞式港池内不设闸门或船闸，水面随水位变化而升降。封闭式港池内设有闸门或船闸，用以控制水位，适用于潮差较大的地区。挖入式港池在岸地上开挖而成，多用于岸线长度不足、地形条件适宜的地方。

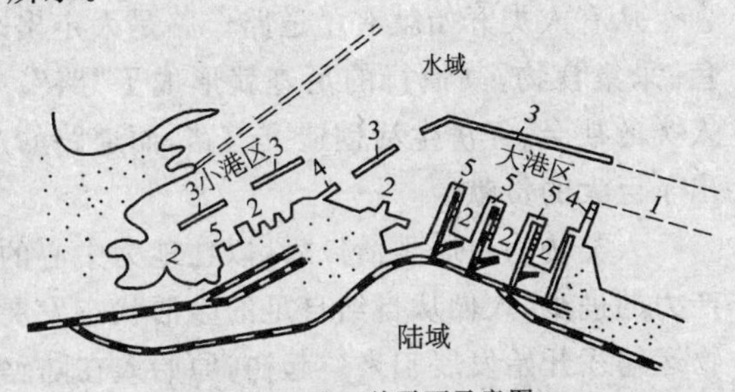

图 3-22 港口总平面示意图

1-进港航道；2-港池；3-岛堤；4-突堤；5-码头

(2)陆域。陆域是指港口供货物装卸、堆存、转运和旅客集散之用的陆地面积。陆域上有进港陆上通道(铁路、道路、运输管道等)、码头前方装卸作业区和港口后方区。前方装卸作业区供分配货物，布置码头前沿铁路、道路、装卸机械设备和快速周转货物的仓库或堆场及候船大厅等之用。港口后方区供布置港内铁路、道路、较长时间堆存货物的仓库或堆场、港口附属设施(车库、停车场、机具修理车间、工具房、变电站等)以及行政、服务房屋等。

思 考 题

1.由课程中对墙、柱、楼地层、层顶的定义，查看身边的房屋建筑有哪些具体类型和应用?

2.什么叫隧道？有何特点？

3.铁路和机场有哪些基本组成?

4.简述水利工程的种类。

第二篇　道　路　篇

第四章　道路简史

第一节　世界道路简史

一、世界古代道路

1. 道路的产生

从有人类开始就有了道路。路是人走出来的，原始人徘徊于自然界的山河之间，打猎、捕鱼、采集食物，其惯行的足迹就形成了"路"。因此，可以说道路的历史就是人类发展的历史。人类的社会、经济生活创造了道路，而道路的产生和发展又为推动社会的发展和人类的进步做出了巨大的贡献。

人类转为定居生活以后，以住地为中心的步行交通的历史就开始了。随着经济的发展、生产力的进步，人们从自给自足的生活状态发展到物质交换的商品经济，与之相适应的通商、货物运输才开始发展起来。起初，原始人在陆路和水上的运输都是利用天然的运输工具，如在太古时期，陆路运输以人力搬运为主，随后饲养动物开始，陆上运输逐渐转为以动物驮载来进行（如马、驴、牛、骆驼等）。当时的道路主要供人行和驮载运行。

大约公元前 4000 年，出现了车轮，这是人类物质文化发展史中的大事。用车轮代替滑木，以滚动代替滑动，减小了行车阻力，提高了运输效率。随着车辆的出现，以畜力为牵引的轮式车辆开始使用，如图 4-1 所示。轮式车辆的使用对道路提出了更高的要求，于是宽度和质量都较好的马车道路出现。车的发明改变了运输全依靠人背、肩挑、棒抬、头顶的原始运输方式，是运输史上新的里程碑。图 4-2 所示是 3 500 年前，在美索不达米亚（现伊拉克）的双轴车模型。

图 4-1　古老的轮式车（壁画）

人工修建道路，最早始于中国。中国古代传说中就有黄帝"披山通路"和"黄帝造车"之说。在夏代，公元前 21 世纪时对制造车辆就有确切的记载，《史记・夏本纪》记载"陆行乘车，水行

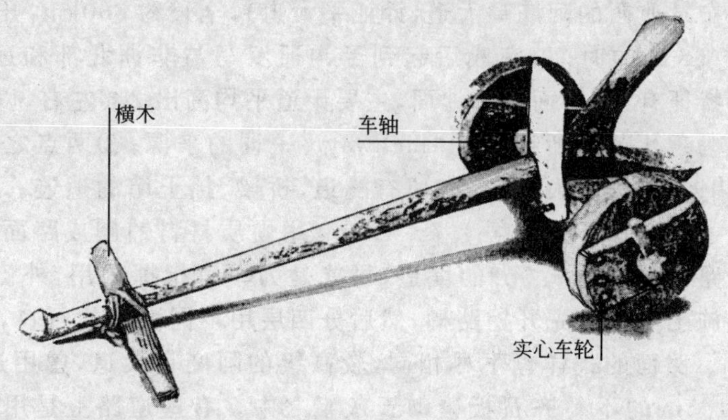

图 4-2　3 500 年前的双轮车模型

乘船，泥行乘橇，山行乘輂”，在考古中还发现夏代的陶器上画有车轮花纹。这些都是夏代使用车的佐证。

古代道路按不同的运输工具可分步行道路、驮运道路和马车道路三个阶段。

2. 步行及驮运道路

(1)莫亨约・达罗城市道路

据传该城建于公元前 3000～前 2000 年，城市位于印度河流域，城市周长 5km 多，平面呈方形，约有 $1km^2$ 面积，估计有 3～4万人口，其平面如图 4-3 所示。全城的街道按方格网布置，城市中央的南北大街宽 9m，东西修成小街，宽度有 5m、4m、3m 三种，均为铺砖路面。城市及道路的给排水设备十分完善。

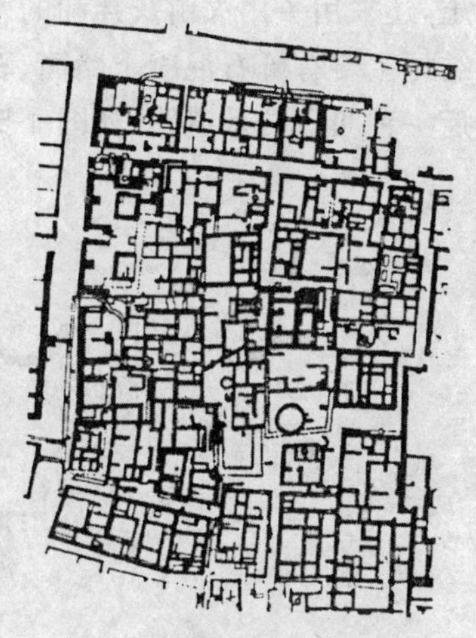

图 4-3　莫亨约・达罗城街道

(2)亚苏道路

这是在古时候，地中海沿岸几个国家用于举行宗教仪拜的道路。道路路面采用块料铺砌，其结构如图 4-4 所示，这种分层结构形式的块料路面和现代的块料路面十分相似。

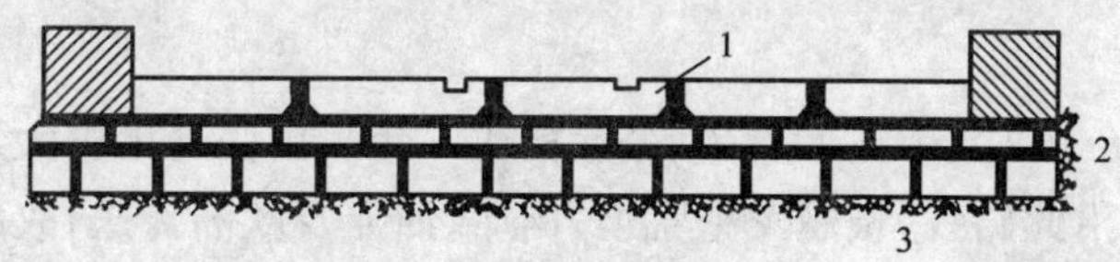

图 4-4　古代亚苏道路结构图

1-石灰石板；2-铺在砂浆上的砖块；3-由碎石或砾石铺筑的基础

(3)罗马道路

罗马道路是世界古代著名道路之一。早在公元前 700～前 300 年的伊达拉里亚时期，在马尔扎波多附近修建的一座古城，就出现棋盘式布置的城市道路网。

罗马帝国大修道路对维护帝国的兴盛起着很大的作用。由首都罗马用道路和意大利、英国、法国、西班牙、德国、小亚细亚部分地区、阿拉伯以及非洲北部联成整体，以维持在该广大地区的统治地位，并把这些区域分成 13 个省，有 322 条联络干道，总长度达 78 000km。罗马大道网，以 29 条主干道为主，其中最著名的一条是由罗马东南方向越过亚平宁山脉通往布林迪西的阿庇乌大道(译亚平大道),全长约 660km,开始兴建于公元前 400 年前后,用了 68 年的时间,完成后起到了沟通罗马与非洲北部和远东地区的作用。罗马大道的主要特征有:①路面高于地面,主要干道平均高出 2m 左右,以利瞭望,保障行车安全,因此,成为现代英语所袭用的“highway ”一词的来源;②两点之间常常不顾地形的艰险,以直线相连,工程浩大,至今尚留有隧道、桥梁、挡土墙的遗迹。其中若干主要军用大道宽达 11~12m,中间部分宽 3.7~4.9m,用硬质材料铺砌成路面,以供步兵使用,两边填筑了高于路面的宽约 0.6m 的堤道,可能是为军官指挥之用,外侧每边尚有 2.4m 宽的骑兵道。其施工方法是先开挖路槽,然后分四层用不同大小的石料,并用泥浆或灰浆砌筑,总厚达 1m。路面的式样也不尽相同,较高级的阿庇乌大道,曾用远自 160km 以外运来的边长 1~1.5m 的不整齐石板镶砌于灰浆之中。有些道路上是用大理石方块或用厚约 18cm 的琢石铺砌。

罗马道路路面结构十分完善。路面材料广泛地采用石料、砾石、砂及其混合料构成。总厚度一般为 100~120cm。在使用的材料中还有在砾石和石屑中加入石灰砂浆组成的砾石混凝土,还采用了用火山灰拌和的水硬性砂浆,这是水泥混凝土和水泥砂浆的雏形。罗马道路路面结构主要有砾石混凝土路面、石块路面和块料路面三种。前两种为一般断面,如图 4-5a)所示,后一种叫费拉米道路,如图 4-5b)所示。

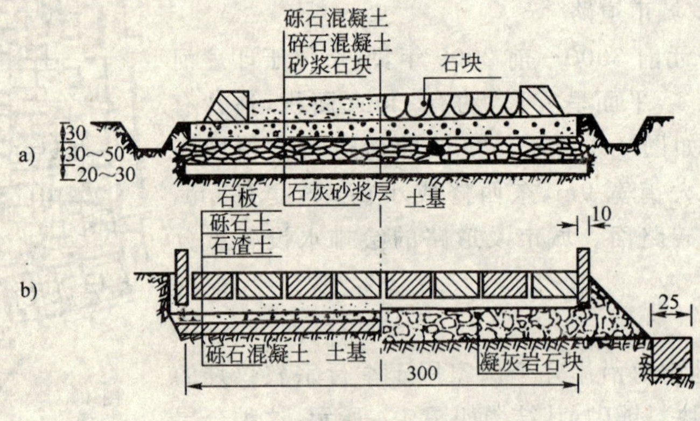

图 4-5 罗马道路路面结构(尺寸单位:cm)

a)一般断面;b)费拉米道路

(4)丝绸之路

丝绸之路,大约始于汉武帝建元二年(公元前 139 年),由张骞出史大月氏后开通的西域道路。由于中国的丝绸沿此路线,横越戈壁荒漠,向中、西亚及欧洲传送,故由此得名。该路东起中国的西安,经现在的陕西、甘肃、新疆等省,越过帕米尔高原,再经中亚、西亚,到地中海东岸的罗马,里程达数万公里,如图 4-6 所示。几个世纪以来,这条路运送了大量的商品及货物,对于促进中外商业来往和文化交流起着重要作用。到公元 5 世纪,已形成数以千公里的商队道路。丝绸之路的生命,一直延长到今天,历经徒步、骆驼和车辆等运输工具,它是亚洲道路发达的象征。

3. 马车道路

随着文化的进步和产业革命的到来,步行和驮运的道路,随着运输工具的改进,开始向以牲畜作为运力的车辆道路过渡。马车交通工具的出现,使道路交通进入马车道路的阶段,于是筑路事业开始活跃起来,如图 4-7 所示。

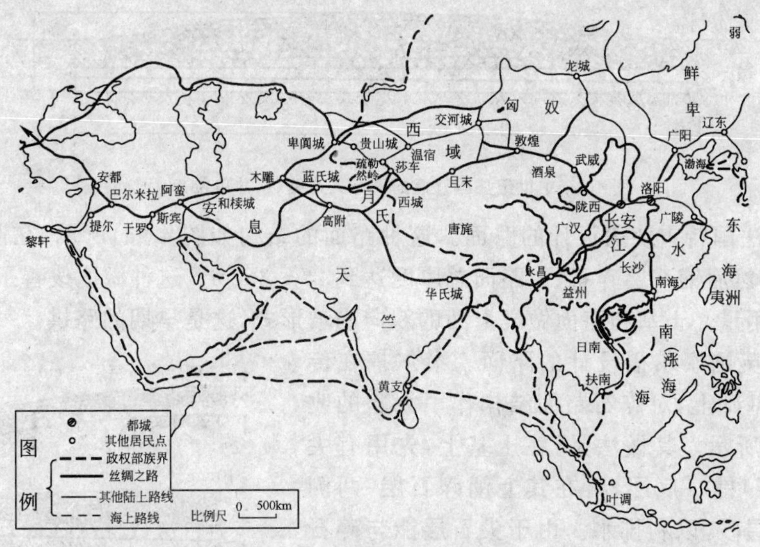

图 4-6 古丝绸之路示意图

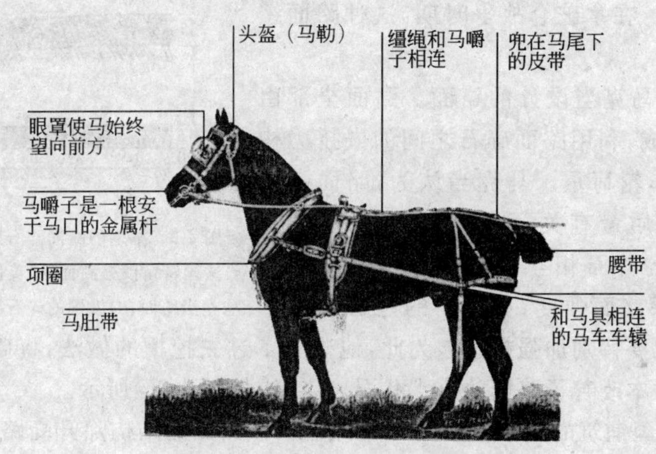

图 4-7 马车上的项圈式挽具

从 1300 年起到汽车出现(1886 年)止，为马车运输时代。马车运输对道路的技术条件，如宽度、坡度、平整度、强度以及路线布设都提出了更高的要求，使筑路技术有很大进步，从而为现代道路的产生和发展奠定了基础。这一时期道路建筑技术的成就主要体现在以下几个方面。

(1)路面结构思想的产生和碎石路面的出现

进入马车时代后，以砂、土为材料的土路，已不能满足马车车轮的使用，因为车辙致使路面破坏而不能顺利通车。于是，路面的强基、薄面的新概念以及一整套路面的设计、施工的新技术从实践中逐步产生。英国和法国的工程师，在这方面做出了卓越的贡献，具有代表性的路面有以下几种。

①根据罗马形式所修筑的中世纪路面。这是法国在 16～17 世纪，按罗马式道路改进的路面。施工时先在路基上开挖路槽，然后铺筑一层大石块，再铺一层小石块，最后铺碎石。路面总厚度为 50～70cm，每年养护修理再添加碎石，总厚度可达 100cm。路面结构如图 4-8 所示。

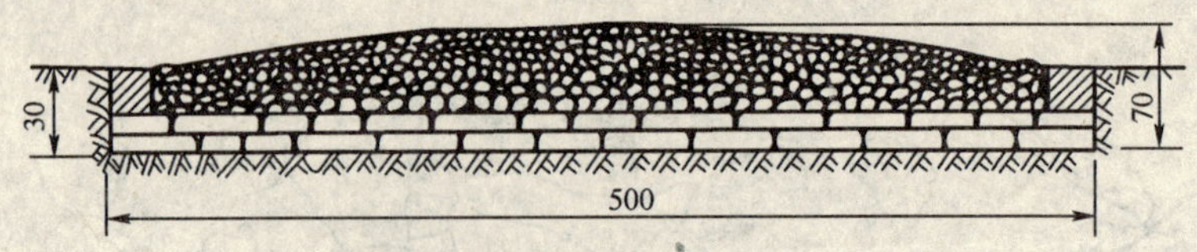

图 4-8 中世纪法国修建的罗马式道路(尺寸单位:cm)

②1777 年法国特雷萨盖设计的路面。这种路面的结构如图 4-9a)所示,在凸形的土基上先铺一层石块,然后铺一层碎石,使路面总厚度达到 25～35cm。这种做法改善了排水功能,也减少了石料的用量。土基和路面做成上凸的双向横坡形式,这是早期的路拱。

③1815 年英国泰尔福设计的路面。泰尔福在传统路面设计的基础上,对碎石路面结构作了大胆的改进,如图 4-9b)所示。其做法是:在土基上,先用有尖角的石块(尖石)铺一底层,再在其上铺碎石层,两侧底层还铺了一层砂,以利排水。由于尖石层能与碎石层嵌挤联结,增强了路面的强度。这种嵌挤式的结构称为"泰尔福结构"。在拿破仑战争时期,这种路面结构,在欧洲普遍盛行。

④1916 年英国马克当设计的路面。路面全部由尺寸均匀的碎石组成,利用路面碎石之间的嵌挤力构成路面强度,承受车轮荷重。马克当认为,路面强度不仅与路面材料的质量有关,而且与材料的尺寸有关,尺寸大致相同的碎石相互嵌挤形成了路面的强度。他还指出,确保路面强度,更主要的是必须有干燥稳定的基层,因此要特别加强排水。为此,他改变了过去挖槽的做法,将碎石直接铺筑在升高的土基上,从而根本改善了路面的排水状况,其结构如图 4-9c)所示。

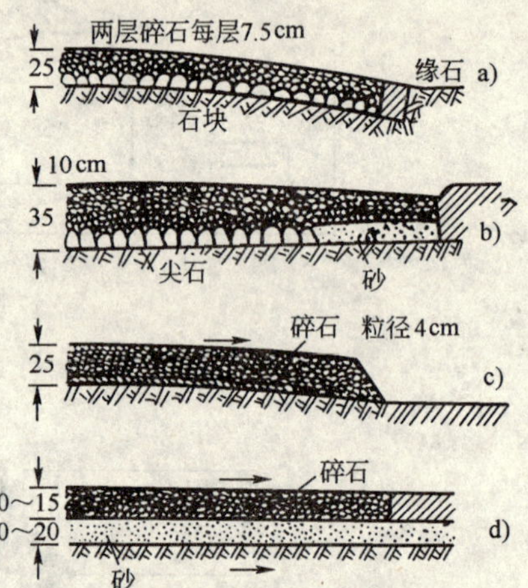

图 4-9 早期的欧洲碎石路面(尺寸单位:cm)

a)法国特雷萨盖路面;b)英国泰尔福路面;c)英国马克当路面;d)俄国的碎石路面

⑤18 世纪末俄国铺筑的路面。如图 4-9d)所示,该路面的结构除升高路基加强排水外,为防止冻胀和地下水的影响,还在碎石与土基间加设一层 10～20cm 的砂层,叫垫层。垫层的采用使路面结构更趋合理、完善。

碎石路面的出现,比古典的砂土路面和罗马帝国的石块路面大大向前推进了一步,是现代碎石路面的开端。这种路面虽然施工时碎石加工费用高,但对马车行车十分适宜。路面上的一些尘土,在下雨后带入碎石隙,起到黏结作用,增强了路面强度,形成了后来的泥结碎石路面。

后来,到 1856 年碎石机的发明,1859 年蒸汽压路机的出现,使碎石路面技术进一步提高,路面质量得以保证,施工进度大大加快。19 世纪在欧洲、美洲,这种路面相当盛行。

(2)块料路面的发展

在无砂石料地区,因缺乏材料,不能修筑碎石路面。1820 年俄国古烈耶夫在彼德堡首次用木块铺筑了路面,其构造如图 4-10 所示。以后在欧、美也开始广泛采用这种结构。1839 年美国开始修筑块料路面,1872 年开始又修筑了砖块路面,这些路面的铺筑,使块料路面向前跨进了一步。

(3)马车的改进及道路管理教育的萌芽

马车运输的发展,不仅促使道路上的驮运和担运逐渐消失,也促进了马车制造技术的不断改进。1565 年在英国最早出现了单轴的双轮马车，随后又出现了双轴无弹簧的四轮马车，以后又改进加上了前面的转弯结构、弹簧、铁轮等。车型的改进，提高了马车的车速和载重量，从而也对道路的线形、结构提出了更高的要求。图 4-11 所示为四轮轻便马车。

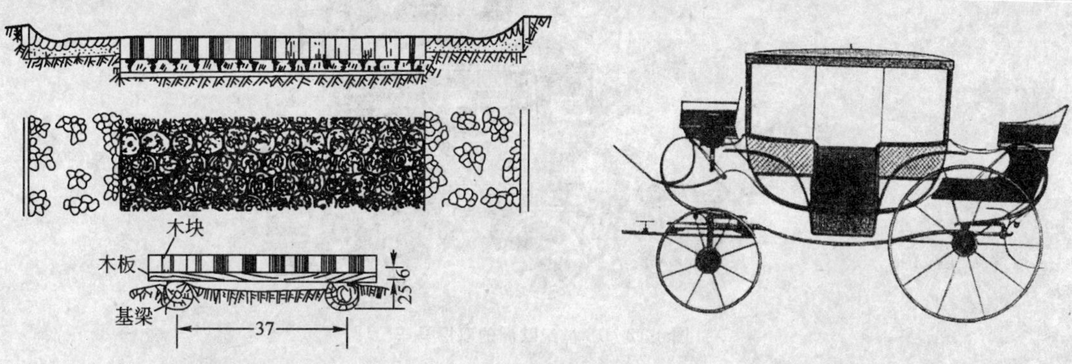

图 4-10　俄国古烈耶夫的块料路面(尺寸单位:cm)

图 4-11　四轮轻便马车

随着车辆的改进和运输的发展，道路的运输管理也相应产生。英国是道路管理开始较早的国家，早在 1555 年就着手制定了加进赋役制度，这是最早的道路法规，并在全国范围以各区为单位设置了管理人员，监督道路的修筑。1663 年英国又制定了收费道路法，即所谓的收税路制度。根据收费道路法的规定，到 1800 年全英国已修建的收费站有 1 000 多处。在 1699 年英国还成立了第一个管理驿递马车的组织机构，负责组织和管理驿站的驿递工作。

法国是开展道路工程教育最早的国家。早在路易十四时代，有个叫科尔拜尔的大臣，对道路十分重视。他认为，为了发展经济，必须修好道路，他主张极力推行筑路的各项政策。1747 年，在巴黎创立了第一所专门的道路桥梁学校，这所学校是第一所培养道路桥梁技术人才的专门学校，为社会输送了许多道路桥梁技术人员、数学家和测量工程师。

二、世界近代道路

1.汽车的诞生

马车时代的道路虽然有很大的进步，但由于马的运力有限，加上车速较低，爬坡能力小，马车远远不能适应经济发展的需要和人们因生活水平提高而对陆上交通的要求。于是，陆上交通运输正酝酿着一场新的变革。

工业革命中机械动力的产生，是陆上交通由畜力向机械力过渡的转折点。1804 年，英国的特里维古克制成了第一台牵引机车，并在铁轨上牵引货物运行试验成功。1825 年，英国的乔治·斯帝芬森，在斯托克顿和达林顿之间铺设了世界上第一条客货两用的公共铁路。当时火车的运行速度只有 16km/h，但能牵引 35 节满载货物的车厢。从 1804 年开始，直到 20 世纪 20 年代，铁路运输一直在陆上交通运输中占着主导地位。所有长途运输均由铁路承担，道路运输只承担一些辅助运输和地方运输任务，这一时期，道路建设和改善几乎处于停滞状态。

为了提高马车运输的运力，人们将车厢加大、加高，这就是在欧洲出现的双层马车，如图 4-12 所示，这时畜力运量已达到了极限，于是人们开始寻求新的动力。1781 年英国科学家瓦特发明了蒸汽机，为工业和交通提供了新动力。1770 年法国科学家古诺制造了世界上第一辆三轮蒸汽汽车，如图 4-13 所示。该车以蒸汽为动力，车长 7.0m ，牵引能力达到 4～5t，行驶速度为 3.5～3.9km/h。1835 年英国又改进制造出公共蒸汽汽车，在运力和容量上都有很大提高，如图 4-14 所示。蒸汽汽车的诞生，是社会生产发展的产物，是人类文明进步的象征。

图 4-12　18 世纪欧洲的双层马车

图 4-13　古诺研制的三轮蒸汽汽车(法国 1770 年)

图 4-14　沃尔特·汉考克造的蒸汽公共汽车(英国 1835 年)

1860 年，比利时发明家里若瓦研制成功第一部内燃机，用空气和煤气为燃料。继后 1876 年法国工程师鄂图又制成了第一台四冲程循环的内燃机，并用汽油取代煤气为燃料，这些机器的出现为汽车的诞生奠定了基础。

1886 年，德国的卡尔·奔驰和戈特利布·戴姆勒，在同一年制造出世界上第一辆汽车，他俩成为被公认的现代汽车的发明者，其车型如图 4-15、图 4-16 所示。奔驰 1 号汽车为三轮单缸，容量为 785ml，功率为 0.37kW(0.5 马力)，车速为 15km/h；戴姆勒 1 号车为四轮，马车式车厢，汽缸功率为 0.81kW(1.1 马力)。汽车的出现和汽车工业的发展，为近代道路的发展创造了条件，标志着汽车道路的开始。如图 4-17 所示为 1893 年改进后带有制动闸、齿轮和操纵杆的四轮汽车，车由奔驰驾驶，他的女儿克拉拉随行。

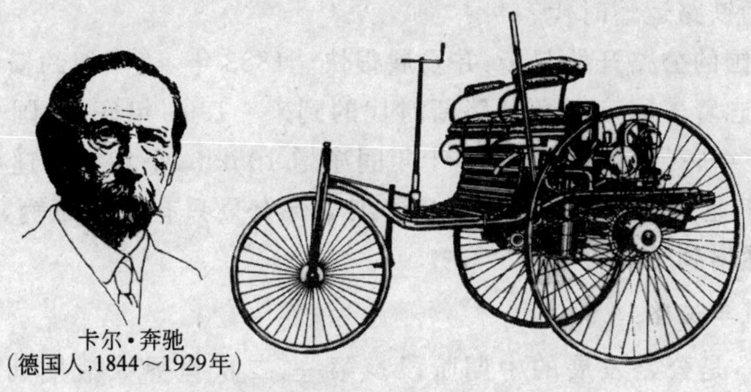

图 4-15 奔驰和 1 号汽车(1886 年)

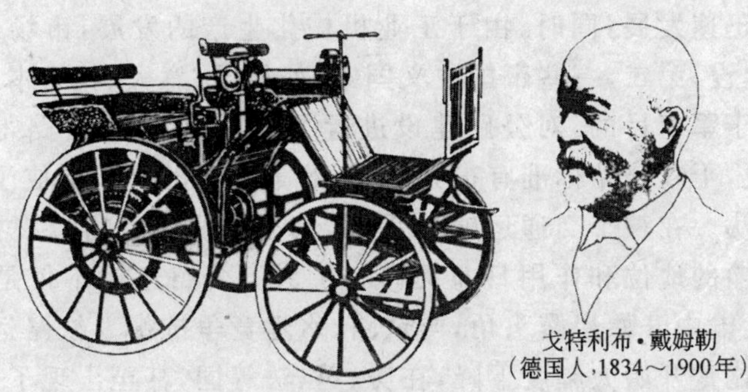

图 4-16 戴姆勒和 1 号汽车(1886 年)

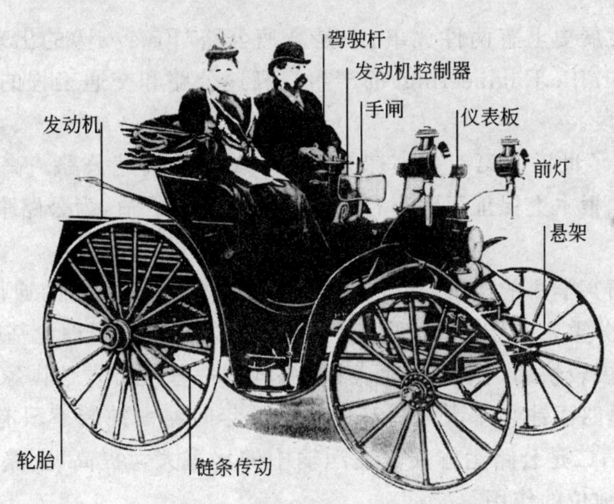

图 4-17 "奔驰·维多利亚"四轮汽车

2. 近代早期的汽车道路

1858 年发明了轧石机后,促进了碎石路面的发展,后来又用马拉的滚筒进行压实工作。1860 年在法国出现了蒸汽压路机,进一步促进并改善了碎石路面的施工技术和质量,加快了进度。到 20 世纪初,世界上公认碎石路面是当时最优良的路面并推广于全球。

从 1886 年汽车出现到 1920 年第一次世界大战结束这段时间,是汽车道路发展的早期阶段。这一时期,汽车数量不多,多数公路由原来的马车车道改造而成。一方面,由于车辆少、交通密度小、速度低,汽车与马车在车道上混合行驶,因而公路的技术标准很低。另一方面,由于铁路的迅速发展(当时,世界的铁路总里程已达 127 万 km),使铁路运输成为当时陆上交通的主体,公路运输仅是铁路、水路运输的辅助手段。世界铁路大发展的局面,使这一时期的交通运输在历史上被称为铁路运输时代。

这一时期中，美国的公路开始起步，并发展很快。1883 年，美国纽约横跨伊斯忒河的布鲁克缆索桥的建成，标志着美国汽车和公路新时代的到来。1904 年底，美国全国公路总里程有 378 万 km。到 1915 年底已近 483 万 km，十年间净增 105km，平均每年递增 10.5 万 km。这一时期美国的汽车工业发展很快，1904 年全国汽车保有量只有 7.5 万辆，到 1901 年达到 47 万辆，而 1915 年已猛增到 249 万辆。

3.近代中期的汽车道路

1920～1945 年，是公路发展的中期阶段。第一、二次世界大战期间，公路建设发展迅速，其主要原因是：第一，第一次世界大战结束，一些资本主义国家把军事工业转向民用工业，使汽车工业得以迅速发展，同时，由于工业机械化生产的发展，市场劳力过剩，有更多的劳动力投入公路建设；第二，一些帝国主义国家（如德国、意大利、日本等）为了发动战争和加强国防力量，出于军事目的，对公路建设进行了较大投入，使公路得以发展。这一时期公路运输开始普及，干线公路标准有很大提高，欧美各国已初步形成了国家的公路干线网，畜力车相继被淘汰。在整个交通运输体系中，汽车的优越性得以发挥，在各种运输方式的竞争中，公路运输的地位和作用日益提高和扩大。公路运输不仅是短途运输的主力军，而且在中、长途运输中开始崭露头角，与铁路、水运竞争抗衡。铁路运输的垄断地位开始改变，铁路运输的比重开始大幅度下降，在美、英、法等国，甚至出现了拆铁路、改修公路的现象。

这一时期，道路发展史上有两件大事：一是高速公路（Freeway）的出现；二是一门新兴的学科——交通工程（Traffic Engineering）的产生。高速公路和交通工程的出现把公路发展推向了现代道路的新阶段。

1919 年德国出现了世界上第一条高速公路，叫 AVUS 高速公路。高速公路是一种新型交通设施，它的修建从根本上保证了汽车行驶的快速、安全、舒适，为公路事业的进一步发展开辟了广阔的前景。

交通工程，这一新兴学科的出现对实施道路交通规划、提高道路的通行能力、减少交通事故和交通公害有着十分重要的作用，为现代高速公路的发展奠定了理论基础。

这一时期公路发展较快的国家主要是美国、德国和一些经济发达国家。这一时期公路发展的主要特征有：一是路面铺装率大大提高，在 1915 年时路面铺装率只有 10%，而到这一时期铺装率已达到 70%；二是公路运输在交通运输中的比重大大提高，公路运输已在各种交通运输中开始起着主导地位的作用。

三、世界现代道路

从 1945 年起到现在，世界公路进入飞速发展的历史时期，公路发展也进入现代道路阶段。这 60 年间，公路发展十分迅速，欧洲各国、美国、日本先后建成了比较完善的全国公路网；许多国家打破了一个多世纪以来以铁路为中心的交通运输局面，公路运输已在综合交通运输体系中起着主导作用。这一时期公路发展大致可划分为两个阶段。

1.迅速发展期（1945～1975 年）

这一时期是世界公路以增加公路数量为主要目标的迅速发展时期，其主要特征是：

（1）汽车保有量大幅度增加。到 1975 年全世界已有汽车 32 790 万辆，为 1945 年的 5 倍，平均每年增加 1 000 万辆。美国汽车保有量为 13 300 万辆;原联邦德国这一时期从 115 万辆增加到 1 950 万辆,增加了 16 倍;日本也从 23 万辆增加到 2 806 万辆,增加了 120 倍,其速度达到惊人的程度。

不仅汽车数量大幅度增加,而且小客车在汽车中所占的比例很大,已占总数的 60%~70%,小客车正在一些发达国家开始普及起来。货车的车型逐步向重型化方向发展,如美国城市间的长途运输货车的平均吨位从 8.39t 提高到 12.67t。到 1976 年,一些国家汽车保有量见表 4-1。

1976 年一些国家汽车保有量表　　表 4-1

国名	汽车产量(万辆)			汽车保有量(万辆)			汽车密度	
	总产量	其中:载货汽车	大客车	总保有量	其中:③载货汽车	大客车	辆/千人	辆/km
美国	1 149.76	299.97		13 539.38	2 589.40	48.28	629	21.9
前苏联	① 196.40	① 69.60	① 6.70	② 828.82	450.65	②	② 33	② 5.8
日本	784.14	277.15	4.21	3 011.07	1 141.27	22.24	267	27.9
原联邦德国	385.03	28.33	2.11	2 063.55	139.29	6.21	346	43.9
英国	170.55	33.89	3.32	1 631.04	181.23	11.53	292	47.3
法国	384.11	45.07	0.38	1 853.00	225.00	5.00	350	23.3
印度	7.787	② 3.10	② 1.08	② 153.51	61.36	12.20	2.5	1.2

注:表中①是 1975 年数字;②是 1974 年数字;③包括牵引车,其中印度数字还包括挂车。

(2)公路建设和科学技术达到新水平,一些工业发达国家实现了公路现代化。主要体现在以下几方面。

①一些工业发达国家已建成一个有相当规模和数量的城乡公路网,在公路的数量和密度上增加很快,基本上能与国民经济发展相适应。到 20 世纪 70 年代中期,一些国家公路里程见表 4-2。

一些国家公路里程表　　表 4-2

国名	年份	公路总里程(万 km)	铺路面率(%)	高级、次高级路面里程(万 km)	公路密度		高速公路(km)
					km/km^2	km/万人	
美国	1977	622.2	82	300	0.66	305	78 289
前苏联	1976	140.5	49.1	31.5	0.06	54.7	—
日本	1978	109.7	40.2	37.7	2.91	96	2 195
原联邦德国	1978	47.9	97	44.6	1.93	78	7 029
法国	1978	80.1	95	—	1.45	151	4 604
英国	1978	34.9	96.3	33.3	1.52	62	2 416
印度	1976	137.5	38.8	23	4.6	22.7	—
中国	1978	89	73	14.3	0.09	9.3	—(未计台湾省)

②联结全国各大城市的具有高标准的国家干线公路骨架已基本形成。到1980年，一些发达国家干线公路网情况见表4-3。

一些发达国家干线公路网情况(1980年) 表4-3

国名	公路网里程(km)					公路网密度			公路路面铺装率(%)
	国道或主要干线		省道或次干线	其他各级地方道路或支线	总计	每平方公里国土面积的公路里程(km)	每1000人口的公路里程(km)	每公里公路平均分摊的车辆数(辆)	
	小计	其中:高速公路系统							
美国	836 148	69 202	450 748	5 078 695	6 365 591	0.68	28	25	82
前苏联					1 346 500	0.06	5.1	11.5	68.8
日本	42 791	2 579	130 836	939 760	1 113 387	2.99	9.5	29.9	45.9
原联邦德国	40 069	7 538	65 637	379 659	485 392	1.95	8.2	51	99
英国	15 035	2 573	约35 000	约300 000	352 283	1.44	6.3	48.1	96.4
法国	32 964	5 264	350 000	420 000	802 946	1.47	15.0	25.9	98
波兰	68 179	139	185 896	44 437	298 512	0.95	8.4	10.3	60.3
印度	29 340		485 997	1 118 113	633 450	0.55	25	1.15	38.9
土耳其	32 397	189	27 851	172 103	232 162	0.30	5.2	4.6	76
哥伦比亚	22 877		40 407	11 451	74 735	0.07	2.8	4.9	
巴西	86 090		128 223	1 180 373	1 394 686	0.16	11.3	7.3	6.3

注:法国公路中未包括70万km的农村道路。

③大力发展高速公路，国家高速公路网基本建成。

④实现了筑路、养路机械化，并向测设自动化方向发展。

⑤积极发展和采用先进的公路科学技术。

(3)公路运输在交通运输体系中的比重逐渐增大，开始起到主导作用。公路建设和运输的迅速发展，使陆上运输的结构发生了显著的变化。公路以其机动、灵活、迅速、连续、直达的优势，使其在客、货周转量的比重超过铁路。以美国为例，到1981年，在陆上运输中，公路客运周转量占85.1%，铁路占0.7%，航空占13.5%。货运周转量中公路占23%，铁路占37%，水运占16.7%，航空占22.5%。

2.大力提高质量和强化环保期

(1)公路发展的特征

①公路发展重点由原来的增长数量转为改造技术。1975年以后，由于一些发达国家周期性经济危机的出现，加剧了通货膨胀，经济发展递增率也随之下降，加之两次石油危机的影响，公路运输发展的速度，在全世界范围内有所减慢，公路里程增加幅度减少，汽车数量和公路密度已接近或趋于饱和。另一方面，原有的公路系统(特别是公路干线系统)，经过20年的运行，出现不同程度的功能衰减现象，如交通负荷超饱和，路面老化，桥梁损坏等，已不能适应交通量增长的要求。因此，这一时期不少国家把公路建设的重点转移到道路的技术改造上来，侧重于加铺硬质路面和提高技术等级。

②强化干线公路系统的规划和建设。这一时期，特别是近20年来，各国都十分重视干线公路系统的规划和建设。这是因为：第一，高速公路和干线公路在路网中占的比例虽然不大，但都连接着主要城市、重要港口交通枢纽，成为繁忙走廊，形成立体通道，承担着大量的客货运量。如美国的州际高速公路仅占全国道路总里程的1.2%，却承担着全国道路总量的21.3%的运量；原联邦德国1.37%的高速公路承担37%的运量；英国0.81%的高速公路承担30%的运量；日本1.27%高标准干线公路承担20%的运量。由此可见，重视和加强干线公路的规划和建设，能获得很好的社会和经济效益。第二，随着汽车技术性能的改进，车辆大型化、拖挂化、快速化、专用化已是当今汽车行业发展的趋势，汽车的发展促进了高等级公路的建设。一个国家干线公路的水平，在一定程度上代表着这个国家的经济实力以及其在国际市场竞争能力的大小。因而各个国家都十分重视干线公路系统的规划和建设，到1991年止，发达国家高速公路及干线里程见表4-4。

发达国家高速公路及干线公路里程　　表4-4

国　名	高速公路(km)	主干线公路(km)	国土面积(km)	高速路/国土面积(km/100km²)	主干线/国土面积(km/100km²)
美国	84 361	733 601	9 372 614	8.89	78.35
原联邦德国	8 970	39 814	248 694	36.61	159.90
英国	3 100	15 406	299 988	12.96	66.98
法国	7 100	35 070	551 000	11.92	63.65
意大利	6 216	51 862	301 277	22.24	172.30
日本	4 661	50 941	377 801	12.33	134.76

③加大公路建设的投入。影响公路建设速度的关键是投资问题。由于公路运输在交通运输体系中的作用日益扩大，在国民经济中显示出突出的效益，近十几年来，不少国家公路建设的投资和比例增大。如原联邦德国，运输系统的固定资产约为5 600亿马克，其中公路约占3 740亿马克，铁路约占1 020亿马克，内河航运占330亿马克，航空约占70亿马克，即公路占总资产的60%以上；350亿马克基建投资中用于公路的就达145亿马克。公路投资占国内生产总值的比重也很大，美国平均约为1.93%，日本为2.1%～2.3%，法国为1.22%～2.01%，并且逐年呈上升的趋势。为了增加公路建设的投入，各国还制定了一系列政策法令，通过各种渠道筹集资金。

④重视公路的环境保护。在公路建设发展的同时，也会带来一些不良的影响，集中反映在对环境的影响上：一是环境污染，包括噪声污染、大气污染、路侧土壤铅和尘土污染、水源污染和无线电干扰上；二是对生态环境的影响，包括动物生态、植物生态和水土保持方面的影响；三是环境景观的影响。因此，从20世纪50年代开始各国就十分重视公路环境问题，并取得了大量研究成果和经验。为了加强公路环保，不少发达国家在公路建设中用于环境保护的费用占总投资额的10%左右，使公路不仅是国家的交通运输纽带，而且成为一条有舒畅感、美感和富于乐趣的风景走廊。

⑤公路运输在交通运输中的比重加大，并占着主导地位。以原联邦德国为例，公路客运占全国运输的88%，货运占54%，公路运输近三十年增加了约85%，而铁路运输几乎未增加。80年代后期，部分发达国家各种交通运输方式的比例见表4-5。

部分发达国家交通方式所占比例表(%)

表 4-5

国名	公路	海运	铁路	(百万吨公里)	国名	公路	海运	铁路	(百万吨公里)
法国	70.3	3.7	25.9	195 600	美国	23.0	21.3	46.9	3 330 000
原联邦德国	57.6	19.9	22.5	266 400	日本	50.5	44.9	4.6	408 585
英国	61.3	29.3	9.4	184 800					

(2)公路发展状况

据20世纪80年代初统计,全世界汽车保有量达4亿辆(当时预测到2000年可达6.5亿辆)。全世界综合交通运输网的总里程约为3 000万km,其中公路网的总里程约占2 000万km,公路占2/3。公路运输所完成的货运量占80%,货运周转量占10%。到1984年底全世界有高速公路13.5万km,拥有1 000km以上的国家和地区有17个。部分国家汽车及公路情况见表4-6。

部分国家公路情况及汽车保有量表(1990年止)

表 4-6

国名	公路全长(km)				(%)	(km/km^2)	(km)	(万辆)
	高速公路	主要公路	其他公路	二级公路	铺面率	公路密度	合计长度	汽车拥有量
原联邦德国	8 790	31 196	393 382	63 441	100	2.1	496 652	3 380
法国	7 100	28 500	420 000	350 000	95	1.46	805 600	2 723
奥地利	1 463	10 270	70 000	25 424	100	1.30	107 099	
英国	3 100	12 715	305 774	35 034	100	1.55	356 504	2 116
意大利	6 695	45 779	141 666	109 893	100	1.00	303 007	2 737
美国	84 361	654 773	4 880 697	701 820	58.2	0.67	6 321 651	17 900
日本	4 661	46 935	934 319	128 782	69.2	2.95	1 114 697	5 253
韩国	1 893	53 490	31 396	130 368	61.4	0.56	185 751	206
中国	522	274 000	710 450	43 374		0.11	1 028 346	600

1996年以后,世界公路又进一步加速发展,主要表现为以下几方面。

①汽车生产保有量在大幅度增长。2001年世界汽车产量大约5 300万辆。预计到2010年世界汽车年产量将到达6 530万辆。表4-7是世界主要汽车生产国近年的汽车年生产量。

世界主要国家的汽车年生产量(单位:辆)

表 4-7

年份	日本	美国	德国	法国	英国
1995	10 195 536	11 971 581	4 667 364	3 474 705	1 765 085
1996	10 345 786	11 741 409	4 842 945	3 590 587	1 924 395
1997	11 408 200	12 123 800	5 023 500	258 000	19 154 000
1998	10 449 900	12 002 600	5 726 800	2 954 100	1 955 600
1999	9 985 500	13 018 800	5 687 500	3 180 000	1 972 500

1996年,全世界汽车保有量已达6亿7千万辆。据统计,从1950~1997年,美国的汽车保有量从4 900万辆增至20 629万辆,增长4.21倍;原联邦德国从115万辆增加到4 413万

辆，增长 38.37 倍；日本则从 23 万辆增加到 7 082 万辆，猛增 307.91 倍。

②公路总里程持续增长，高速公路迅速发展。到 1996 年止公路里程居世界前 20 位的国家见表 4-8。

1996 年公路里程居世界前 20 位的国家　　表 4-8

序号	国家或地区	总里程(km)	高速公路(km)	主干线或国道(km)	次干线或区道(km)	其他道路(km)	铺面率(%)	路面密度($km/100km^2$)
1	美国	6 420 000	88 400	727 000	694 000	4 910 000	60.8	64
2	印度	2 060 000		34 900	1 170 000	852 000	50.2	62
3	巴西	1 980 000		116 000	236 000	1 630 000	9.3	24
4	中国	1 214 000	4 735	15 909	938 737	237 721	90.9	12
5	日本	1 160 000	6 070	59 000	121 000	966 000	74.1	304
6	俄罗斯	963 000		55 800	405 000		78.8	6
7	澳大利亚	913 000	1 360	47 200	85 000	779 000	38.7	13
8	加拿大	912 200	16 600	15 000	224 800	655 800	35.2	9
9	法国	892 500	9 500	28 000	355 000	500 000	100.0	162
10	德国	633 000	11 300	41 600	75 800	505 000	99.1	177
11	印度尼西亚	393 000		31 000	56 900	305 000	45.5	19
12	土耳其	381 631	1 405	31 412	28 813	310 001	25.0	49
13	波兰	374 990	258	45 417	128 684	200 631	65.4	120
14	英国	372 000	3 270	15 400	36 200	317 000	100.0	161
15	西班牙	344 847	7 747	23 131	138 969	175 000	99.0	68
16	南非	331 265	1 142	59 900	147 828	122 095	41.5	29
17	意大利	317 000	9 500	46 900	118 000	142 000	100.0	104
18	墨西哥	252 000	6 740	45 600	63 500	136 000	37.4	14
19	巴基斯坦	224 774	334	6 587	117 356	100 497	57.0	27
20	孟加拉国	223 391		16 070	22 780	184 541	7.2	151

注：①加拿大、南非和孟加拉国为 1995 年数；加拿大和南非因官方改变了统计方法，最近公布数字与往年有较大出入。

②中国的公路总里程和高速公路为 1997 年数，中国的“主干线或国道”指汽车专用公路，“次干线或区道”指一般公路，“其他道路”指等外路。

③路网密度为原资料公布的数字，与前面编者计算的比值略有差别。

③公路网密度增加，各国差异较大(图 4-18)。

④城市道路网日趋完善，道路网密度差距较大。随着城市化进程的加剧，城市建设步伐

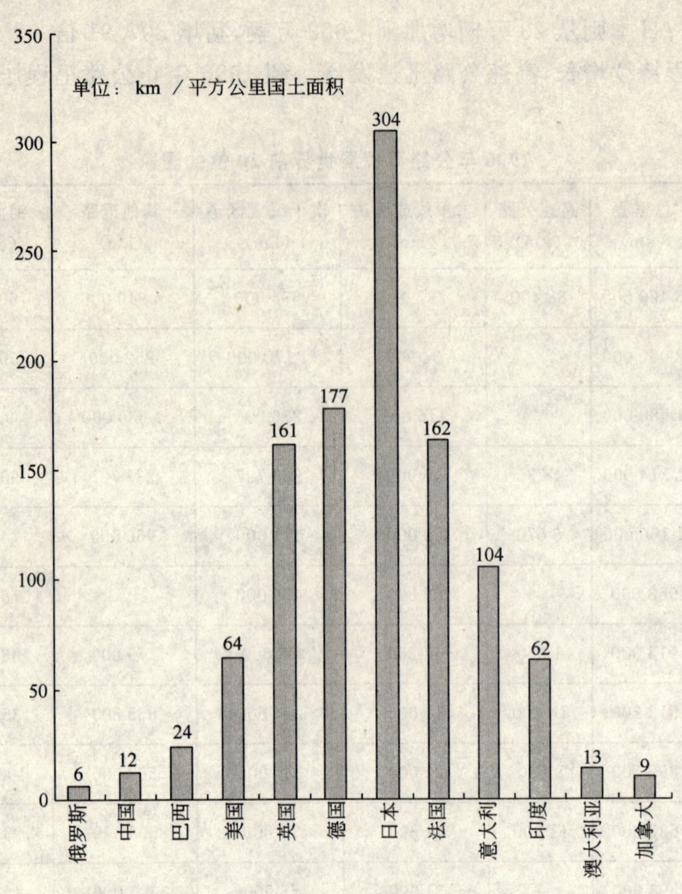

图 4-18 1996 年主要国家公路网密度

加快，世界大城市的道路建设发展很快，个别城市道路面积率已达到城市面积的 1/4，城市交通拥塞问题已成为城市发展的公害问题。到 20 世纪 90 年代，世界部分大城市道路情况见表 4-9。

世界部分大城市道路概况 表 4-9

项目 城市	市区人口（万人）	市区面积（km^2）	道路总长（km）	高速道路长度（km）	道路面积（km^2）	路网密度（km/km^2）	道路面积率（%）
伦敦	208.9		12 800	54	182.0	8.0	16.6
巴黎	222.6	105	1 400	152	22.52	13.3	21.4
莫斯科	830.1	878.7	3 500	1 087	63.6	3.98	7.2
华沙	164.1	150	2 433		13.31	16.22	8.9
纽约	701.10	786	10 303	1 287	200	13.1	25.4
芝加哥	300.51	590.6	11 000	627.5	138	18.6	23.4
东京	815.23	591.94	11 124	135	84.65	18.8	14.3
北京	546.9	395.4	2 779		23.74	7.03	6.00
上海	743.4	248.3	1 674		17.55	6.74	7.07

第二节 中国道路简史

一、我国古代道路

我国是一个文明古国，道路历史悠久，是世界上最早记载道路建设的国家。

道路的名称，我国历代有各种说法。考诸史志，周时已有“道路”之称，秦以后各朝有的称“驰道”，也有的称“驿道”，元时则称“大道”。清时由京都至各省会的道路称为“官路”，各省会之间的道路称为“大路”，市区内的街道叫“马路”。到民国初由于汽车的出现和新式筑路法的传入，则称道路为“汽车路”，简称为“公路”。我国古代道路自上古时期(公元前 2674 年)起到清末(公元 1812 年)止，共经历了近三千年的历史，其发展大致可分为三个历史时期。

1.上古时期(公元前 221 年前)

(1)最早的道路

距今 4 000 年前的新石器晚期，中国有记载役使牛马为人类运输而形成驮运道，并出现了原始的临时性的简单桥梁。

我国上古时期系自黄帝开始，经唐尧、夏商止(约公元前 2674 年～前 16 世纪)。据载从黄帝拓土开疆、统一政治、文化勃兴、发明舟车起，就开始了我国道路交通的新纪元。关于黄帝造车，据汉书地理志载“昔在黄帝，作舟车以剂不通，旁行天下，方制万里，画野分州，得百里之国万里”，由此可见，车为黄帝所造。

到唐尧时期，“天下广狭、险易、远近，始有道里”，描述了当时的道路全貌，并且已经开始出现有管理道路的路政机构，将管道路的官称为司空官与共工官。那时，不仅有车辆，而且还分为四种类型：一为大车，以牛牵引，用以运物；一为小车，系用马架，为达官贵人之用；一为兵车，专供战时运输之用；一般的人力车称为辇，为一般平民所用，有时贵族也用。可见这时车辆就有人力车和畜力车之分了。为了打仗辨别方向，据传，黄帝发明了指南车，这是世界科学史上的一大创举，如图 4-19 所示。

(2)商朝的道路(公元前 16～前 11 世纪)

到商朝已经懂得夯土筑路，并利用石灰稳定土壤。从商朝殷墟的发掘，发现有碎陶片和砾石铺筑的路面，并出现了大型的木桥。

(3)周朝的道路(公元前 11～前 5 世纪)

到周朝，道路的规模和水平有很大的发展，道路更加发达，已经有了比较完整的道路体系。其盛况如诗经载“周道如砥，其直如矢”，又据周礼载“匠人营国，方九里，旁三门，国中九经九纬，经涂九轨，环涂七轨，野涂五轨……”。这里已说明，当时的城市道路网已有经、纬、环、野四类之分。经、纬指城市内成方格网布置的纵向和横向的道路，环涂是指城外围绕城四周的道路，野涂则是指城市郊外道路。路面的宽度，以轨计量，一轨约等于 2.13m，“九轨”则相当于 19.2m。同时还把所有的道路划分等级，即：径(牛马小路)、畛(可走车的路)、涂(行驶乘车、一轨宽)、道(二轨宽的路)、路(指三轨宽的路)。周朝的车辆种类比以前更多，如战车、田车、乘车等。

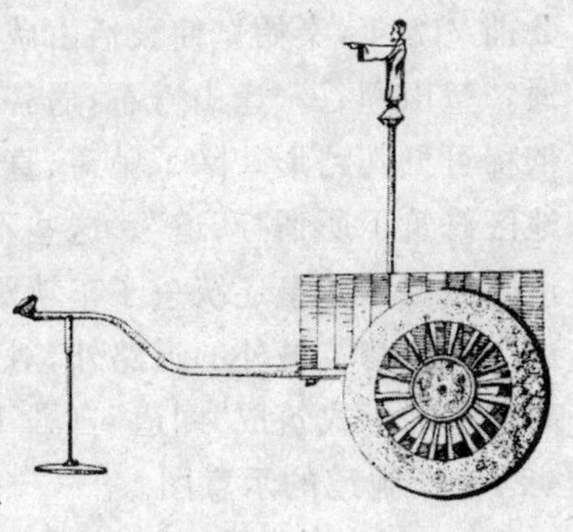

图 4-19 指南车

周时期，在道路交通管理和养护上，也有很大成就。如“周礼”规定“雨毕而除道、水涸而成梁”，意思是说，雨后修整养护路面，枯水季节宜修理桥梁。在交通法规上，“周礼”还规定“国子必学之道”，要求“贱避贵、少避长、轻避重”指道路上行人要礼貌相让，不要争先恐后，轻车让重车，上坡让下坡车辆，以策安全。以上情况，足见中国周朝的道路，已臻完善的程度。

(4)战国时期的道路

战国时期(公元前415～前221年)战乱频仍，交往繁忙，道路的作用显得日益重要，甚至一国道路的好坏，为其兴亡的征兆。《国语》载有东周单子经过陈国时，看见道路失修，河川无桥梁，旅舍无人管理，预言其国必亡，后来果然应验。战国最有名的道路是“金牛道”，即今日由陕西入四川的南栈道。据“战国策”中考齐策载“田单为栈道木阁，而迎王与后于城阳山”，又据史记载“栈道，阁道也。……崔浩云：险绝之处，傍凿山岩，而绝板梁为阁”，古栈道依傍悬岩，翘道峭避，下视江水，滔滔汩汩，雄极险绝，如图4-20所示为广元市北明月峡和凌风峡中的古栈道遗迹。

图4-20 古栈道

2.中古时期(公元前221～公元960年)

(1)秦朝的道路(公元前221～前206年)

秦朝修筑的驰道可与罗马的道路网媲美。秦始皇统一中国后即开始修建以首都咸阳为中心，通向全国的驰道网。据《汉书·贾山传》：“为驰道于天下，东穷齐、燕，南极吴、楚，江湖之上，濒海之观毕至。道广五十步，三丈而树，厚筑其外，隐以金椎，树以青松”。《史记》记载了秦始皇于公元前220～公元前210年的11年间，曾巡视全国，东至山东，东北至河北海滨，南至湖南，东南至浙江，西至甘肃，北至内蒙古，大部分是乘车，足见其路网范围之广。道路路基土壤采用金属椎夯实，以增加其密实度；路旁种以四季常绿的青松。定线的原则是尽量取直。公元前212年，秦始皇使蒙恬由咸阳修向北延伸的直道，全长约700km，仅用了两年半的时间修通，“堑山堙谷”(逢山劈石，遇谷填高)，其工程之巨，时间之短，可称奇迹，今陕西省富县境内尚依稀可见其路形。除了驰道、直道之外，还在西南山区修筑了“五尺道”以及在今湖南、江西等地区修筑了所谓“新道”。这些不同等级、各有特征的道路，构成了以咸阳为中心、通达全国的道路网。秦始皇还统一了车轨距的宽度(宽6秦尺，折合1.38m)，使车辆制造和道路建设有了法度。除修筑城外的道路外，对于城市道路的建设也有突出之处，如在阿房宫的建筑中，采用高架道的形式筑成“阁道”自殿下直抵南面的终南山，形成“复道行空，不霁何虹”的壮观。图4-21为秦驰道的示意图。

(2)汉朝的道路(公元前206～公元220年)

汉朝在继承了秦朝的制度上，更加完善，驿站按其大小，分为邮、亭、驿、传四类，大致上五里设邮，十里设亭，三十里设驿或传，约一天的路程。据《汉书·百官公卿表》载，西汉时全国共有亭29 636个，由此估计当时共有干道近15万km。

后汉时期，在今陕西褒城鸡头关下修栈道时，经过横亘在褒河南岸耸立的石壁，名为“褒屏”，曾用火锻石法开通了长14m，宽3.95～4.25m、高4～4.75m的隧洞，就是著名的石门，内

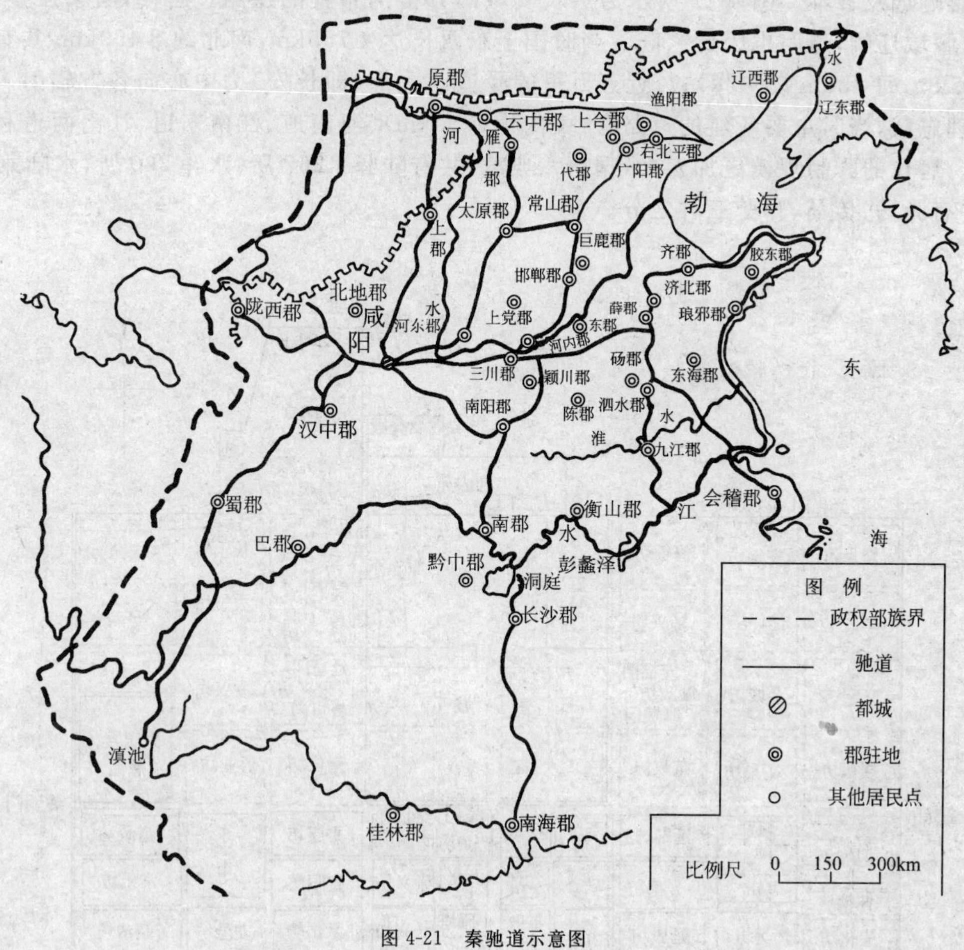

图 4-21 秦驰道示意图

有石刻《石门颂》、《石门铭》记其事。火锻石法先用柴烧炙岩石，然后泼以浓醋，使之粉碎，再用工具铲除，逐渐挖成山洞。

(3)隋朝的道路(公元 581～618 年)

隋朝匠人李春等在赵郡(今河北省赵县)洨河上修建了著名的赵州桥，首创圆弧形空腹石拱桥，是建桥技术上的卓越成就。在道路建设中较巨大的工程有长数千里的御道，《资治通鉴・隋记》:“发榆林北境至其牙，东达于蓟，长三千里，广百步，举国就役，开为御道”，可见规模之大。

(4)唐朝的道路(公元前 618～907 年)

唐朝是中国封建王朝的鼎盛时期，十分重视道路建设。唐太宗即位不久就曾下诏书，在全国范围内要保持道路的畅通无阻，对道路的保养也有明文规定，不准任意破坏，不准侵占道路用地，不准乱伐行道树，并随时注意保养。唐朝重视驿站管理，传递信息迅速，紧急时，驿马每昼夜可行 500 里(1 里＝0.5km)以上。唐朝时已出现了沿路设置土堆，名为堠，以记里程，即今天的里程碑的初形。唐朝不但郊外的道路畅通，且城市道路建设也很突出。首都长安是古代著名的城市，东西长 9 721m，南北长 8 651m，道路网是棋盘式，南北向 14 条街，东西向 11 条街，位于中轴线的朱雀大街宽达 150m，街中 80m 宽，路面用砖铺成，道路两侧有排水沟和行道树，布置井然，气度宏伟，不但为中国以后的城市道路建设树立了榜样，而且影响远及日本。图 4-22 所示为唐长安城的方格网布置的道路。唐代，国家强盛，经济发达，疆域辽阔，道路也因此兴旺。当时国土东西长达 4 755km，南北约 8 459km，共有驿路 24 585km，每 15km 设一驿站。近五万里的驿道以上都（即长安）为中心向各方辐射。据唐书地理志载，当时主要新建的道路有：关内道（700km）、河南道、江南东道、江南西道和岭南道等。唐代的驿制规模更加宏大，据唐六典载，共有陆驿 1 267 所，水驿 260 所，水陆兼用 82 所，并有驿马、传马、驿驴三种之分。

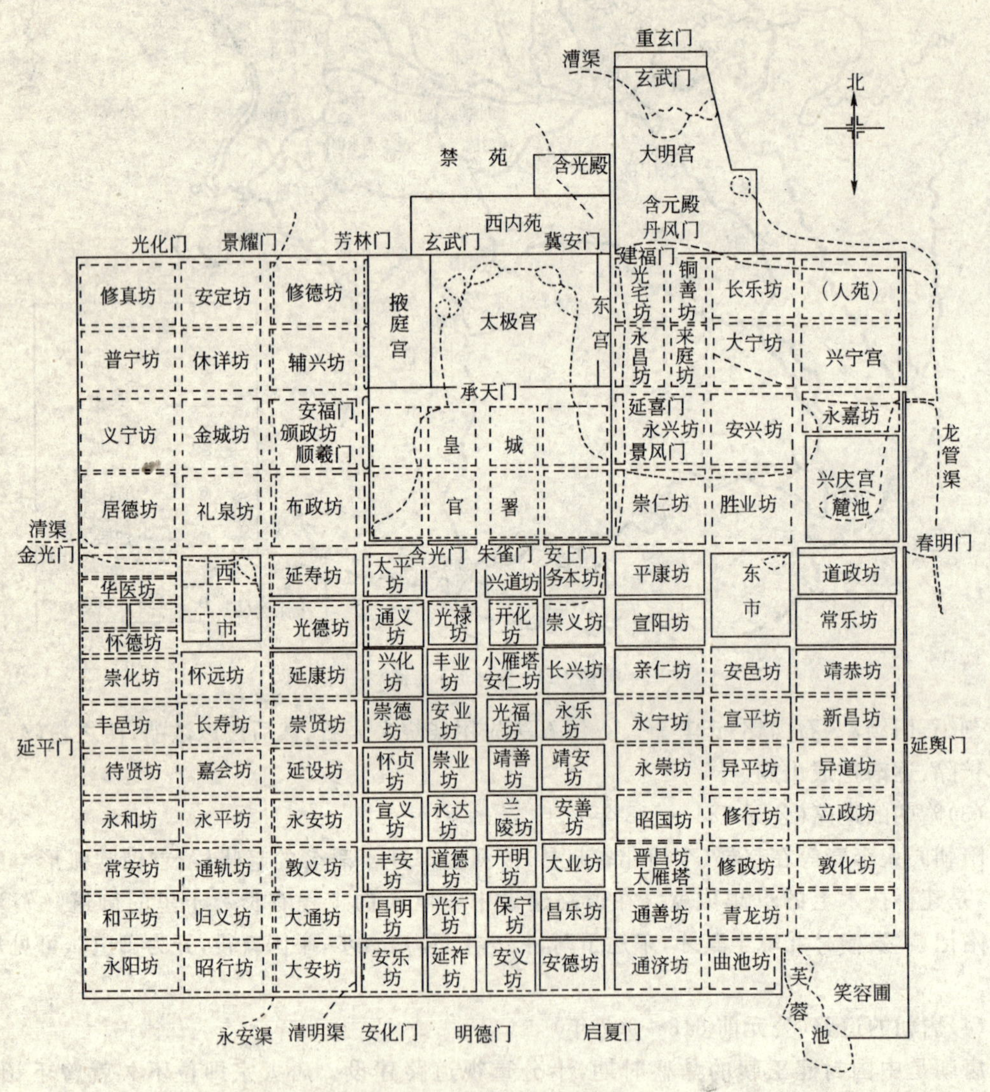

图 4-22　唐长安城方格路网

这一时期路史上有两件大事：第一，出现最早标有道路的地图。1973 年湖南长沙马王堆三号墓出土的古地图，距今有 2 100 年的历史，图 96cm 见方，绘制了湖南、广东、广西三省交界的地形，比例 1∶180 000，图上还按图例标有河流、城镇和道路。1982 年华沙国际制图协会第八届学术年会上，中国代表作了介绍，会议认为这是世界上保存下来最早的地图。第二，出现了中国最早的里程标志。里程标志是道路交通设施的组成部分。据载，汉和帝(刘肇)元兴元年(公元 105 年),即距今 1 800 年前中国就有里程标志。当时按一定里数用土堆作里程标志称之为“堠”,5 华里设置一个,称“堠程”,管理堠的官称为“堠吏”。

3.近古时期(公元 960～1911 年)

(1)宋、元、明朝的道路(公元 960～1644 年)

宋朝、元朝、明朝时期的道路均在过去的道路建设基础上有所提高,尤其是元朝地域辽阔,自大部(今北京)通往全国有 7 条主干道,形成一个宏大的道路网。

到元朝,驿制发展到高峰。据马可·波罗游记载“元代驿站制度,以大都为中心,由大都辟有大道若干,通行至各省,在每一条大道上,每隔 40km 或 48km 就设有一驿站”。当时驿站的数量也是相当庞大的。据经世大典《站赤篇》所载,共有驿站 1 496 处,除水站外,有陆站、马站、轿站、步站、牛站及狗站等,当时为邮递,还专设有“急递铺”,急递铺每 10～25km 设一个,共有 20 028 处之多,一日可行程 402km。

在道路运输工具上,宋代有两件为我国历史之开创。一是记里鼓车的创制,二是轿子的出现,据明史舆服志载:“宋中具以后,以征伐道路险阴,诏百官乘轿,名曰竹轿子,亦曰竹舆”。

(2)清朝的道路(公元 1644～1911 年)

清朝利用原有驿道修建了长达约 15 万 km“邮差路线”。在筑路及养路方面也有新的提高,规定得很具体。在低洼地段,出现高路基的“叠道”,在软土地区用秫秸铺底筑路法,有如今天的土工织物,对道路建设有不少新的贡献。

到清末,已形成以北京为中心的连接全国 23 个省、3 个区(内外蒙古、青海、西藏)和1 700个府、厅、州、县的道路网。27 条主干线里程 65 054km。光绪三年开始修建唐山至胥各庄铁路,到宣统三年(公元 1911 年),修建的铁路总长就已达 4 270km。在同时期全国主要城市开设了电话、电报,并于公元 1904 年正式形成了邮传部。这样,几千年来中国古老的邮递制度被近代的铁路和电信等交通工具所取代,各种驿道由传递文书的性质变为一般交通的“官商路”或“官马大路”。

清代,运输工具更为完善,分车辆和驮兽两类:车辆,又分旅客用车、货运车及客货两用车三种。旅客用车包括轿车、骡驮车、骗子、骆驼车及轿子等,货运车主要用大车、牛车等。窝车及小车则为客货两用,驮兽主要是马、骆驼等。到清末,人力车开始出现,俗称洋车(北方称)或黄包车(南方称)。

清末光绪 27 年(公元 1901 年)我国上海进口两辆汽车,该车功率为 2.94kW,时速 15～20km/h。至此,我国道路交通进入汽车时代,汽车运输代替了驿站运输,翻开了我国现代道路史的第一页。1906 年、1908 年天津、上海相继开通电车,1907 年山东青岛市开办了全国第一家城市汽车短途客运业务。

二、我国近代道路

自 1912 年到解放前 1949 年止,为近代道路时期。

我国第一条现代汽车公路是建于 1906 年(光绪末年)的那坎—镇南关—龙州公路,长 55km。随后 1913 年,湖南省用新式筑路法,修筑了长(沙)—(湘)潭的军用公路,总长 50.11km,成为我国新式筑路法之始。1921 年 11 月全线竣工,历时 8 年,共耗资 90 万银元。全线路基土石方约 56.9 万 m^3,桥梁 31 座(其中石台砖拱 8 座,余为石台木面),涵洞 86 座,路基宽 7～9m 不等，路面宽 4.57m，为平均厚 15cm 的铺砂路面。1921 年成立“龙骧长途汽车公司”开车营业，当时公司共有汽车 10 辆。

1917 年 11 月，我国商人景学龄等人，在张家口成立张库汽车公司，办理张家口经库伦至乌兰巴托的长途运输业务。路线全长 1 110km，公司共有资金 100 万元，汽车 5 辆。这是我国第一个汽车运输企业。

孙中山对公路建设十分重视，在 1920 年制定的“实业计划”中，指出“道路者，文明之母也，财富之脉也。试观今日最文明之国，即道路最多之国……中国最繁盛之区，即交通最便利之地……，实业之发达，非大修道路不为功。凡道路所之地，则人口为之繁盛，地价为之增加，产业为之振兴，社会为之活动”。到 1926 年，全国公路里程已达 26 111km。

1919 年，北京政府内务部颁布“修治道路章程”，该章程分全国道路为四种，即国道、省道、县道及里道，这是我国第一个正式颁发的道路法规。1918 年 6 月颁发的“长途汽车公司条例”共有十七条，这是我国道路运输的第一个正式法规。

在中央管理机构上，1911 年全国道路的修治，分由交通部主管。1928 年铁道部成立，又改归铁道部管。1923 年铁道部会同全国十一省政府组设国道设计委员会，这是我国公路设计机构之始。1923 年中华全国道路建设协会陆丹林主编的《道路月刊》出版，是最早的公路定期刊物。

1929 年，铁道部在公布“国道工程标准及规则”后，又规定了“公路工程标准说明表”。在此基础上，1936 年全国经济委员会，会同有关省份组织的“全国公路建设委员会”举行第一次常委会，制定“公路工程暂行准则”，共二十四条。从此，我国公路建设有了统一的工程技术标准。这是我国历史上第一个正式的公路工程技术标准。该“准则”把公路分为甲、乙、丙三等，甲等宽 12m、乙等宽 9m、丙等宽 7.5m(特殊情况可减 1m)；把路面分为一至六级路面；桥梁分为永久式、半永久式、临时式三种，并规定有路线、路基、路面、桥梁及其他构造物的各项详细指标。

到 1937 年抗战前夕，全国公路里程已达 109 500km，公路网结构已有雏形，并初具规模。到 1936 年止，全国已有各种汽车达 30 955 辆。

1944 年 9 月、10 月，自青海西宁到玉树的青藏公路(全长 797km)和自西康康定到青海歇武的康青公路(全长 792km)相继建成，两条公路均在海拔 4 000m 以上，人烟稀少、工程艰巨、气候高寒，这是当时世界最高、工程最艰巨的公路。

第六届国际道路会议于 1930 年在美国华盛顿召开，我国派代表出席，这是我国公路界第一次出席国际会议。1934 年在德国孟尼(即慕尼黑)举行第七次会议，我国派赵祖康、沈怡代表出席，并将“中国公路报告书”送呈会议。

1945 年抗日战争结束时，全国公路里程已达 133 723km。

继后四年中，因战争风云变换，公路建设基本无所进展，还略有后退。到 1949 年解放时，全国公路仅有 131 912km，其中通车里程只有 78 009km；机动车(不包括军用车) 69 122 辆。

三、我国现代道路

新中国的成立，为我国公路发展开创了一个优越的社会环境，公路事业蓬勃发展，并以较快的速度稳步前进。

这一阶段，大致可分为三个时期。

1. 创建时期(1949～1957 年)

(1)前三年恢复时期(1949 年 10 月～1952 年),公路建设以整修、改善和修复通车为中心任务。三年共修复公路 23 398km,改建公路 18 931km,新建 3 846km。到 1952 年全国公路通车里程为 12.67 万 km,其中有路面的公路为 12.11 万 km。

(2)第一个五年计划期间(1952～1957 年),随着大规模经济建设的展开,公路事业发展较快。到 1957 年,全国公路里程达 25.67 万 km,其中有路面的公路为 12.11 万 km。这一时期完成的重要干线公路有青藏、康藏、青新、川黔、昆洛、成阿、黑阿公路。其中以位于"世界屋脊"的康藏、青藏公路建设最为艰巨而著名。

康藏公路始于雅安,终于拉萨,全长 2 255km,平均海拔高 3 000m 以上。青藏公路起自西宁,终于拉萨,全长 2 100km,平均海拔高 4 000m 以上。两条公路翻越了终年积雪、人迹罕至的昆仑山、唐古拉山、二郎山、雀儿山等十几座山岭,跨过了波涛汹涌、急流天险的大渡河、金沙江、怒江、拉萨河等十几条大河,穿越许多段长数百里遮天蔽日的原始森林和一望无际的草原、沼泽、沙漠地带,工程浩大艰险、举世罕见,这是世界公路史上的创举。两路先后于 1950 年和 1954 年春动工修建,于 1954 年 12 月 25 日同时通车。1951 年 9 月 1 日交通部颁发《公路设计准则》(草案),将我国公路分为五级。

1956 年,我国长春第一汽车制造厂建成投资,解放牌汽车诞生,当时年产能力为 3 万辆。从此,结束了我国不能生产汽车的历史。

2. 曲折发展时期(1958～1978 年)

(1)第二个五年计划期间,是我国公路里程增加最多的时期。五年中新建公路 27.39 万 km,平均每年增加 5.48 万 km,为我国公路史上速度最快的五年。其间,1958 年一年就新建 16.72 万 km(其中约 14 万 km 为简易公路),超过"一五"期间新增公路总和。

(2)1963 年开始进入三年国民经济调整时期,公路建设也转入以养、改为主的时期。三年间仅新建公路 5 万 km。到 1965 年止,全国公路通车里程达 51.45 万 km,其中有路面的公路为 30.48 万 km。全国不通公路的县下降到 20 个。

(3)文革十年,虽有动乱干扰,但为了巩固国防和保证工矿基地建设,公路建设仍有较大进展。到 1975 年末,全国公路总里程为 78.36 万 km,使全国不通公路县下降到 4 个。十年共铺油路 10 万 km,使有路面的公路达到 45 万 km。这期间,1974 年沈(阳)抚(顺)南线公路建成通车,这是我国建设的第一条一级公路。

3. 全面发展时期(1978 年 12 月～2006 年底)

(1)前十年,经过拨乱反正,公路建设出现了好势头。特别是党的十一届三中全会后,国家把发展能源、交通作为国民经济建设的重点,从政策上对公路建设加以扶持,体现了党和政府对公路建设的重视,到 1985 年底止,全国公路里程已达 94.23 万 km,其中有 75.04 万 km 路铺有路面。这一时期在公路数量增加的同时,公路质量也有较大改善,四级及以上的公路里程 60 万 km,占 63.6%;一级公路 422km;二级公路 21 194km;三级公路12 854km。

(2)在此期间,建成了滇藏公路、天山公路、宜兰公路等国家干线公路。建成的一级公路有:南京至六合、北京至密云、天津至塘沽新港、济南至泰安、营口至大连、沈阳至鞍山等线。1985 年 8 月 27 日改建完成的青藏二级公路,是中国公路建设历史上规模最大、里程最长(1 937km)的二级公路。

(3)从 1949～1994 年,每年公路总里程见表 4-10,解放后各时期我国公路建设投资完成情况及新建公路里程见表 4-11。

1949～1994 年公路里程总表(单位:万 km)　　表 4-10

年　份	公路总里程	年　份	公路总里程	年　份	公路总里程	年　份	公路总里程
1949	8.07	1960	51.00	1971	67.54	1982	90.70
1950	9.96	1961	47.70	1972	69.99	1983	91.51
1951	11.44	1962	46.35	1973	71.56	1984	92.67
1952	12.67	1963	47.51	1974	73.79	1985	94.23
1953	13.71	1964	47.92	1975	78.36	1986	96.00
1954	14.61	1965	51.45	1976	82.34	1987	98.00
1955	16.73	1966	54.36	1977	85.56	1988	100.00
1956	22.63	1967	55.75	1978	89.02	1989	101.00
1957	25.46	1968	57.17	1979	87.58	1990	102.80
						1991	104.00
1958	42.18	1969	60.06	1980	88.83	1992	105.67
						1993	107.50
1959	50.79	1970	63.67	1981	89.75	1994	110.00

公路基本建设投资完成情况　　表 4-11

时　期	公路总投资(亿元)	新、改建公路里程(km)		时　期	公路总投资(亿元)	新、改建公路里程(km)	
		新建	改建			新建	改建
恢复时期	3.59	27 244	18 932	“四五”时期	39.14	43 030	24 117
“一五”时期	15.41	104 329	48 512	“五五”时期	45.98	40 344	15 048
“二五”时期	31.95	273 869	138 159	“六五”时期	53.41	54 145(含改建)	
1963～1965 年	13.60	8 039	8 710	“七五”时期	120.00	85 700(含改建)	
“三五”时期	30.22	31 223	23 676	1950～1985 年合计	353.30	667 923	277 190

(4)近十年来道路建设进入“跨越式”大发展时期到 2006 年底止,全国公路建设的主要成就如下。

①公路总量持续增长,路网结构不断改善

截至 2006 年底,全国公路总里程达 345.70 万 km,为解放初期的 44.3 倍,以平均每年 6.03 万 km的速度持续增长。路网结构不断改善。全国公路总里程中,国道 13.34 万 km、省道 23.96 万 km、县道 50.65 万 km、乡道 98.76 万 km、专用公路 5.80 万 km、村道 153.20 万 km,分别占公路总里程的 3.9%、6.9%、14.7% 、28.6%、1.7%和 44.3%。

②技术等级不断提高,路面行车条件逐步改善

全国等级公路里程 288.29 万 km,占公路总里程的 66.0%。其中二级及二级以上高等级公路进程 35.33 万 km,占公路总里程的 10.2%,按公路技术等级分组,各等级公路里程分别为:高速公路 4.53 万 km,一级公路 4.53 万 km,二级公路 26.27 万 km,三级公路 35.47 万 km,四级公路 157.48km,等外公路 117.41 万 km。全国有铺装路面和简易铺装路面公路里程 152.51 万 km,占总里程的 44.1%。按公路路面类型分组,各类型路面里程分别为:有铺装路面 99.65 万 km,其中沥青混凝土路面 35.01 万 km,水泥混凝土路面 64.64 万 km,简易铺装路面 52.86 万 km,未铺装路面 193.19 万 km。

③公路网密度迅速增加,公路通达比例逐步提高

全国公路密度为36.0km/百km^2。全国通公路的乡(镇)占全国乡(镇)总数的98.3%,通公路的建制村占全国建制村总数的86.4%。全国还有672个乡镇和89 975个建制村不通公路。

④农村公路建设成绩显著,农民出行难的状况得以改变

2006年底,全国农村公路(含县道、乡道、村道)里程达到302.61万km农村公路里程超过120万km的省(区、市)为16个。农民出行难的状况得到改善。

⑤可持续发展的公路建设新理念得以提升

在公路建设中树立环境保护、资源节约、可持续发展的建设新理念,推行公路与自然环境相协调,按照"安全、舒适"的方针,坚持最大限度地保护、最小程度地破坏、最强力度地恢复,建设生态路、环保路、安全路。如今,"安全、环保、舒适、和谐"的理念在工程实践中得到了切实贯彻。

⑥桥隧建设成绩巨大,数量和科技水平进入世界先进行列

2006年底,全国公路桥梁达53.36万座、2 039.91万延米。其中特大桥梁1 036座、171.45万延米,大桥30 982座、638.58万延米,中桥12.11万座、607.30万延米,小桥38.05万座、622.57万延米。全国公路隧道达3 788处、184.18万延米,其中特长隧道49处、19.18万延米。其他隧道情况分别为:长隧道444处、72.32万延米,中隧道577处、40.94万延米,短隧道2 718处、51.75万延米。全国公路渡口有4 628处,其中机动渡口1 781处。

(5)城市道路建设成绩喜人

据统计,到2004年底,全国城市道路总里程已超过30万km,为解放初的27.27倍。城市人口迅速增加已超过4.5亿人,汽车年生产能力超过150万辆,城市机动车拥有量已超过2 000万辆。

第三节　现代道路科技与发展

一、现代道路科技

1.道路勘测新技术

(1)航空摄影测量技术

航空摄影测量技术是一种利用摄影手段为道路、铁路及其他工程设计收集地形、地物、地质、交通及其他资料的新技术。1930年美国爱达荷州第一次运用摄影测量制作了公路带状地形图,著名L010道路就是根据测图选线并建成。20世纪50年代以来这一新技术在道路勘测中广泛运用。它的应用,对于加快测设进度、减轻劳动强度、提高测设精度和质量,有着十分重要的作用。

利用航空摄影测量方法采集数据能直观地确定地表形态;工作环境好,可以随意和方便地控制地形点的分布和密度;所获得的地形信息可靠、精度高。随着航测仪器的发展,目前较大范围的各种比例尺地形都是由航测法成图的,而利用解析法测图的解析测图仪在测图的同时,可以附带记录测图信息,不需特意为建立数字地面模型重新采集,这给数据采集带来极大方便,所以航测技术是目前地形数据采集手段最理想的方法。

全数字化测图(亦称数字摄影测量)是在解析法测图的基础上发展起来的更为先进的摄影方法。它的主要特点是利用相关技术和扫描技术将像片影像数字化,无需人眼进行观测便可以得到被测区域的地表三维数据。数字摄影测量的主要设备是扫描仪和具有图形处理功能的计算机,用来对像片影像数字化。全数字化测图系统的测图过程是先将像片影像的灰度数字

化，然后在计算机上进行数字处理。具体做法是通过扫描方式将像片影像的灰度值转换成电信号或数字信号，形成“数字影像”，然后用相关技术代替人眼自动地立体照准（寻找）同名像点。目前自动化的相关技术还不能完全代替人眼的主体观察，在隐蔽地区、陡峭地形、影像质量极差或高层建筑物覆盖地区以及对地物的识别和植被的处理等仍需人工协助，解决这些问题是摄影测量界研究的主攻方向。由于自动化测图系统速度快，无需人工量测，测量的数据点密集，有利于各种比例尺的测图，特别是制作正射影像图。这种全数字化、自动化测图方法代表了航空摄影测量学科的发展方向，世界各国竞相投入资金和人力对其深入探讨和研究，也形成了许多成果，比较著名的系统有 Leica 推出的由 Helava 公司开发的 KPW 系列以及美国 Intergraph公司推出的 TDZ 系列数字摄影测量工作站等。随着研究工作的深入，数字摄影测量系统在理论上、技术上的日益成熟和应用上的日益普及使全数字测图将成为公路测设中地形数据采集的最理想方法。

(2)“3S”技术

“3S”技术是遥感技术（RS）、全球卫星定位系统（GPS）、地理信息系统（GIS）的统称，以“3S”高科技术为主体的野外勘测和数据收集已广泛为道路勘测所采用，是道路勘测新技术的重要标志。

①遥感技术。作为广义摄影测量的重要部分——遥感技术（Remote Sensing，简称 RS），在公路勘测中的作用越来越得到重视，航摄像片及遥感图像均具有视野广阔、影像逼真、信息丰富的特点，在图像中通过遥感判释技术可直接或间接地获得大量有关工程地质及水文地质方面的资料，犹如把勘测现场搬到室内进行研究一样，使得勘测设计工作“有的放矢”地进行，避免了盲目性，大大地减少了外业劳动强度，从而提高了勘测设计的质量和速度。遥感技术随着运载工具和传感器的革新而迅速发展，获取信息的手段越来越多，应用的领域也越来越广泛。遥感手段由原来单一的航空可见光摄影遥感逐步发展到热红外、多波段扫描、雷达探测等多种空间遥感技术手段；随着遥感平台的升高，已由航空遥感发展到航天遥感。由于航天遥感覆盖面积大、信息丰富，公路带状大区域的宏观地质现象判释更能突出这项技术的独特优势。国外目前广泛地采用航天遥感资料进行计算机图像处理和信息提供，大量的遥感信息已进入自动识别和自动处理成图阶段，为公路工程地质解释提供了准确可靠的信息来源。

②全球卫星定位系统。全球卫星定位系统（Global Positioning System，简称 GPS）是美国国防部主要为满足军事部门对海上、陆地和空中设施进行高精度导航和定位的要求而建立的。该系统 20 世纪 70 年代开始设计、研制，历时 23 年，投资近 300 亿美元，现已全部建成。GPS 是以人造卫星为基础的无线电导航定位系统，它是利用天空中均匀分布的 24 颗 GPS 卫星轨道参数及其载波相位信号，通过地面接收设备接收其发射信息，实时地测定地面接收载体的三维位置。作为新一代卫星导航与定位系统，GPS 不仅具有全球性、全天候、连续的精密三维导航与定位能力，而且有良好的抗干扰性和保密性。相对于经典测量学来说，GPS 定位技术具有观测点之间无需通视、定位精度高、观测时间短、提供三维坐标、操作简便、全天候作业等主要特点。由于 GPS 定位技术的高度自动化及其所达到的定位精度和具有巨大的潜力，目前已广泛渗透到经济建设和科学技术的许多领域，在地球科学研究、大地测量、摄影测量的野外控制、航摄机载 GPS 定位、普通及精密工程测量以及公路控制测量和放样测量等各个测绘应用领域，均得到广泛应用。

③地理信息系统。地理信息系统（Geographic Information System，简称 GIS）代表了采用各种现代化的方法采集、分析、存储、管理、显示、传递和应用与地理和空间分布有关数据的一

门综合和集成的信息科学，是随着各种测量高新技术、计算机技术、信息科学的发展而逐步形成的。由于GIS具有强大的空间分析和数据处理能力以及数据易于维护、更新和可扩充性，可作为公路CAD系统的基础信息源，在公路的规划、设计、管理、养护等工作中有着十分广阔的应用前景。

航测（数字摄影测量DPS）、遥感地质判释（RS）、（GPS）、（GIS）等新技术、新设备、新理论在公路设计中的应用，给传统的公路测量手段带来了巨大变革，随着这些测量新技术的不断发展，有望实现公路设计所必需的原始地形数据采集工作的自动化，公路设计也将逐步向实时性、智能化和网络化方向发展，有望实现公路设计所必需的原始地形数据采集工作的自动化，公路设计也将逐步向实时性、智能化和网络化方向发展。

2. 道路CAD技术

道路CAD即道路计算机辅助设计的简称。

CAD是利用计算机辅助设计人员完成设计任务的理论、方法和技术。它可以帮助设计人员在计算机上完成设计模型的构造、分析、优化和输出等工作，在设计过程中，人们可以把大量的计算、绘图、整理、修改等工作交给计算机去完成，而自己可多做些创造性的构思工作。CAD可大大提高设计自动化程度和质量，缩短设计周期。更重要的是，人们借助计算机的高速运算能力，能够完成一些常人难以完成的设计任务。设计人员借助CAD技术以人机交互的方式和图形显示方法，在计算机上方便、灵活地构造出满足设计要求的设计模型，然后调用系统中的工程分析程序在屏幕上对模型进行分析、评价和优化，直到得到最佳设计结果。

一个完整CAD系统的硬件部分应包括主机、图形输入设备、图形显示器及自动绘图仪。它与一般事务处理计算机系统的区别主要在于：CAD系统具有较强的图形处理能力。

CAD需采用的主要技术有：计算机图形学，主要用于工程产品几何形状的建立、表达及图形显示器；人机交互技术，为CAD提供图示化用户界面和交互式数据输入机制；工程数据库，为CAD提供能满足工程应用环境要求的数据管理技术。

道路CAD系统具有下列功能：科学计算功能，能进行各种复杂的工程分析与计算；图形处理功能，能进行二维和三维图形的设计及图形显示和自动绘图；数据处理功能，有完善的数据库系统，能对设计、绘图所使用的大量信息进行存取、查找、比较、组合和处理；分析功能，能对所设计的产品作各种性能分析；编制文件功能，能输出各种技术文件。

必须指出，上述各项是一个完备的CAD系统所具有的基本功能，在规划CAD系统时，可根据实际的需要和技术、经济可能性，使所建CAD系统仅具有其中某几项功能（如计算、数据处理、绘图）或超过上列五项的功能。

在计算机辅助设计工作中，计算机的任务实质上是进行大量的信息加工、管理和交换，也就是在设计人员初步构思、判断、决策的基础上，由计算机对数据库中大量设计资料进行检索，根据设计要求进行计算、分析及优化，将初步设计结果显示在图形显示器上，以人机交互方式反复加以修改。经设计人员确认之后，在自动绘图机及打印机上输出设计结果。上述CAD作业过程如图4-23所示。

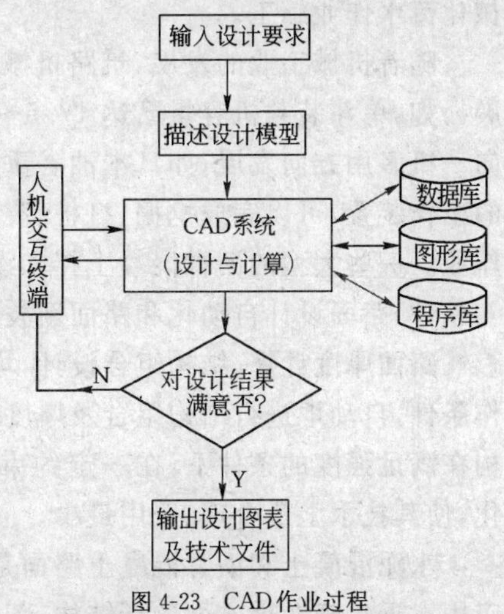

图4-23　CAD作业过程

3.道路检测技术

道路检测是对道路工程结构物(包括路基、路面、桥梁、隧道及其他构造物)进行检查、质量鉴定、技术品质量测、工作状况测定的工作。随着电子、激光、红外线以及微波技术的发展,利用这些新技术进行道路量测,已达到一个崭新的、全自动的新水平,主要有以下几方面。

(1)对路面状况和质量的测定,已进入连续、无破损、电子自动化、电脑应用的新阶段。测试时,观测者只要坐在装有各种自动量测仪器设备的汽车内,汽车在被测路上行驶,即可测出任何荷载和行驶速度下路面的各项特征值,如路面弯沉值、坡度、强度、厚度、平整度、水温条件、粗糙度和路面破损情况,测试方便、准确、快速,能及时为路面改造提供所需数据。

(2)结构无破损质量检查。在不破坏结构的条件下,检查钢筋混凝土结构内部质量,如钢筋绑扎、内部裂缝、钢筋损伤、空洞、混凝土与钢筋黏结等情况,近年来在国外一些发达国家,都采用伽马射线照相法。它在几秒钟内即可检查判定结构物内部的质量情况。这一新技术,为工程质量的监理检查提供了快速简便的手段。

(3)利用激光干涉仪、可变电阻应变仪、光弹仪等,即可迅速量测桥梁和其他人工构造物的变形和应力情况,从而可以对其进行鉴定和评价,并可预防工程事故发生。

(4)核子密度仪、路面雷达等先进仪器在路基、路面检测中广泛应用。

4.路基路面新技术

(1)岩石爆破新技术

在石方施工中,已广泛采用深孔爆破、微差爆破、光面爆破和预裂爆破等新技术。这一新技术的采用,加快了施工进度,提高了工程质量。据前苏联统计资料,在路基施工中采用爆破新技术后,一个工人平均年产量完成石方达1.6万m^3,比一般爆破施工提高了十几倍。

(2)筑路施工机械化

筑路采用机械是从20世纪30年代开始的,到20世纪40年代,各类筑路机械品种已十分齐全,并已逐步形成配套系列产品。目前在欧、美各国,道路施工已达到全盘机械化的程度。

在路基施工中从开挖(或爆破)、装、运到卸、弃方所有工序,已实现了一条龙的综合施工机械化,几乎完全废弃了繁重的人工体力劳动。

在路面施工中,从土基整修、路面材料备料及拌制、运料到摊铺、压实、成型,已全部采用机械化流水作业施工。

随着机械工业的发展,筑路机械不断改进,逐步向着大型化、多功能以及自动控制方向发展。如:单斗装载机容量已达17.5～30m^3;自卸车载质量已达100t以上。一些中型机械,已向一机多用方向发展,如日本油谷重工的轻型全液压挖掘机,可以更换70多种、400多个规格的工作装置,可以完成挖掘、打桩、装卸、凿岩、混凝土切割、路面破碎、拆房、拆卸汽车等十几种作业。一些大型的沥青混凝土拌和设备的生产率已达到800～1 000t/h。

(3)路面设计自动化和路面新技术、新结构

路面厚度计算、结构组合设计,均用计算机完成,并且计算机可根据设计要求和路面的工作条件,自动地进行结构组合及厚度的最优设计与选择。这里路面最优化的实质是指路面结构在满足强度的条件下,在一定约束条件范围内,达到路面各结构层次的组合和厚度的最佳化,使其技术上最合理、费用最少。

水泥混凝土和沥青混凝土路面是高级路面,在高速公路、汽车专用公路和城市道路中广泛应用。近年来在这方面的新结构、新技术发展很快,主要有:连续配筋混凝土路面、碾压混凝土

路面、钢纤维混凝土路面、预应力混凝土路面、改性沥青路面、排水沥青路面等。

(4)路面管理系统(简称 PMS)

路面管理系统是路面工程技术、系统工程理论和计算机技术相结合的产物,是一种现代化的路面养护管理新技术。这一系统利用计算机技术,建立自动化的、科学的路面管理体系,包括数据采集及数据库建立、路面使用性能评价及评价标准、路面使用性能预估、修建及养护费用和用户费用的经济分析以及路面养护和改建策略优化模型建立等方面内容。路面管理系统的研究和建立,对于摸清路面使用期的状况、性能,制定路面养护、改建的策略,确保路面使用质量,节省工程费用有着十分重要的意义。

(5)边坡生物防护新技术

边坡生物护坡治理是一种新型的治理方式,是边坡治理工程发展的一个新方向。它的原则首先是根据坡体稳定性情况,通过工程手段,如锚杆、锚索等,确保边坡整体稳定。然后通过一定的施工技术,在边坡坡面上重新建立生态层,生态层建立后,边坡坡面将形成一道土工网和植物根茎交错织成的保护层,使边坡岩土体可以抵抗一定程度的雨水侵蚀、冲刷,进一步延缓坡面风化,控制坠石等泻溜物的发生等,同时,通过对生态层物种的人工技术组合,可以达到一年四季都有绿色,使之与整个周围环境相协调,同时兼有治理边坡水土流失、恢复生态环境、绿化景观等综合效果。

二、我国道路现状与发展规划

1.我国道路的问题与差距

我国道路建设虽然取得了很大的成就,但公路的落后状况仍未得到彻底的改变,与社会经济的发展尚不能完全适应,特别是与世界发达国家相比还有很大差距。主要的问题与差距如下。

(1)公路数量少、等级低、质量差

从通车里程看,我国仅为美国的 1/5.3。美国人口约占世界的 5%,而公路里程却占世界的 28%;我国人口约占世界的 22%,而公路里程仅占世界的 5%。全国公路混合交通十分突出,公路等级偏低,运输时速慢,不少公路路面狭窄、弯急、坡陡,加之混合交通严重,使得车速低、油耗大、运输成本高。

(2)公路网密度低,通达深度不够

虽然到 2003 年底,全国公路总里程达 181 万 km,居世界第四位,列美国、印度、巴西之后;高速公路经 10 多年的发展已跃居世界第二位,仅次于美国。但我国公路无论在总量上、质量上与我国的国土面积和人口数量相比仍不相称。由于公路里程少,密度低,通达深度不够,很多地区的经济发展仍将受到制约。

到 1999 年底,美国公路密度每 $100km^2$ 为 67km,英国为 160km,法国为 147km,日本为 303km,印度为 61km,而我国只有 14km。每万人拥有公路长度:美国为 63km,法国为 140km,日本为 92km,印度为 22km,而我国只有 11km。

(3)干线公路网技术等级低,未构成网络,难以发挥规模效益

大量低等级公路的存在导致国道网上行车速度低,安全性和舒适性差,抗灾能力弱,混合交通严重,通行能力不足,严重影响国家干线公路网的功能和作用发挥。高等级公路里程在整个公路网中所占比重远低于发达国家的水平,尚不能形成长距离、规模化的全国性公路运输大通道。

(4)全国公路交通发展不平衡，东西部地区差距拉大

由于受历史、自然、地理环境和经济等诸多因素的影响，目前东西部地区公路交通水平存在着较大的差距，且差距还在拉大。

据统计，2006 年全国 345.7 万 km 公路中，东部地区公路里程 99.35 万 km，中部地区 120.25 万 km，西部地区 126.10 万 km。东部地区高速公路 20 279km，二级及二级以上公路 15.89 万 km；中部地区高速公路 13 339km，二级及二级以高速公路 11.04 万 km；西部地区高速公路 11 717km，二级及二级以上公路 8.40 万 km。从土地面积和人均密度来看差距较大。

西部地区公路交通状况可归纳为“一差、两低、三不足”。“一差”指公路网的行车条件差；“两低”是指公路技术等级和通达水平低；“三不足”是指西部地区公路交通建设资金不足、自身发展能力不足和支持保障系统力度不足。

(5)大中城市过境公路及出入口公路建设严重滞后

国道交通量观测资料表明，交通量特别大、交通特别拥挤的路段主要分布于大中城市过境公路及出入口公路上。大中城市过境公路及出入口公路建设滞后是造成我国公路“堵在两头、行车不畅”的原因。

(6)公路场站设施、运输装备落后

目前我国以公路主枢纽为重点，并与一般枢纽及遍布城乡的客货集散地(站)共同构成的各层次汽车运输站场体系建设还比较落后，大吨位、专用化、低能耗的货运运输工具和高速、安全、舒适的大、中型高档车在公路运输中的普及率尚不够高，公路运输信息化水平还很低，公路客货运输中的服务质量和方式均有待进一步提高，适应社会主义市场经济体制的公路运输市场体系尚未完全形成，专业化、集约化的快速、高效、优质的汽车运输系统尚未完全建立和完善，我国公路运输产业的发展滞后于公路基础设施的发展，与国民经济的发展和人民生活水平的提高不相适应。

(7)公路测设和施工技术水平还较落后

近年来，我国在公路测设和施工方面开始使用一些新技术、新工艺、新设备，有很大进步。但是在整个公路测设和施工过程中，劳动强度仍然较大，施工进度较慢，技术装备不足，一些测设新技术，如航测与遥感技术、计算机线形优化、测量信息自动化技术、施工机械化程度方面与发达国家相比尚有较大差距。

2.我国经济发展的态势及对道路发展的要求

(1)发展态势。展望未来，我国将全面完成工业化，逐步实现信息化，综合国力将跃居世界前列，人民过上殷实富裕的生活。未来我国社会经济将呈现以下发展趋势。

①国民经济将继续保持较高增长速度，经济总量再上新台阶。在 21 世纪前 20 年，我国经济增长速度将保持在 7.2%以上，后 30 年将可能保持在 5.0%左右。全国经济总量在 2000 年达到 1 万亿美元的基础上，将分别在 2010 年和 2020 年步入 2 万亿美元和 4 万亿美元两个重要台阶。到本世纪中叶，我国的经济总规模将可能达到 16 万亿美元。我国的人均 GDP 将由现在的 960 美元达到 2020 年的 3 000 美元左右，进入中等收入国家行列。在 2050 年前，人均 GDP 将突破 1 万美元，进入高收入国家行列。

②城镇化进程明显加快，城市规模结构和地域分布将发生变化。2002 年我国城市化水平为 39%，预计 2020 年将超过 50%，城镇人口规模将达到 8 亿以上；到本世纪中叶，我国人口将达到 16 亿，届时，城镇化率将达到 70%，城镇人口将超过 11 亿。城镇化水平的提高将促使我国由农村社会形态加速向城市社会形态的转换。

③工业化进入最后发展阶段，产业结构进一步优化升级，区域经济协调发展。目前，我国的工业化已开始进入资金技术密集型的高加工度产业的发展阶段，规模经济和范围经济将不断扩大。预计到2020年，我国将基本完成工业化，三产业的比重将由现在14∶52∶34调整为7∶50∶43，区域经济将得到全面、协调发展。

④人民生活水平普遍提高，消费结构发生较大变化。2001年，我国居民的恩格尔系数为44%，预计到2020年，我国城镇居民的恩格尔系数将达到25%左右，农村居民的恩格尔系数达到35%左右。随着生活水平的逐步提高，人们的生活方式将发生深刻变化，由此带动一些新的消费热点形成，住房、汽车、通信、旅游等成为新一轮经济增长的主导型消费热点。

⑤对外开放达到新水平，我国在世界制造业中的优势地位更加突出。在经济全球化背景和我国加入世界贸易组织的推动下，我国的外向型经济将得到进一步发展，并逐步与世界经济接轨，在世界贸易体系中的作用明显增强，将逐步成为劳动密集型产业、部分资本密集型产业和高技术产品加工环节的世界生产基地。

(2)对道路交通的要求

在我国全面建设小康社会和现代化建设进程中，道路交通的发展面临着更新更高的要求，需要在新的发展环境下实现新的跨越式发展。

①国民经济持续快速增长，经济总量的不断扩大，必将带动全社会人员物资流动总量的升级，导致全社会运输总需求量的不断增长，从而引发公路交通需求的持续增长。

从客运的需求来看，我国人口基数大，随着人民生活水平的提高，未来的客运需求增长潜力巨大。从货运需求看，随着经济规模的不断增大，除了适宜水路和铁路运输的大运量、低成本、耗能低、低附加值的货物运输量将有所增加外，适宜公路和航空运输的高附加值产品的货物运输量将大幅度增加。

②城镇化进程的加快、城镇人口的大幅增加将会产生巨大的公路交通需求，同时也对运输质量提出了更高的要求。

城市化水平越高，人均出行需求越大。人口规模不断扩大，将促使人员流动和商品消费增加，进而带动客货运输需求的增长。农村人口向城镇的转移和城镇人口规模的扩大，势必会带来巨大的公路客货需求量。与此同时，随着城市化向更高层次发展，城市群和城市带大量出现，将使城市间的联系更加紧密，物资交流更加频繁，从而形成更大的公路货运需求。另外，城镇人口的增加，将对公路运输在舒适、便捷、可靠、安全等质量方面提出更高的要求。

③工业化进程的加快、产业结构的优化升级，将促使货物运输规模和结构发生较大变化，要求公路交通运输必须向高效和优质服务的方向发展。

④人民生活水平进一步提高，消费结构显著变化，不仅会产生大量的公路客运需求，并呈现多样性、个性化趋势，方便、快捷、舒适、安全、自主等价值取向明显增强。未来人民生活水平的提高和家庭轿车的激增将直接促使人均出行次数的增加，要求有现代化的公路交通运输网络和服务体系与之相适应。这就要求客运提供更多的快速、及时、舒适、可选择的运输服务。公路除了提供群体化客运外，还提供相当数量的个性化客运。

⑤可持续发展战略的实施，要求公路交通在加快发展的同时，走节约资源、保护环境、提高效率、保障安全的可持续发展的道路。

汽车社会的来临是经济与社会发展的必然趋势。2002年，全国汽车保有量增加333万辆，增长幅度达38%，其中轿车增幅高达56%。据有关研究机构预测，2020年我国民用汽车保有量将超过1亿辆。家庭轿车的普及将带来一场行为方式的革命，大大改善人们的生活质量，提高全社会的机动性。但与此同时，也会带来能源紧张、环境污染的压力，资源短缺和环境保护是我国可持续发展面临的严峻挑战。

⑥建立和完善综合运输体系，要求公路交通作出应有的贡献。公路交通覆盖面广、机动灵活、时效性强、可实现门到门运输，是综合运输体系的基础，既具有通道功能，又具有集散功能。高速公路通行能力大、速度快、行车安全舒适，在综合运输体系中担着基础性和大动脉的双重作用，是综合运输通道的重要组成部分。发达国家的实践表明，在综合运输大通道中高速公路具有重要的地位和作用。

(3)道路运输要求预测

交通预测资料表明，未来20年内我国道路交通的需求量将有大幅度的增长，要求道路的发展必须是跨越式的，以适应运输需求的增长。

2010年，全国公路客运量和旅客周转量将达到240亿人和14 300亿人公里，将分别比2002年增长63%和83%，公路货运量及货物周转量将达到152亿吨和9 800亿吨公里，将分别比现在增长36%和60%；2020年，全国公路客运量和旅客周转量达到365亿人和25 300亿人公里，分别比现在增长1.47倍和2.24倍，公路货运量及货物周转量将达到199亿吨和15 000亿吨公里，分别比2002年增长0.78倍和1.45倍；到2020年，全国公路承担的客运量、旅客周转量、货运量和货物周转量占综合运输总量的比重分别为92%、56%、76%和14%。

3.公路发展目标及规划

(1)发展总目标

①发展目标

按照交通部提出的规划，从社会主义初级阶段交通发展的实际情况来看，交通运输现代化大致需要三个发展阶段，各阶段发展的目标是：

第一阶段。到2010年，从“瓶颈”制约、全面紧张走向“两个明显”，即交通运输的紧张状况明显缓解，对国民经济的制约状况明显改善。

第二阶段。从“两个明显”到基本适应。这个目标到2020年实现，即总体上交通运输能够适应国民经济和社会发展的需要。

第三阶段。从基本适应到基本实现现代化。这个目标要在本世纪中叶达到，这与我国国民经济实现现代化是同步的。届时，我国交通运输的发展水平将进入中等发达国家的行列。

②2010年的目标

公路发展的目标是：到2010年，建成全国公路主骨架，完善干线公路网布局，总里程达到210～230万km，其中高速公路达到5～5.5万km，100%的乡镇和96%的行政村通公路，西部地区基础设施建设取得突破性进展。用5～10年的时间，初步建立科学、高效的现代化公路管理体系，基本建成有效供给与需求相适应的具有可持续发展能力的道路运输经济结构，建立起以安全、高效为特征的与其他运输方式发展相协调的现代化道路运输组织系统。

③2020年的目标

“基本适应”的主要标志是：公路基础设施总体上能够满足社会经济发展的需要，储备能力和应变能力全面提高；道路运输产业结构合理，运输供给与社会需求趋于平衡，基本实现“人便于行，货畅其流”；建成较为完善的综合运输体系，形成全国统一开放、公平竞争、规范有序，并与国际接轨的道路运输市场体系;基本形成由国道主干线和国家重点公路组成的骨架公路网,建成东、中部地区高速公路网和西部地区八条省际公路通道,公路总里程达到260～300万km,其中高速公路7.0万km以上。

④到21世纪中叶的目标

"基本实现现代化"的主要标志是:层次分明、布局合理、结构优化、功能完善的公路基础设施网络全面建成,道路运输的服务水平能够在数量和质量上全面满足社会运输需求;基本实现与资源、环境的协调发展;基础设施及道路运输在能力、布局、结构、服务等方面,可以满足国家经济发展、社会进步和国防安全的需要。届时将形成以安全、快捷、高效为特征的高品质、智能型的道路运输网络,与其他运输方式共同构筑现代化的综合运输体系,基本实现公路交通现代化,达到当时中等发达国家水平。

在这一阶段的战略目标是:要建成层次分明、布局合理、结构优化、功能完善的公路网,把服务水平提高到国际先进水平;公路总里程达到400万km,高速公路形成合理的干线网络,以二级以上高等级公路组成的国道主干线与国家重点公路构成骨架公路网络全面建成;高效率、低能耗的环保型汽车得到广泛使用;客运能够满足旅客个性化的出行需要;货运实现与现代物流有机融合;道路运输的智能化达到当时先进水平。

(2)发展规划及战略

①高速公路网规划

国家高速公路网规划采用放射线与纵横网络相结合的布局方案,形成由中心城市向外放射以及横贯东西、纵贯南北的大通道,由7条首都放射线、9条南北纵向线和18条东西横向线组成,简称为"7918网",总规模约18.5万km,其中:主线6.8万km,地区环线、联络线等其他路线约1.7万km,具体如下:

首都放射线

7条:北京—上海、北京—台北、北京—港澳、北京—昆明、北京—拉萨、北京—乌鲁木齐、北京—哈尔滨。

南北纵向线

9条:鹤岗—大连、沈阳—海口、长春—深圳、济南—广州、大庆—广州、二连浩特—广州、包头—茂名、兰州—海口、重庆—昆明。

东西横向线

18条:绥芬河—满洲里、珲春—乌兰浩特、丹东—锡林浩特、荣成—乌海、青岛—银川、青岛—兰州、连云港—霍尔果斯、南京—洛阳、上海—西安、上海—成都、上海—重庆、杭州—瑞丽、上海—昆明、福州—银川、泉州—南宁、厦门—成都、汕头—昆明、广州—昆明。

此外,规划方案还包括了:辽中环线、成渝环线、海南环线、珠三角环线、杭州湾环线5条地区性环线、2段并行线和30余段联络线。

②我国交通发展战略重点

按照交通对科技的需求,从牵动性、前瞻性、关键性等几个方面,研究提出了今后一个时期交通科技发展的战略重点,主要归纳为以下六个方面。

a.智能化数字交通管理技术。主要研究方向有:智能公路系统、智能航海系统、数字交通标准技术、空间信息应用技术,目的在于改进管理运营手段,提高现有交通网络的通行能力和服务水平,提高公路水路交通的信息化水平,实现智能化的交通运输、数字化的行业管理、人性化的社会服务,并能够最大限度地发挥综合交通的运输服务功能,实现便捷和快速运输。

b. 特殊自然环境下建养技术。主要研究方向有:特殊自然环境条件下公路水路基础设施建养技术、跨江跨海通道建设技术、结构物长期使用性能研究、离岸深水港建设技术、急流险滩航道治理技术、新材料应用技术等。目的在于突破特殊自然环境下的技术瓶颈,提高交通基础设施建设、养护质量,提高交通设施的使用品质和使用寿命,降低工程造价和全寿命成本,扩充能力,缓解压力。

c. 一体化运输成套技术。主要研究方向有:现代物流管理技术、万箱级集装箱一体化运输成套技术、经济区域交通一体化管理技术、多式联运技术。目的在于改善交通服务水平,提高系统运行效率,构筑运输网络、载体、装卸、场站、设施和管理一体化的新型综合运输系统。

d. 交通科学决策支持技术。主要研究方向有:电子政务、决策模型和智能专家咨询系统、现代交通规划技术研究、决策评价方法和技术、运输经济研究。目的在于以计算机技术、仿真技术和信息技术为手段,以模型库系统和智能化的人机系统为主体,达到交通决策分析的数字化、可视化和协调化,实现决策的科学化,为正确宏观决策提供必要的技术支持。

e. 交通安全保障技术。主要研究方向有:交通防灾抗灾技术、道路和水上安全保障技术、设施保安技术、应急处理技术、恶劣气候和海况条件下人命快速搜救和救捞成套技术、超限运输治理技术。目的在于降低交通事故率及伤亡数量,减少经济损失,提高运输系统的安全水平和可靠度,建立一个更安全、更可靠的交通运输系统。

f. 绿色交通技术。主要研究方向有:公路环保技术,交通建设和养护材料再生技术,海上油污染监测、防治和处理技术,内河运输新技术,新一代运输装备、车辆和船舶节能技术等。目的在于缓解中国环境污染和能源短缺的压力,建立一个与自然和社会环境友善和谐、无污染或少污染、土地使用合理、能源消耗适度的绿色交通体系。

思 考 题

1. 如何理解“道路的历史就是人类发展的历史”这一论点?
2. 什么叫古丝绸之路?它的产生对人类经济发展有何影响和作用?
3. 汽车的诞生对陆上交通的意义是什么?
4. 高速公路何时产生?它的出现对道路发展有何影响?
5. 近十年来我国公路建设成就表现在哪些地方?
6. 查阅资料简要归纳我国公路建设新理念的要点和实质。
7. 简述未来道路发展动向的特点。
8. 你对我国公路发展规划目标有何看法?联系自己阐述有何打算?

第五章　道路工程基本知识

第一节　道路的功能及组成

一、道路的功能及特点

1. 名词术语

(1)道路

道路是指供各种车辆(无轨)和行人等通行的工程设施。按其使用特点分为公路、城市道路、林区道路、厂矿道路及乡村道路等。其基本组成部分包括路基、路面、桥梁、隧道、涵洞和各种排水与防护设施等。

(2)公路

公路是联结城市、乡村工矿基地等,主要供汽车行驶,并具备一定技术条件和设施的道路。我国公路根据其交通量及使用任务、性质分为高速公路、一级公路、二级公路、三级公路和四级公路五个技术等级。

(3)城市道路

城市道路是在城市范围内,供车辆及行人通行,并具备一定技术条件和设施的道路。一般具有以下几种功能:①为各种交通服务;②形成城市的结构布局并促进其发展;③为通风、采光等以及保持生活环境提供所需的空间;④为城市防灾提供场地;⑤作为上下水道、煤气、电力、电话等城市公用设施的埋设通道;⑥为沿路建筑物提供前庭场所;⑦为城市绿化提供场地。

(4)厂矿道路

厂矿道路是指主要供工厂、矿山运输车辆通行的道路,通常分为厂外道路、厂内道路和露天矿山道路。厂外道路为厂矿围墙(厂矿区)范围外的道路,包括对外道路、联络道路等。厂内道路为厂矿围墙(厂矿区)范围内的道路(露天矿山道路除外),包括主干道、次干道、支道、车间引道和人行道。露天矿山道路为露天矿山范围内行驶矿山(自卸)汽车的道路与通往附属厂(车间)和各种辅助设施行驶各类汽车的道路。

(5)林区道路

林区道路是指建在林区,主要供各种林业运输工具通行的道路。

2. 道路的功能

道路作为一种基础设施,在使用方面它具有交通、形成国土结构、公共空间、防火和繁荣经济等方面的功能。

(1)道路是交通的基础,是社会、经济活动所产生的人流、物流的运输载体,担负着城市内部和城际之间交通中转、集散的功能,在全社会交通网络中起着“结点”的作用。在通常情况下要求有一个安全、畅通、方便和舒适的道路交通运输体系,在发生火灾、水灾、地震和空袭等自然灾害或紧急情况时,能提供疏散和避险的隧道与空间。

(2)道路是国土结构的骨架,城市道路则是城市建设的基础,城市各类建筑依据道路的走向布置反映城市的风貌，所以城市道路是划分街坊、形成城市结构的骨架。

(3)道路作为公共空间不仅提供交通体系的空间，而且还要保证日照、通风空间、提供绿化、管线布置的场地，并为地面排水提供条件。各种构筑物的使用效益有赖于道路先行来实现。

(4)在道路建设过程中，各项基础设施得以同步进行，随着道路的建成，土地使用与开发得以迅速发展，经济市场得以繁荣，所以健全的道路系统促进经济发展、方便生活。

道路的功能可归纳为如图 5-1 所示的内容。

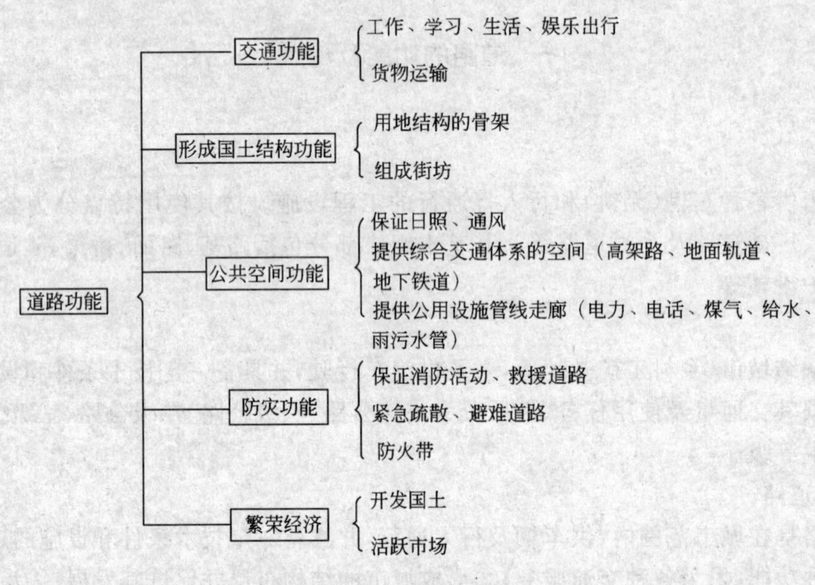

图 5-1　道路的功能

3.道路的基本属性和经济特征

(1)基本属性

道路建设是物质生产。因而它必然具有物质生产的基本属性，即有生产资料、劳动手段和劳动力以及作为物质产品而存在的道路。同时，它又有其本身特有的基本属性。

①社会性。道路分布广，涉及面宽，能使全社会受益，同时也受到各方面的关注和支持。特别是近年来，由于公路运输在促进社会和经济发展方面所发挥的巨大作用，使道路建设受到社会的关注。目前国内诸如“要致富，先修路”、“公路通，百业兴”、“小路小富，大路大富，高速公路快富”等提法就是由这一属性而来。

②商品性。道路建设是物质生产，道路是产品，必然具备商品的基本属性，它既具有商品的价值，又具有使用价值。这一属性是目前发展商品化公路(亦称收费道路)的基本依据。

③灵活性。公路运输与其他运输相比有更大的灵活性，它具有两快(送达速度快、资金周转快)和两少(中转少、损耗少)以及门到门直达运输的特性，能适应客货物流变化和提供多样服务。道路运输的灵活性主要反映在时间上的机动性、运量变化上的适应性以及运送的方便性等方面。

④超前性。道路的超前性主要是指道路的先行作用。道路是为国民经济和社会发展服务的，它作为国家联结工农业生产的链条和经济起飞的跑道，其发展速度应高于其他部门的发展速度。这就是通常所说的“先行官”作用。

⑤储备性。道路建设是资金密集型和技术密集型产业，属于国家基本建设项目。道路建设不仅要满足其修建时通行能力的要求，还要考虑今后一段时间内交通量增长的要求，即要有一定的储备能力。这就要求道路建设之前，必须要有统一的规划、可行性论证、周密的经济和交通调查，加强交通预测以及精心设计等工作，以满足远景发展的需要。

(2)经济特征

道路作为一种特殊的物质产品，它还具有一些经济特征，主要有：

①产品固定，线形工程。道路产品是固定在广阔地域上的线形建筑物，不能移动，这不同于一般的工业生产和建筑业。工业生产一般是生产设备固定，产品从原料到成品在生产过程中流动，而道路与此相反，建筑业虽然也是产品固定，但其产品分布在各点上，而不是线形工程，因此，道路建设的流动空间更大，工作地点更不固定，受社会和自然环境影响大，具有更强的专业性。

②生产和使用周期长。道路的生产周期和使用周期长，通常一条上百公里的道路建成要2～3年的时间，高等级道路还更长，在实施过程中需耗用大量的人力、物力和财力。投入使用后一般使用年限为10～20年，在使用过程中还需进行经常性的养护、维修和管理工作。

③不具备商品形式。道路虽是物质产品，但不具有商品的形式。在商品经济中，一般的产品，都采取商品交换形式，出售后进入消费。而道路建成后，不能作为商品出售，也不存在等价交换的买卖形式，只提供给社会使用，其投资费用通过道路收费(使用道路的收费和养护管理费)和运输运营收费形式来补偿。

④具有特殊的消费过程和消费方式。一般的商品生产与消费在时间和空间上都是分离的，即商品必须成型后，才能运送到市场进行交换和消费。而道路则可边建设、边使用，并在使用过程中边养护、边维修、边改造，生产与消费不可分割，在时间和空间上是重复的。道路在消费形式上，不是一次性，而是多次消费。这就对道路的质量提出了特别高的要求，以确保其多次重复性使用(消费)中车辆的安全、快速、经济、舒适。

⑤道路是作为一个完整的系统发挥其作用，为社会和经济服务的。一条道路由路线、路基、路面、桥涵等各部分组成完整的系统，而一个区域的道路网，则是由许多条道路组成的一个有机的网络系统，这个系统又成为交通运输系统中的一个子系统，这就要求各条道路的修建要统筹规划，相互协调，密切配合，从整体的角度为社会和经济服务。

另外，道路运输与其他运输方式相比，也还有一些弱点，如运量小、运输成本高、油耗和环境污染较大等。

4. 公路运输的特点

(1)机动灵活，适应性强

由于公路运输网一般比铁路、水路网的密度要大，分布面也广，因此公路运输车辆可以“无处不到、无时不有”。公路运输在时间方面的机动性也比较大，车辆可随时调度、装运，各环节之间的衔接时间较短。尤其是公路运输对客、货运量的多少具有很强的适应性，汽车的载重吨位有小(0.25～1t)有大(200～300t)，既可以单车独立运输，也可以由若干车辆组成车队同时运输，这一点对抢险、救灾工作和军事运输具有特别重要的意义。

(2)可实现“门到门”直达运输

由于汽车体积较小，中途一般也不需要转换，除了可沿分布较广的路网运行外，还可离开路网深入到工厂企业、农村田间、城市居民住宅等地，即可以把旅客和货物从始发地门口直接运送到目的地，实现“门到门”直达运输。这是其他运输方式无法与公路运输相比的特点之一。

(3)在中、短途运输中，运送速度较快

由于公路运输可以实现“门到门”直达运输，途中不需要倒运、转乘就可以直接将客货送达目的地，因此在中、短途运输中其客货在途时间较短，运送速度较快。

(4)原始投资少，资金周转快

公路运输与铁、水、航运输方式相比，所需固定设施简单，车辆购置费用一般也比较低，因此，投资兴办容易，投资回收期短。据有关资料表明，在正常经营情况下，公路运输的投资每年可周转1～3次，而铁路运输则需要3～4年才能周转一次。

(5)掌握车辆驾驶技术较易

与火车和飞机驾驶员的培训要求相比，汽车驾驶技术比较容易掌握，对驾驶员各方面素质要求相对也比较低。

(6)运量较小，运输成本较高

由于汽车载重量小，行驶阻力比铁路大9～14倍，所消耗的燃料又是价格较高的液体汽油或柴油，因此，除了航空运输，就是汽车运输成本最高。

(7)运行持续性较差

据有关统计资料表明，在各种现代运输方式中，公路的平均运距是最短的，运行持续性较差。如我国1998年，公路平均运距为55km，货运为57km；铁路客运为395km，货运为764km。随着高速公路的发展，运行的持续性将逐步改善。

(8)安全性较低，污染环境较大

公路运输的事故发生率较高。据历史记载，自汽车诞生以来，汽车已经夺走了3 000多万人的生命，特别是从20世纪90年代开始，死于汽车交通事故的人数急剧增加，平均每年达50多万人。这个数字超过了艾滋病、战争和结核病人每年的死亡人数。汽车所排出的尾气和引起的噪声也严重地威胁着人类的健康，是城市环境污染的最大污染源之一。

5.城市道路的特点

(1)功能多样，组成复杂

城市道路除了交通功能外，还具有多功能性，如上所述的城市结构功能、公用空间功能等。因此，在道路网规划布局和城市道路设计时，都要体现其功能的多样性。另外，城市道路的组成比一般公路要复杂，它除了有机动车道以外，还具有非机动车道、人行道、设施带等，这些都给城市道路的规划、设计增加一些难度。

(2)行人、非机动车交通量大

公路和其他道路在设计中通常主要考虑汽车等机动车辆的交通问题。城市道路由于行人、非机动车交通需求多，必须对人行道、非机动车道作出专门的规划设计。

(3)道路交叉口多

由城市道路的功能已知，它除了交通功能之外，还有沿路两侧开发利用的功能。城市道路是以路网的形式出现的，要实现路网的“城市命脉”功能，频繁的道路交叉口是不可缺少的。以一条干线道路来说，大的交叉口间距约800～1 200m，中、小交叉口则为300～500m，有些丁字形的人口间距可能更短一些。所以，交叉口多是城市道路的又一个明显特点。

(4)沿路两侧建筑物密集

城市道路两侧是建筑用地的黄金地带，道路一旦建成，沿街两侧鳞次栉比的各种建筑物也相应建造起来，以后很难拆迁房屋拓宽道路。因此，还要注意建筑物与道路相互协调的问题。

(5)景观艺术要求高

城市干道网是城市的骨架，城市总平面布局是否美观、合理，在很大程度上首先体现在道路网特别是干道网的规划布局上。城市环境的景观和建筑艺术，必须通过道路才能反映出来，道路景观与沿街的人文景观和自然景观浑为一体，尤其与道路两侧建筑物的建筑艺术更是相互衬托、相映成趣。完善、合理的城市道路网络也从一个侧面体现和反映了城市的文明程度。

(6)城市道路规划、设计的影响因素多

城市里一切人和物的交通均需使用城市道路，同时，各种市政设施、绿化、照明、防火等，无一不设在道路用地上，这些因素，在道路规划时必须综合考虑。

(7)政策性强

在城市道路规划设计中，经常需要考虑城市发展规模、技术设计标准、房屋拆迁、土地征用、工程造价、近期与远期、需要与可能、局部与整体等问题，这些都牵涉到很多有关方针、政策。所以城市产品规划与设计工作是一项政策性很强的工作，必须贯彻有关的方针、政策，尤其是大中城市的道路改扩建工程更存在一个政策问题。

二、道路的工程体系及基本组成

1.道路工程体系

(1)道路工程

道路工程是以道路为对象而进行的规划、设计、施工、养护与管理工作的全过程及其所从事的工程实体。

(2)道路工程体系

道路工程的基本体系由道路的类型、组成内容及研究范围三个方面组成，其内容如图 5-2 所示。

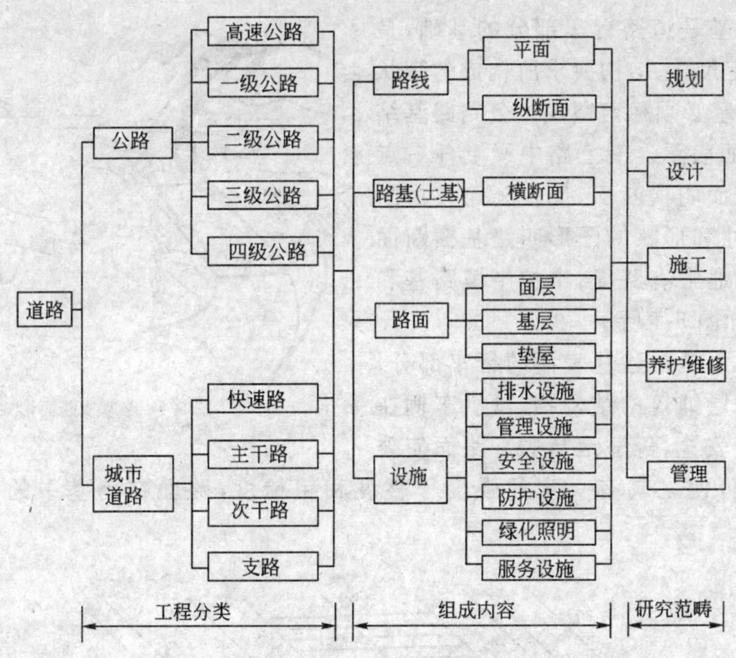

图 5-2　道路工程体系组成框图

2.道路的基本组成

1)公路的基本组成

道路是一种线形工程结构物，它包括线形组成和结构组成两大部分。

(1)线形组成

公路的中线是一条三维空间曲线，叫路线。线形就是指公路中线在空间的几何形状和尺寸。

在道路线形设计中，为了便于确定道路中线的位置、形状、尺寸，我们是从路线平面、路线纵断面和空间线形三个方面来研究路线的，如图 5-3 所示。道路中线在水平面上的投影叫路

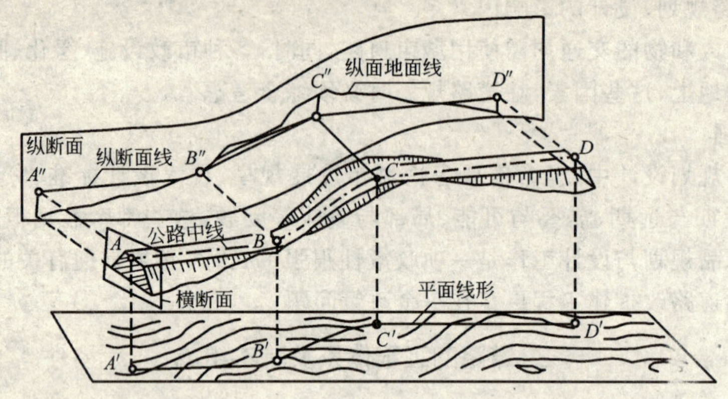

图 5-3　道路的平、纵、横断面

线平面，反映路线在平面上的形状、位置及尺寸的图形叫路线平面图。用一曲面沿道路中线竖直剖切展成的平面叫路线纵断面，反映道路中线在纵断面上的形状、位置及尺寸的图形叫路线纵断面图。空间线形则是指公路平面和纵面线形叠加的三维线形，空间线形通常是用线形组合、透视图法、模型法来进行研究的。

(2)结构组成

①路基。路基是道路行车部分的基础，是由土、石按照一定尺寸、结构要求所构成的带状土工结构物。路基必须稳定坚实。公路路基结构、尺寸用横断面表示。沿公路中线上任一点所作的法向剖切面叫横断面，反映公路在横断面上的结构、尺寸和形状的图形叫路基横断面图。路基横断面通常有路堤、半挖半填路基和路堑三种形式，如图 5-4 所示。

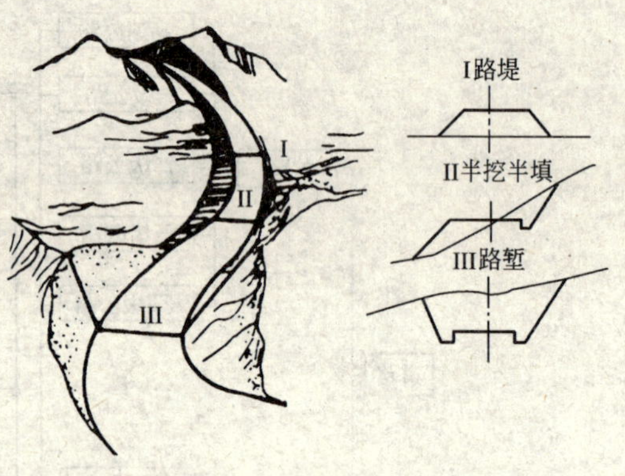

图 5-4　路基横断面形式

②路面。路面是在路基表面的行车部分，是用各种材料分层铺筑的结构物，以供车辆在其上以一定速度安全、舒适地行驶。路面使公路行车部分加固，使之具有一定的强度平整度和粗糙度，路面在路基中的位置如图 5-5 所示。

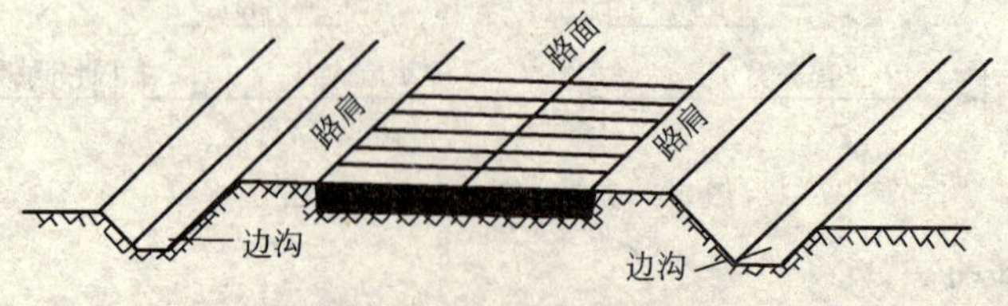

图 5-5　路面在路基中的位置

③桥涵。公路在跨越河流、沟谷和其他障碍物时所使用的结构物叫桥涵。桥涵是道路的横向排水系统之一。

④隧道。隧道是为道路从地层内部或水下通过而修筑的建筑物，由洞身和洞门两部分组成。明挖岩体后修建廊棚式或拱式洞身，再覆土而建成的隧道叫明洞。隧道在公路中能缩短路线里程、避免公路翻越山岭，保证道路行车的平顺性(图 5-6)。

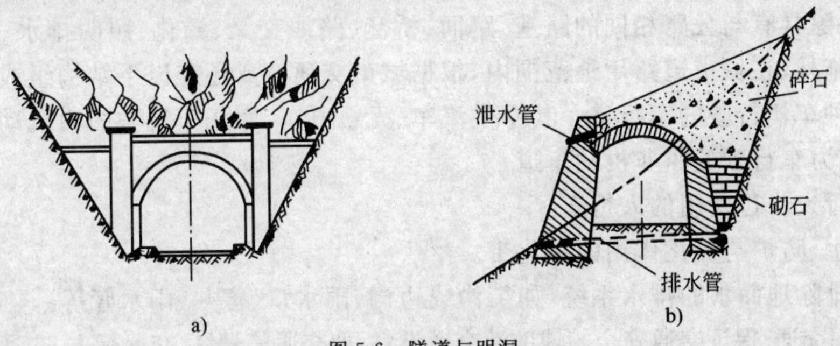

图 5-6 隧道与明洞

a)隧道；b)明洞

⑤特殊构造物。除上述常见的构造物外，为了保证公路连续、路基稳定，确保行车安全，还在山区地形、地质特别复杂路段修建一些特殊结构物，如：悬出路台、半山桥、防石廊、防雪走廊(图 5-7)等。

⑥沿线设施。是道路沿线交通安全、管理、服务以及环保设施的总称，主要有：

a. 交通安全设施，包括跨线桥、地下横道、色灯信号、护栏、防护网、反光标志、照明等，如图 5-8 所示。

b. 交通管理设施，包括道路标志(如指示标志、警告标志、禁令标志等)、路面标志、立面标志、紧急电话、道路情报板、道路监视设施、交通控制设施、交通监视设施以及安全岛、交通岛、中心岛等。

c. 防护设施，包括抗滑坡构造物、防砂棚、挑坝等。

d. 停车设施，指在道路沿线及起终点设置的停车场、汽车停靠站、回车道等设施。

图 5-7 防雪走廊

图 5-8 下陡坡路段的安全及管理设施(实例)

e.路用房屋及其他沿线设施，包括养护房屋、营运房屋、收费所、加油站、服务区休息站等设施。

f.绿化，包括公路分隔带、路侧带、立交枢纽、休息设施、人行道等处的绿化以及道路防护林带和集中的绿化区等。

2)城市道路的基本组成

城市道路除具有与公路相同的路基、路面、桥涵、路线交叉、绿化、照明排水、交通安全、管理、服务等设施外，在城市道路用地范围内，根据城市交通特点还有以下结构组成。

(1)供各种车辆行驶的车行道。其中供汽车、无轨电车、摩托车行驶的叫机动车道；供自行车、三轮车、畜力车行驶的叫非机动车道。

(2)专供行人步行使用的人行道。

(3)起卫生、防护与美化作用的绿化带。

(4)用于排除地面水的排水系统，如街沟或边沟、雨水口、窨井、雨水管等。

(5)为组织交通、保证交通安全的辅助性交通设备，如交通信号灯、交通标志、交通岛、护栏等。

(6)交叉口和交通广场。

(7)停车场和公共汽车停靠站台。

(8)沿街的地上设备，如照明灯柱、架空电线杆、给水栓、电话亭、清洁箱、接线柜等。

(9)地下各种管线，如电缆、煤气管、给水管、污水管等。

(10)在交通高度发达的现代化城市，还建有架空的高速道路(高架路)、人行过街天桥、地下通道、地下人行通道、地下铁道等。

如图 5-9 所示为城市道路横面图。

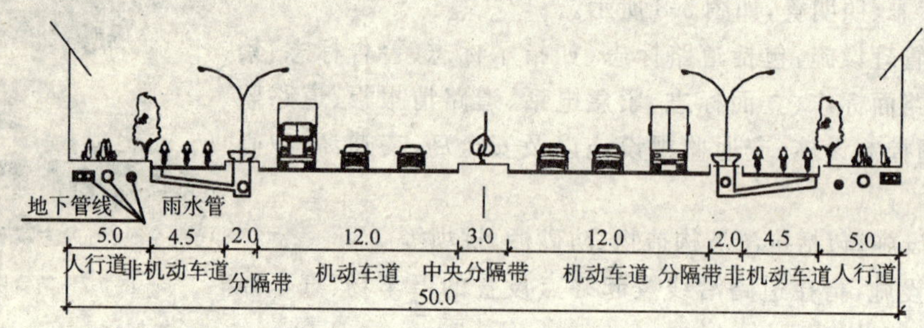

图 5-9 城市道路横断面图

第二节 道路建设的基本程序及各程序简介

一、基 本 程 序

根据我国《公路工程基本建设管理办法》规定，我国公路建设的程序如图 5-10 所示。

二、各建设程序简介

1.道路规划

道路规划是指在一个地区范围内(如全国、省、市、地、县等)，根据该地区的政治、国防、经济、文化、交通现状和发展要求，综合当地自然条件及其他因素，对道路进行的全面布局和规划的工作。

(1)道路规划的意义

道路网规划是道路建设科学管理大系统中决策系统的重要环节，是国土规划、综合运输网规划的重要组成部分。道路网规划属于长远发展布局规划，是制订道路建设中长期规划、编制五年的建设计划、选择建设项目的主要依据，是确保道路建设合理布局，有秩序地协调发展，防止建设决策、建设布局随意性、盲目性的重要手段。

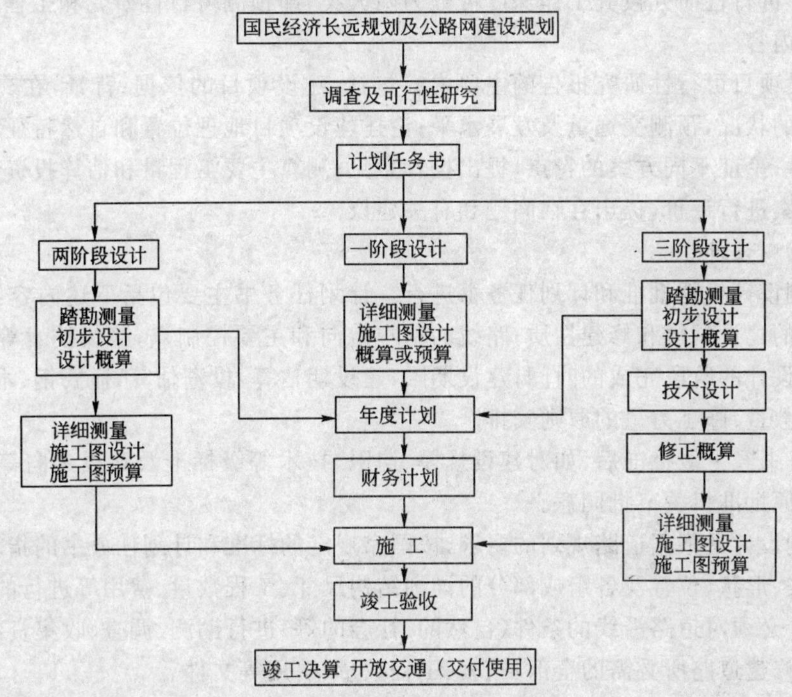

图 5-10 道路建设基本程序

(2)道路规划的任务

①通过调查、勘测和分析，在评价现有道路状况，揭示其内在矛盾的基础上，根据客货流分布特点、发展趋势及交通量、运输量的生成变化特征，提出规划期公路发展的总目标和大布局。

②划分不同路线的性质、功能及技术等级，拟定主要路线的走向、主要控制点，列出分期实施的建设序列，提出确保实现规划目标的政策与措施，科学地预测发展需求，细致地研究合理布局。

(3)道路规划的主要内容

①道路网的现状及其综合评价。全面分析道路发展与社会经济发展的关系，并通过多种方法科学预测客货运输量、交通量的发展水平，分析发展特点，提出发展目标。

②论证公路网发展的总体布局方案，研究不同路线、路段的技术等级、性质与功能、干线的覆盖程度、吸引范围及其相应配套设施，优选出建设重点，推荐最佳建设序列。

③针对公路网规划总目标，提出实施规划存在的问题和需要采取的对策和措施。

2. 道路可行性研究

道路可行性研究是指一种对投资项目在投资决策前进行技术、经济论证的科学方法，是一种在投资前通过调查、分析、研究、推算和比较，选择最小的耗费，取得最佳经济效果的手段。我国国家计委规定，要以可行性研究为基础来确定建设的基本轮廓。这个轮廓概括为工程建设的可否、时期、规模三个基本问题。

(1)任务和分类

①任务。在对地区社会、经济发展及路网状况进行充分调查研究、评价预测和必要的勘察工作的基础上,对项目建设的必要性、经济合理性、技术可行性、实施可能性提出综合的研究论证报告。

②分类。可行性研究按其工作深度可分为两大类,即预测可行性研究和工程可行性研究。

(2)主要内容

道路建设项目可行性研究报告的主要内容包括:建设项目的依据、背景,在交通运输网中的地位,原路的状况,预测交通量及发展水平;论述建设项目地理位置和自然特征,筑路材料来源及运输条件;论证不同方案的特点,提出推荐意见;测算主要工程量和估算投资,进行经济评价;对推荐方案进行评价,提出存在问题和有关建议。

3.道路勘测设计

道路勘测设计根据批准和计划任务书进行。计划任务书主要包括下述内容:建设的依据和意义;路线的建设规模和修建性质;路线的基本走向和主要控制点;路线技术等级和主要技术标准;勘测设计的阶段完成的时间;建设期限,建设期估算,投资估算,需要钢、木、水泥(简称三大材料)的数量;施工力量的原则安排。

计划任务书经上级批准后,如对建设规模、期限、技术等级标准及路线走向等重大问题有变更时,应报原批准机关审批同意。

道路勘测设计是根据道路规划的要求,按国家规定的标准和计划任务书的指示,对一条道路的路线方案、形状、位置及各组成部分的详细结构尺寸、工程数量、费用等进行的设计计算工作。道路设计必须对道路沿线的条件(自然的、社会的等)进行勘测、调查、收集资料,再通过内业设计,完成修建道路所必需的全部图、表、工程数量、费用等文件。

道路设计根据任务、审核和完成资料的不同可分为初步设计、技术设计和施工图设计三个阶段。

4.道路施工

(1)道路施工招投标

①招标

道路施工招标是指道路工程建设单位就拟建道路的规模、道路等级、设计图纸、质量标准等有关条件,公开或非公开地邀请投标人报出工程价格,在规定的日期开标,从而择优选定工程承包者的过程。

②投标

道路工程投标是承包单位在同意建设单位按拟定的招标文件所提出的各项条件的前提下,对招标项目进行报价。投标单位获得投标资料以后,在认真研究招标文件的基础上,掌握好价格、工期、质量、物资等几个关键因素,根据建设单位的要求和条件,在符合招标项目质量要求的前提下,对招标项目估算价格,并在规定的期限内向招标单位递交投标资料,争取"中标",这个过程就是投标。

道路工程建设实行招标承包制,是我国道路建设事业改革的需要。招标投标承包制,不仅在理论上符合商品经济和价值规律的基本原理,且在实践上也证明了可以确保工程质量、缩短建设工期、降低工程造价、提高投资效益、保护公平竞争。

道路工程招标、投标工作,一般可分为三个阶段,即准备阶段、招投标阶段、评标及签订合同阶段。

(2)道路工程监理

①监理的概念

施工监理是指独立的监理受建设单位的委托或派遣,依照国家法律、法规以及有关的技术规范、标准和依法成立的施工合同文件,对工程建设的质量、投资、工期等进行全面的监督与管理的行为。

推行道路工程监理制度,是道路建设管理体制改革的重要内容,是强化质量管理、控制工期和造价、提高投资效益和施工管理水平的有效措施。

②监理工程师的职责

监理工程师的职责主要是计划管理、质量控制、计量与支付、合同管理等。

(3)道路施工的实施

道路施工是将设计的道路在实地具体实施的过程。由于道路是线性工程,工地布设沿线分布,施工的点多、线长,并且施工现场又大多数是露天作业,因而受自然条件的影响较大。道路施工与其他土木工程施工相比较具有更大的复杂性、艰苦性和困难性。

道路施工的主要内容有:

①施工前的准备:包括征地、场地准备以及拆迁、施工测量、材料准备、施工方案和施工组织计划的编制等。

②路基施工:包括路基整修、路基排水及防护施工等。

③路面施工:包括备料、路槽施工、路面基层施工、路面面层施工、路容整修等。

④桥涵施工:包括备料、基坑开挖、基础施工、下部构造施工、上部构造安装、桥面系施工、桥头引道施工等。

⑤隧道及特殊构造物施工。

⑥沿线设施施工。

⑦工程竣工及验收。

道路施工由各地区的公路工程局、处、队(或公路工程公司)等施工机构来完成。对于一些大型工程如特大桥、长大隧道工程,则由专门的专业施工队伍承担。

(4)道路管理

①道路管理的含义

道路管理是一种国家行政行为,它指根据法律、法规或公路主管部门的授权,由公路管理机构及其工作人员,依照有关法规和规章制度,对公路的修建、养护、使用等工作的管理行为,履行组织、领导、决策、调整、监督、检查、处置等行政职责的活动。其实施手段,包括法律的、经济的、行政的、技术的、思想政治的以及政府各部门、社会各方面通力合作进行综合治理等手段。

②公路管理的内容

公路管理的内容,从宏观上广义地讲,包括公路立法、公路建设(包括规划、计划、勘测设计、施工)管理、公路养护管理、公路路政管理、公路交通管理、公路规费征收与使用管理,还有公路人事行政、教育、科研、材料和装备管理等;狭义地讲,公路管理则指公路建成投入使用后的管理,即特指现有公路的使用管理,包括公路养护管理、路政管理、交通管理和规费管理等。

③公路使用管理的基本任务

从微观上讲,公路使用管理的任务是相当庞杂的,它包括公路养护管理、公路规费管理、公路路政管理等方面,而每一方面的工作又都存在着组织管理、计划管理、技术管理、装备管理、材料管理、财务管理、劳动工资管理以及教育、科研、党团工青妇幼等工作方面的管理。

(5)公路养护

①养护的概念

公路建成投入使用后，因反复承受车轮的磨损、冲击，遭受暴雨、洪水、风沙、冰雪、日晒、冻融等自然力的侵蚀，人畜的践踏破坏，以及设计、施工中留下的某些缺陷，必然造成公路使用功能和行车质量的日趋退化、不适应，甚至断绝交通。

为延长公路使用周期，保障畅通，尽量减少和避免由于上述原因给国家和公路使用者带来的损失，并适应交通量增大、重型车增多等新情况，必须本着"预防为主，防治结合"的原则，采取适当的工程技术措施，坚持日常保养，及时修复损坏部分，经常保持公路完好、畅通、整洁、美观，周期性地进行预防和大中修，逐步改善技术状况，提高公路的使用质量和抗灾能力，这就叫做公路养护。

②公路养护的任务

归纳起来，公路养护的基本任务有以下三点。

a. 坚持日常保养，及时修复损坏部分，使公路及其沿线设施的各部分均保持完好、整洁、美观，保障行车安全、舒适、畅通，以提高社会经济效益。

b. 采取正确的工程技术措施，周期性进行大、中修，延长公路的使用年限，以节省资金。

c. 对原标准过低或留有缺陷的路线、构造物、路面结构、沿线设施进行改善或补建，逐步提高公路的使用质量、服务水平和抗灾能力。

③公路养护工作的指导方针：

公路养护工作现阶段的指导方针是全面规划、协调发展，加强养护，积极改善，科学管理，提高质量、依法治路，保证畅通；普及与提高相结合，以提高为主；在整个公路工作中，应把现有公路的养护和技术改造作为首要任务。

第三节　道路的分类、等级及标准

一、公　　路

1. 公路的分类

公路按其重要性和使用性质可划分为：国家干线公路（简称国道）、省干线公路（简称省道）、县公路（简称县道）以及乡道四类。我国公路网组成体系如图 5-11 所示。

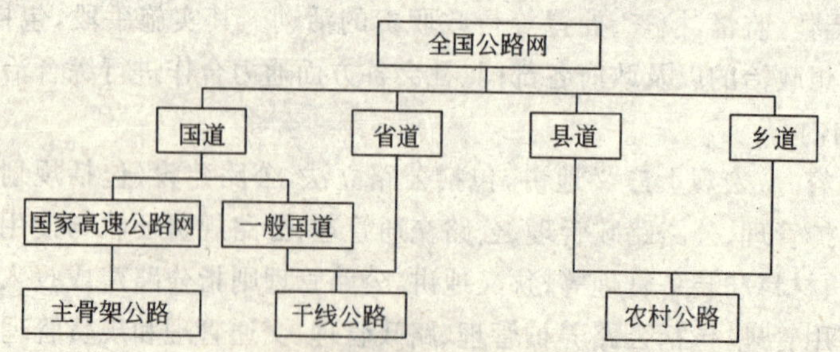

图 5-11　全国公路网的构成

(1)国道指具有全国性政治、经济、国防意义的国家干线公路，包括重要的国际公路、国防公路，联结首都与各省、自治区首府和直辖市的公路，联结大经济中心、港站枢纽、商品生产基地和战略要地的公路。

(2)省道指具有全省(自治区、直辖市)政治、经济意义的省级干线公路,包括联结省内中心城市和主要经济区的公路以及不属于国际公路和国道的省间的重要公路。

(3)县道指具有全县(旗、县级市)政治、经济意义,联结县内主要乡(镇)、主要商品生产和集散地的公路以及不属于国道、省道的县际间的公路。

(4)乡道指主要为乡(镇)村经济、文化、生活服务的公路以及不属于县道以上公路的乡与乡之间及乡村与外部联络的公路。

此外,国家把专线或主要供厂矿、林区、油田、农(牧)场、旅游区、军事要地等与外部联络的公路划为专用公路。

2. 公路等级

公路根据功能和适应的交通量分为以下五个等级。

(1) 高速公路

高速公路为专供汽车分向、分车道行驶,并应全部控制出入的多车道公路。

①四车道高速公路应能适应将各种汽车折合成小客车的年平均日交通量 25 000~55 000 辆。

②六车道高速公路应能适应将各种汽车折合成小客车的年平均日交通量 45 000~80 000 辆。

③八车道高速公路应能适应将各种汽车折合成小客车的年平均日交通量 60 000~100 000 辆。

(2)一级公路

一级公路为供汽车分向、分车道行驶,并可根据需要控制出入的多车道公路。

①四车道一级公路应能适应将各种汽车折合成小客车的年平均日交通量 15 000~30 000 辆。

②六车道一级公路应能适应将各种汽车折合成小客车的年平均日交通量 25 000~55 000 辆。

(3)二级公路

二级公路为主要供汽车行驶的双车道公路。双车道二级公路应能适应将各种车辆折合成小客车的年平均日交通量 5 000~15 000 辆。

(4)三级公路

三级公路为主要供汽车行驶的双车道公路。双车道公路应能适应将各种车辆折合成小客车的年平均日交通量 2 000~6 000 辆。

(5)四级公路

四级公路为主要供汽车行驶的双车道或单车道公路。

①双车道四级公路应能适应将各种车辆折合成小客车的年平均日交通量 2 000 辆以下。

②单车道四级公路应能适应将各种车辆折合成小客车的年平均日交通量 400 辆以下。

(6)公路等级的选用原则

①公路等级的选用应根据公路功能、路网规划、交通量,并充分考虑项目所在地区的综合运输体系、远期发展等,经论证后确定。确定等级应先确定该公路的功能,是干线公路还是集散公路,即属直达还是连接,以及是否需要控制出入等,然后根据预测交通量初拟等级,再结合地形、交通组成等,确定设计速度、路基宽度。

②一条公路可分段选用不同的公路等级或同一公路等级不同的设计速度、路基宽度,但不同公路等级、设计速度、路基宽度间的衔接应协调,过渡应顺适。

③预测的设计交通量介于一级公路与高速公路之间,拟建公路为干线公路时,宜选用高速公路;拟建公路为集散公路时,宜选用一级公路。

④干线公路宜选用二级及二级以上公路。

3.公路工程技术标准

(1)技术标准的内容

公路的技术标准是指对公路路线和构造物的设计和施工在技术性能、几何形状和尺寸、结构组成上的具体要求,把这些要求用指标和条文的形式确定下来即形成公路工程的技术标准。

技术标准是根据汽车的行驶性能、数量、荷载等方面的要求,在总结公路设计、施工、养护和汽车运输经验的基础上,经过调查研究、理论分析制定出来的。它反映了我国公路建设的技术政策和技术要求,是公路设计和施工的基本依据和必须遵守的准则。

我国《公路工程技术标准》(JTG B01—2003)(以下简称《标准》)分总则、控制要素、路线、路基路面、桥涵、汽车及人群荷载、隧道、路线交叉、交通工程及沿线设施等9章,共81条。

(2)技术标准的应用

在公路设计中,掌握和运用技术标准要注意以下几点。

①运用《标准》要合理。采用《标准》要避免走极端,即不要轻易采用极限指标,影响公路的服务性能,也不应不顾工程数量,片面追求高指标,使投资过大、占地增加。

②确定指标要慎重。在确定指标时,要深入实际进行踏勘调查,征询各方面意见,掌握第一手资料,然后根据任务书的要求,结合目前和远景的使用要求,通过比较,慎重确定。如指标定得不当,会直接影响公路的使用效果、工程造价工期。

③在不过分增加工程量的条件下尽量采用较高的技术指标,从而创造较好的营运条件,缩短里程,减少运输成本。

二、城市道路

1.城市道路的等级

按照我国《城市道路交通规划设计规范》(GB 50220—95)规定,我国城市道路分级如下。

(1)小城市

小城市是指城市人口小于5万的城镇,其道路分为干路和支路两级,见表5-1。

小城市道路分级 表5-1

项目	城市人口(万人)	干路	支路
机动车设计速度(km/h)	>5	40	20
	1~5	40	20
	<1	40	20

(2)大、中城市

中城市是城市人口为20~50万的城市,城市人口大于50万为大城市。其道路分级见表5-2。

大、中城市道路分级 表5-2

项目	城市规模与人口(万人)		快速路	主干路	次干路	支路
机动车设计速度(km/h)	大城市	>200	80	60	40	30
		≤200	60~80	40~60	40	30
	中等城市		—	40	40	30

2.各级城市道路的技术条件

(1)快速路

快速路指在城市内修建的具有单向多车道(双车道以上)的城市道路,具有中央分隔、安全与管理设施,车辆出入全部控制并控制出入口间距。快速路是为机动车提供连续流服务的交通设施,是城市中快速大运量的交通干道;快速路的服务对象为中长距离的机动车交通,与城市外主要的高速公路进出口连通,快速集散出入境及跨区的机动车出行。

快速路应为城市中大量、长距离、快速交通服务。快速路主要服务于机动车中长距离的出行,满足车辆连续快速通行的要求。快速路是大城市交通运输的主动脉。因此,快速路两侧不应设置吸引大量车流、人流的公共建筑物的进出口。两侧一般建筑物的进出口应加以控制。快速路对向行车道之间应设中间分车带,其进出口应采用全控制或部分控制。快速路一般为机动车专用路,并且与其他道路相交采用立体交叉,属于不受路口延误的连续交通设施。例如,上海的内环线高架、天津的中环线等属于城市快速路。

(2)主干路

主干路是构成城市主要骨架的交通干道,主要承担中心城区各功能分区之间的交通,与快速路共同分担城市的主要客货交通。

主干路应连接城市各主要分区的干路,以交通功能为主。主干路必须采用机动车与非机动车分隔的形式,如三幅路或四幅路。

(3)次干路

次干路是分布在城市各区域内的地方性干道,沿线可分布大量的住宅、公共建筑停车场地和公交枢纽等服务设施。次干路应与主干路结合组成道路网,起集散交通的作用,兼有服务功能。因此,也是公交线路主要布设的道路。

次干路两侧可设置公路建筑物,并可设置机动车和非机动车的停车场、公共交通站点和出租汽车服务站。

(4)支路

支路以服务功能为主,应为次干路与街坊的连接线。支路是联系次干路和居民区、工业区、商业区、公用设施用的纽带,并且还是划分城市街坊的基本因素,对不同性质的地区提供了良好的交通可达性。

支路作为集散道路,直接服务于不同土地利用上的交通集散,是非机动车交通的主要承担道路。

此外,根据城市的不同情况,还可以规划商、货自行车专用道、货运道路等专用道路。

文化商业大街,沿街有大量的文化商业设施,道路仅为公共交通和行人服务,一般不负担过境交通,且道路仅为沿街单位运输服务,白天禁止货运,这些专用道路属于次干路或支路。

第四节　道路设计控制要素及用地

一、控 制 要 素

设计控制是公路设计应考虑的基本要求,设计控制要素则是反映这些基本要求的具体规定和必要条件。设计控制一般有两种类型,即强制性控制和约定性控制。强制性控制是因方法、环境、安全、经济等原因不得不更改的控制因素和条件;约定性控制是希望予以遵守,可以酌情修改的控制因素和条件。

1.设计车辆

(1)设计车辆的意义

设计车辆外廓尺寸以及行驶于公路上各种车辆的交通组成是公路几何设计中的重要控制因素。在公路设计过程中，“设计车辆”是设计采用的有代表性的车型，其外廓尺寸、载重量和运行性能是用于确定几何设计、交叉几何设计和路基宽度的主要依据。

在道路几何设计中，设计车辆的几何尺寸、质量、性能等直接关系到行车道宽度、弯道加宽、道路纵坡、行车视距、道路净空。因此设计车型的规定及采用对决定道路几何尺寸具有极其重要的意义。

(2)设计车辆的规定

①根据我国行驶车辆的具体情况、汽车发展远景规划和经济发展水平，出于经济和实用考虑，设计车辆的外廓尺寸是按现有车型的尺寸进行统计后，满足85%以上车型的外廓尺寸作为设计标准。在规定设计车辆时也同时考虑了国家标准《道路车辆外廓尺寸、轴荷及质量限值》(GB 1589—2004)对汽车外廓尺寸作的规定，结合公路运输主力车型的外廓尺寸出现频率和结构特征确定。《标准》规定的设计车辆外廓尺寸见表5-3、图5-12。

公路设计车辆外廓尺寸　表5-3

车辆类型	总长(m)	总宽(m)	总高(m)	前悬(m)	轴距(m)	后悬(m)
小客车	6	1.8	2	0.8	3.8	1.4
载货汽车	12	2.5	4	1.5	6.5	4
鞍式列车	16	2.5	4	1.2	4+8.8	2

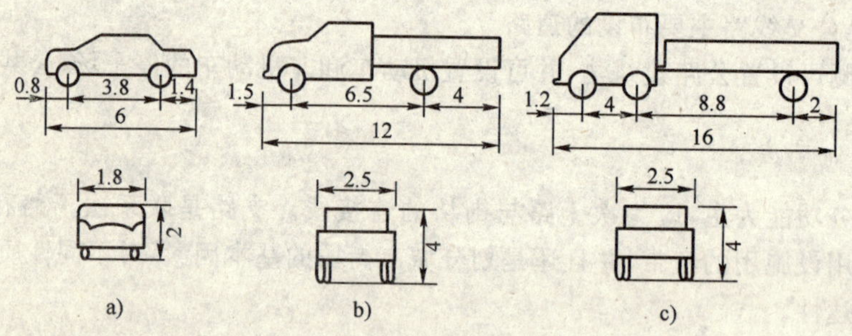

图5-12　公路设计车辆外廓尺寸(尺寸单位:m)

a)小客车;b)载货汽车;c)鞍式列车

②我国城市道路设计车辆

a.机动车设计车辆。我国城市道路机动车设计车辆外廓尺寸见表5-4。

城市道路机动车设计车辆外廓尺寸　表5-4

车辆类型	总长(m)	总宽(m)	总高(m)	前悬(m)	轴距(m)	后悬(m)
小型汽车	5	1.8	1.6	1.0	2.7	1.3
普通汽车	12	2.5	4.0	1.5	0.5	4.0
铰接车	18	2.5	4.0	1.7	5.8+6.7	3.8

注:①总长为车辆前保险杠至后保险杠的距离。

②总宽为车厢宽度(不包括后视镜)。

③总高为车厢顶或装载顶至地面的高度。

④前悬为车辆前保险杠至前轴轴中线的距离。

⑤轴距:双轴车时，为前轴轴中线至后轴轴中线的距离;铰接车时，为前轴轴中线至中轴轴中线的距离及中轴轴中线至后轴轴中线的距离。

⑥后悬为车辆后保险杠至后轴轴中线的距离。

b.非机动车设计车辆。我国非机动车设计车辆外廓参考尺寸见表5-5。

非机动车设计车辆外廓参考尺寸　表5-5

车辆类型	总长(m)	总宽(m)	总高(m)	车辆类型	总长(m)	总宽(m)	总高(m)
自行车	1.93	0.60	2.25	板车	3.70	1.50	2.50
三轮车	3.40	1.25	2.50	畜力车	4.20	1.70	2.50

注:①总长:自行车为前轮前缘至后轮后缘的距离;三轮车为前轮前缘至车厢后缘的距离;畜力车均为车把前端至车厢后缘距离(m)。

②总宽:自行车为车把宽度;其余车种均为车厢宽度(m)。

③总高:自行车为骑车人骑在车上时,头顶至地面的高度;其余车种均为载物顶部至地面的高度(m)。

2.设计速度

(1)设计速度的意义

设计速度是公路设计时确定几何线形的基本要素。它是在气象条件良好、车辆行驶只受公路本身条件影响时,具有中等驾驶技术的人员能够安全、顺适驾驶车辆的速度。因此它与运行速度有密切关系。根据国内外观测研究,当设计速度高时,运行速度低于设计速度;而当设计速度低时,运行速度高于设计速度。这也说明设计速度与运行安全有关。

设计速度是公路设计时确定其几何线形的最关键参数,我国从20世纪50年代起引入了设计车速的概念,作为路线设计的基础指标,根据车辆动力性能和地形条件,确定了不同等级公路的设计速度指标,各级公路按道路标准的差别,从20～120km/h。设计速度一经选定,公路的所有相关要素如视距、超高、纵坡、竖曲线半径等指标均与其配合以获得均衡设计。

(2)设计速度的规定

①公路设计速度

《公路工程技术标准》(JTG B01—2003)规定各级公路的设计速度见表5-6。

各级公路设计速度　表5-6

公路等级	高速公路			一级公路			二级公路		三级公路		四级公路
设计速度(km/h)	120	100	80	100	80	60	80	60	40	30	20

②城市道路设计车速

在城市道路中,由于道路交叉口多,非机动车和行人交通量大,加之城市公交车辆的频繁停靠等因素影响,其实际车辆行驶速度一般不会太高。除城市快速路外,城市道路车速多在60km/h。《城市道路设计规范》(CJJ 37—90)有关各类各级道路设计车速的规定见表5-7。

城市道路设计车速　表5-7

项目 类别	级　别	设计车速(km/h)	项目 类别	级　别	设计车速(km/h)
快速路		80、60	次干路	I II III	50、40 40、30 30、20
主干路	I II III	60、50 50、40 40、30	支路	I II III	40、30 30、20 20

注:①设计车速在条件许可时,宜采用大值。

②改建道路根据地形、地物限制,拆迁占地等具体困难,可选用表中适当等级。

③城市文化街、商业街可参照表中次干路及支路的技术指标。

3. 设计交通量

(1)交通量

指单位时间内通过公路某一断面的车辆数，又叫交通流量。交通量可以年、日或小时计。车辆数量是按各种交通车辆不同折算系数换算成小客车的总和，其单位为辆/d或辆/h。

(2)年平均日交通量 N(双向)

指一年365天内观测交通量结果的平均值，按下式计算：

$$N = \frac{一年内交通量总和}{365}(辆/d)$$

年平均日交通量是计算设计小时交通量的依据，它也是决定路线等级、拟定道路修建时期的主要依据。

(3)设计交通量

预期到设计年限末，用以作为道路设计依据而确定的交通量。有设计年平均日交通量和设计小时交通量。我国《公路工程技术标准》(JTG B01—2003)规定采用设计小时交通量。

(4)设计小时交通量

指预期到设计年限末，用以作为道路设计依据的以1h为单位的交通量。我国《公路工程技术标准》(JTG B01—2003)规定，一般采用第30位小时交通量为设计依据，或根据公路功能采用当地的年第20～40位小时之间最为经济合理时位的小时交通量。

4. 设计通行能力

(1)通行能力概念

各级公路所能适应的年平均日交通量是由公路所具有的通行能力决定的。通行能力是公路所能疏导交通流的能力，反映了在保持规定的运行质量前提下，公路所能通行的最大小时交通量。通行能力的定义是：将一纵向车列的车辆，在前后车之间都保持一定的车头间隔，跟随和匀速、连续行驶的情况下，1h内所能通过某一断面的车辆数，称为一条车道的通行能力，其单位为辆/h。

进行通行能力分析的主要目的是求得在不同运行质量情况下1h内所能通行的最大交通量，亦即求可行道路在指定的交通运行质量条件下所能承担交通的能力。

(2)设计通行能力

设计通行能力指一设计中公路的一组成部分在预计的道路、交通、控制及环境条件下，一条车道或一车行道有代表性的均匀段上或一横断面，在所选用的设计服务水平下，1h所能通过最大车辆数(在混合交通公路上为标准汽车)。

①公路的设计通行能力。高速公路的设计通行能力见表5-8；一级公路的设计通行能力见表5-9；二级公路的设计通行能力为550～1 600辆/h；三级公路的设计通行能力为400～700辆/h；四级公路的设计通行能力小于400辆/h。

高速公路的基本通行能力与设计通行能力 表5-8

设计速度(km/h)	120	100	80
基本通行能力(辆/h/车道)	2 200	2 100	2 000
设计通行能力(辆/h/车道)	1 600	1 400	1 200

一级公路的设计通行能力 表 5-9

设计速度(km/h)	100	80	60
具干线功能的一级公路(辆/h/车道)	1 400	1 200	900
具集散功能的一级公路(辆/h/车道)	850～1 000	700～900	550～700

②城市道路的可能通行能力,见表 5-10。

一条车道可能通行能力 表 5-10

设计速度(km/h)	50	40	30	20
可能通行能力(辆/人)	1 690	1 640	1 550	1 380

5. 设计荷载

(1)公路设计荷载

①汽车荷载

a. 汽车荷载分为公路—I级和公路—II级两个等级。

b. 汽车荷载由车道荷载和车辆荷载组成。车道荷载由均布荷载和集中荷载组成。

c. 桥梁结构的整体计算采用车道荷载;桥梁结构的局部加载、涵洞、桥台和挡土墙土压力等的计算采用车辆荷载。车道荷载与车辆荷载的作用不得叠加。

d. 各级公路桥涵设计的汽车荷载等级应符合表 5-11 规定。

汽 车 荷 载 等 级 表 5-11

公路等级	高速公路	一级公路	二级公路	三级公路	四级公路
汽车荷载等级	公路—I级	公路—I级	公路II级	公路—II级	公路—II级

②人群荷载

公路桥梁设置人行道时,应同时计入人群荷载。

a. 桥梁计算跨径小于或等于 50m 时,人群荷载标准值为 3.0kN/m²;桥梁计算跨径等于或大于 150m 时,人群荷载标准值为 2.5kN/m²;桥梁计算跨径在大于 50m、小于 150m 之间时,可由线性内插得到人群荷载标准值。跨径不等的连续结构,采用最大计算跨径的人群荷载标准值。

b. 城镇郊区行人密集地区的公路桥梁,人群荷载标准值为上述标准值的 1.15 倍。

c. 专用人行桥梁,人群荷载标准值为 3.5kN/m²。

(2)城市道路设计荷载

城市道路车辆设计荷载分为计算荷载、验算荷载和特种荷载三种。前两种与公路的汽车荷载相同。特种荷载包括 1 600kN(160t)特种平板车荷载、2 200kN(220t)特种平板车荷载、3 000kN(300t)特种平板车荷载以及 4 200kN(420t)特种平板车荷载四种,分别叫特—160、特—200、特—300、特—420。特种荷载的整体指标及要求见《城市桥梁设计准则》(CJJ 11—93)。

城市道路人群荷载的规定比较复杂,详见《城市桥梁设计准则》(CJJ 11—93)。

6. 道路建筑限界

道路建筑限界是指为保证车辆、行人通行的安全,对道路和桥面上以及隧道中规定的高度和宽度范围内不允许有任何障碍物的空间界限,又称建筑净空。建筑限界由净高和净宽两部分组成。在道路横断面设计中,道路标志、护栏、照明灯柱、电杆、行道树以及跨线桥的桥台、桥墩等任何部分不得侵入道路建筑限界之内。

二、用 地 范 围

1. 公路用地范围

应根据公路建设的需要，保证公路及沿线设施所必需的用地，也应考虑农业生产等尽可能节约设计和施工用地。

①新建公路路堤两侧排水沟外边缘(无排水沟时为路堤或护坡道坡脚)以外，或路堑坡顶截水沟外边缘(无截水沟为坡顶)以外不少于1m的土地为公路用地范围；在有条件的地段，高速公路、一级公路不小于3m，二级公路不小于2m范围内的土地为公路用地范围。

②高填深挖路段，为保证路基的稳定，应根据计算确定用地范围。

③在风沙、雪害及特殊地质地带，需设置防护林，种植固沙植物，安装防沙或防雪栅栏以及设置反压护道等设施，应根据实际需要确定用地范围。

④行道树应种植在排水沟或截水沟外侧的公路用地范围内，有条件或根据环保要求种植多行林带的路段，应根据实际情况确定用地范围。

⑤桥梁、隧道、互通式立体交叉、平面交叉、交通安全设施、服务设施、管理设施以及料场、苗圃、绿化等工程设施用地应根据实际需要确定用地范围。

⑥公路用地范围内不得修建非路用建筑物，如开挖渠道、埋设管道、电缆、电杆及其他设施。

⑦各种管线设施如与公路交叉或接近时，应符合《公路路线设计规范》(JTG D20—2006)中公路与管线交叉有关条文的规定。

2. 城市道路红线范围

(1)道路红线的定义

城市道路红线是指划分城市道路用地和城市建筑用地、生产用地及其他用地的分界控制线。红线之间宽度即道路用地范围，也可称道路的总宽度或称规划路幅。

(2)城市道路红线规划

规划道路红线是一项划定道路建设与城市建设分界线的重要工作，是关系到城市建设百年大计的问题。红线的作用是控制街道两侧建筑(包括围墙)不能侵入道路规划用地。红线不但是具体道路设计的依据，也是城市公用设施各项管线工程的用地依据。

思 考 题

1. 试分析城市道路和公路有何区别？
2. 为什么说线形是公路两大组成部分之一？试论线形工程的重要性。
3. 什么叫道路可行性研究？其主要内容是什么？
4. 简述公路的类型和等级的基本意义。
5. 各级城市道路的技术条件是什么？
6. 道路设计控制要素有哪些？为什么说这些要素对道路设计具有控制作用？

第三篇 桥 梁 篇

第六章 桥 梁 简 史

第一节 世界桥梁简史

一、世界古代桥梁

1. 桥梁的产生

和道路的发展一样，桥梁的产生也与人类生产和生活紧密相关。从西安半坡村遗址发现有大围沟和如图 6-1 所示的新石器时代半坡村民跨越大围沟的木桥假想图，及浙江余姚河姆渡遗迹中带榫卯的木梁柱，英国伦敦泰晤士河底的墩基，瑞士、意大利的水上桩遗迹等，都是古代桥梁产生推测的依据。

最原始的桥是偶然形成的。大风吹倒大树，凑巧倒在溪沟两岸，自然形成了树桥，如图6-2所示。在大自然的启发下，人们终于创造了最简单的梁式木桥。以后随着石器的使用，人们开始用石料来造桥。如英国在很早的时候就利用整石块修建“拍板桥”，如图 6-3 所示。

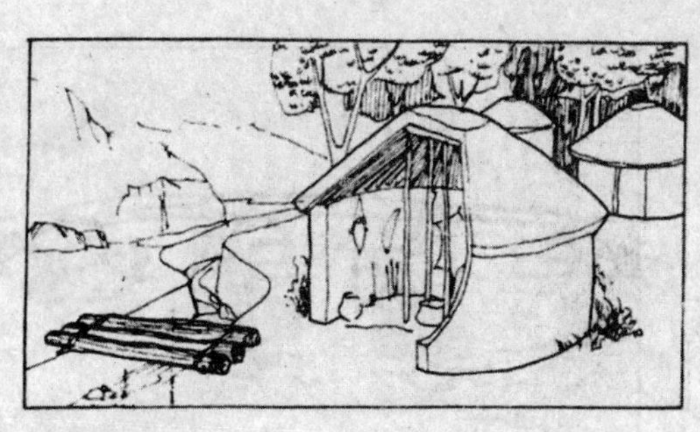

图 6-1 半坡村跨大围沟的木桥假想图

图 6-2 原始的树桥

天然桥是自然形成的，由于大自然的风化、侵蚀和搬运作用，产生岩洞、石林和千姿百态的天生拱桥。天然桥上可通过行人，下可排泄流水，这些都是拱式桥梁构思的雏形。世界最大的天生桥在美国的犹他州，桥高 94m，跨径 84m，拱顶厚 13m，桥宽 10m，如图 6-4 所示。天生桥的出现为后来石拱桥的产生奠定了基础。

悬桥，也是一种古老的桥型。在热带森林环境中，原始人常常要跨越沟谷到对岸寻找食物，有时偶尔利用悬挂两岸树上的树茎藤条，爬上树、扶上藤茎，跨过深谷到对岸。这一新尝试，成为后来悬桥诞生的启蒙，如图 6-5 所示。

图 6-3 拍板桥(英国)

图 6-4 天生桥(美国)

图 6-5 古藤蔓吊桥

梁桥、拱桥和悬桥三种桥的产生是人们在生产实践中模仿自然的智慧创造的结晶。这三种最古老的桥型，一直沿袭到现在，在桥梁工程中广为采用。

桥梁是道路的组成部分。从工程技术的角度来看，桥梁发展可分为古代、近代和现代三个时期。

2. 古代桥梁

在 19 世纪 20 年代铁路出现以前，造桥所用的材料是以石材和木材为主，铸铁和锻铁只是偶尔使用。在漫长岁月里，造桥的实践积累了丰富的经验，创造了多种多样的结构形式。但现今使用的各种主要桥式几乎都能在古代找到起源。

(1)古代早期桥梁(中世纪以前)

①石桥

石料是丰富的天然材料。原始人改良天生桥，首先采用的是石梁(板)结构桥。英国的达特河上，很早就建造了花岗岩石板桥，一直保持至今，如图 6-6所示。该桥石梁长约 4.6m，宽 0.83m，河中有两个石墩。

图 6-6 英国达特河上的古石桥

随着桥梁技术的发展，石板桥开始向节省石料的石梁石柱桥改进，如图 6-7 所示。该桥型最早出现于西班牙，桥型为柱梁式，桥墩用独立大石块或石柱做成。

为了增大桥梁跨度，桥跨改由五块石板组成，构成了五边形石桥，如图 6-8 所示，这是桥梁由梁式体系向拱式体系过渡的开始。

梁式体系向拱式体系转化，这是桥梁史上的一大进步。最早的石拱桥(或砖拱)由石块或砖块叠合而成，如图 6-9a)所示。经过长期实践，人们将石块(或砖)转动，变横砌为竖砌，就形成了现代的拱圈，如图 6-9b)所示，这样的拱不仅受力性能好，而且美丽壮观。

图 6-7　西班牙的石梁石柱桥

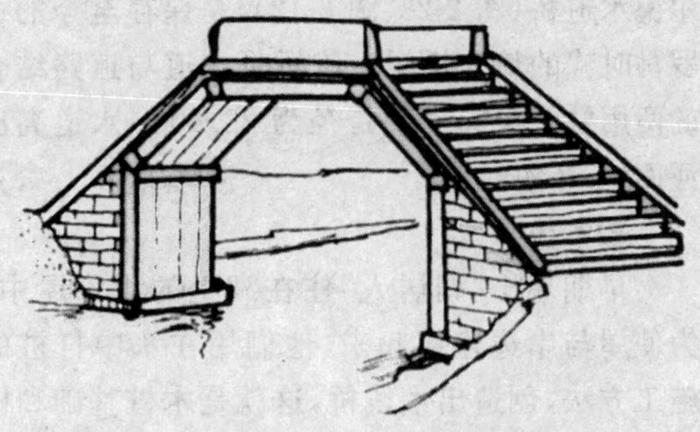

图 6-8　五边形石桥

据考，最早的石拱桥是意大利中部古城的穹形下水道，约在公元前 600 年，可见拱桥至今已有近三千年的历史。

罗马时代，欧洲建造拱桥较多，如公元前 200～公元 200 年在罗马台伯河建造了 8 座石拱桥，罗马时代拱桥多为半圆拱，跨径小于 25m，墩很宽，约为拱跨的三分之一，图 6-10 所示为罗马时代建造的列米尼桥示意图。

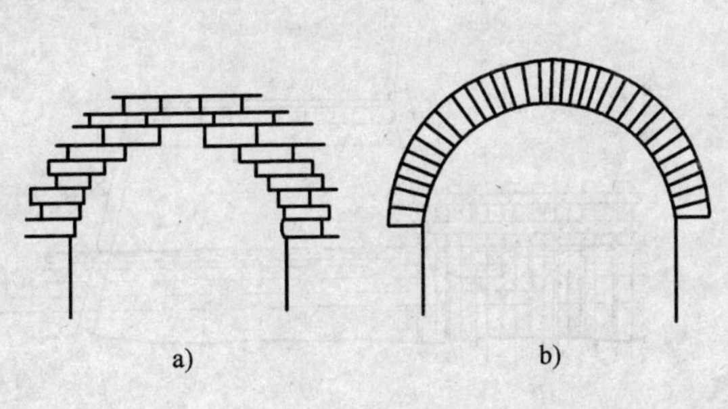

图 6-9　叠合的拱桥

图 6-10　罗马时代列米尼桥

图 6-11 所示是意大利时代的法布里西奥桥，建成于约公元前 62 年，是世界上较早的割圆桥，跨径 24.4m，在两个拱之间的桥墩上插入小拱，以节省材料。

图 6-11　意大利时代的法布里西奥桥

位于法国南部，建于公元前 63～13 年的加尔德水道桥（图 2-28、图 6-12），是保存至今的古罗马时代的最大桥梁。该桥是水道与道路结合的两用桥。半圆拱的跨径为 22.40m，水道高出河面达 47.40m。

②木桥

早期瑞士“湖居人”住在湖上的小木屋中，为使屋与岸边连接起来，他们用在水中打桩的施工方法，创造出木栈桥，这就是木桩基础和桁梁的始祖，如图 6-13 所示为湖居木屋及木栈桥，这是早期的木桥。

图 6-12　法国加尔德水道桥

在公元前 2000 多年前，巴比伦曾在幼发拉底河上建石墩木梁桥，其木梁可以在夜间撤除，以防敌人偷袭。在罗马，恺撒曾因行车需要，于公元前 55 年在莱茵河上修建一座长达 300 多米的木排架桥，如图 6-14 所示。在瑞士卢塞恩至今保存着两座中世纪式样的木桥：一是 1333 年始建的教堂桥，一是 1408 年始建的托滕坦茨桥。这两座桥都是桥屋，顶棚有绘画。在早期，木桥多为梁桥，如秦代在渭水上建的渭桥，即为多跨梁式桥。木梁桥跨径不大，伸臂木桥可以加大跨径，图 6-15 所示为木悬臂桥的示意图。

图 6-13　瑞士“湖居人”的木栈桥

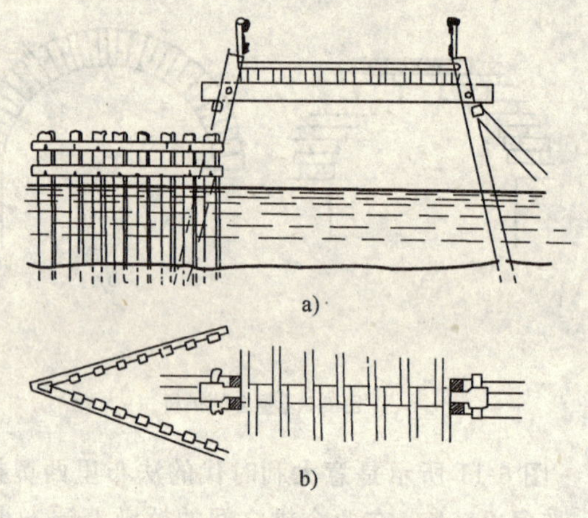

图 6-14　恺撒木桥示意图

a)横断面；b)平面示意

随着建桥技术的提高，为了增大跨度，以后又出现了八字撑木桥和拱式撑架木桥。16 世纪意大利的巴萨诺桥即为八字撑架结构，如图 6-16 所示。

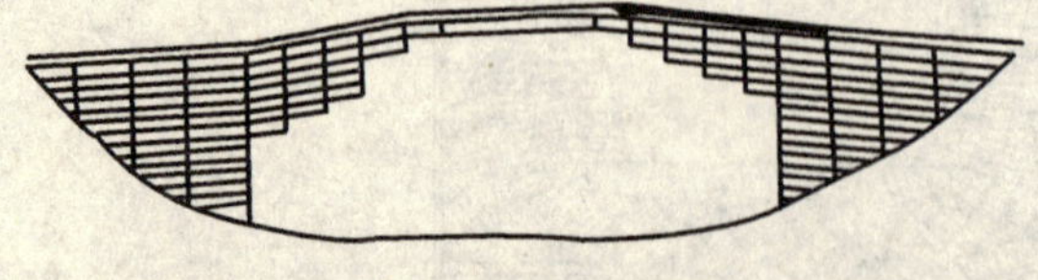

图 6-15　木悬臂桥示意图

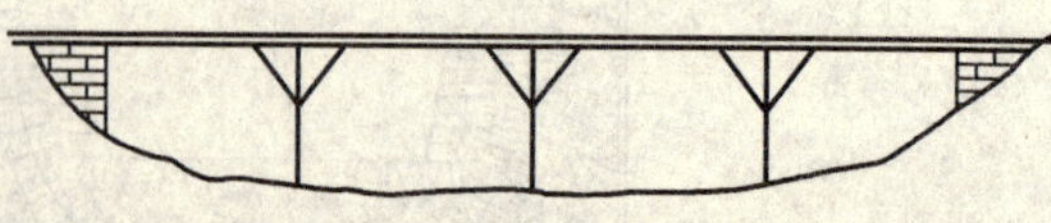

图 6-16　八字撑架木桥示意图

木拱桥（图 6-17）出现较早，公元 104 年后在匈牙利多瑙河建成的特拉杨木拱桥，共有 21 孔，每孔跨径 36m。日本在岩国锦川河修建的锦带桥为五孔木拱桥，建于公元 300 年左右，是中国僧戴曼公独立禅师帮助修建的。

18世纪末至19世纪初的30～40年，美国盛行建有屋盖(保护木结构)的大木桥。1815年在宾夕法尼亚州建成的跨越萨斯奎汉纳河的麦尔渡口桥，跨度达到110m，堪称空前。

③几座有特色的古代桥梁

a.波斯的舒斯托桥。如图6-18所示，该桥为砖砌尖拱，为特长桥梁，混凝土墩台，外贴石拱分水尖，共计41孔，跨径8m，全桥长516.4m，为曲线桥。该桥建于公元前5世纪。

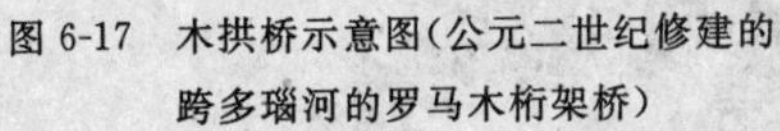

图6-17　木拱桥示意图(公元二世纪修建的跨多瑙河的罗马木桁架桥)

图6-18　舒斯托桥

b.波斯的提斯孚尔桥。如图6-19所示，该桥为石拱结构，有23孔，跨径7m，全长383m。主拱采用尖拱形式，墩上有半圆小拱。据考，建于公元前400～前350年。

c.门特罗克尔斯修建的浮桥。如图6-20所示，大约公元前500～前400年，波斯帝国为战争需要开始修建浮桥，该桥横渡宽920m的博斯普鲁斯海峡，这是世界上第一座浮桥，也是历史上罕见的军事桥。

图6-19　提斯孚尔石拱桥

图6-20　门特罗克尔斯修建的浮桥

(2)中世纪桥梁

①发展概况

中世纪(约公元900～1368年)的西方生活中有两件大事：一是战争；二是宗教。这种历史的痕迹也明显的反映在桥梁上，因此，这一时期的桥梁既为军用，又为宗教祈祷之用。如桥上设有保卫塔、防御墙、狭窄的桥段、战争的纪念建筑物和桥台式重型墩等都反映了长期封建战争的特征。有的在桥上雕塑十字架、桥头塑圣像、桥上设教堂，反映人们对基督教的信仰。如法国阿维尼翁桥，桥上就设有小教堂，桥最宽为4.88m，最窄段仅1.98m，如图6-21所示。又如法国的瓦伦梯桥是中世纪杰出的军事桥，桥上建有城堡，作为战争防御所用，该桥建于公元1308～1355年，如图6-22所示。

这一时期的建桥技术还十分重视建筑艺术，牧师、科学家、艺术家都成了桥梁专家，他们建造出许多精细优美的艺术桥梁，其中有名的是法国塞纳端部的纳夫桥。该桥建于公元1578～1607年，由杰克、昂格·夏布利尔等人修建，桥宽20.8m，全桥有7孔，最大跨径19.6m，全长150m，桥上的艺术装饰十分精美，如图6-23所示。

图 6-21　法国阿维尼翁桥

图 6-22　法国瓦伦梯桥

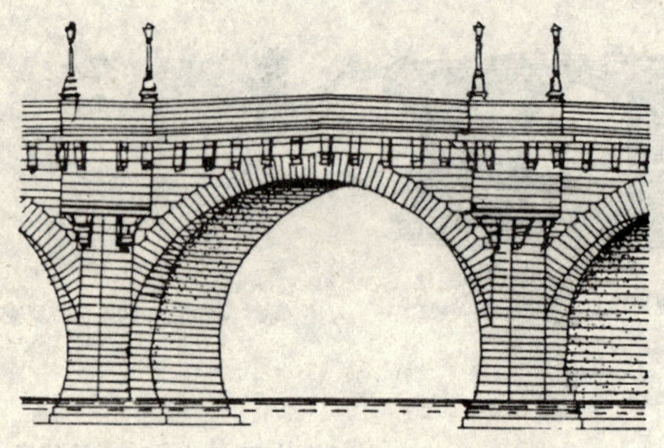

图 6-23　法国纳夫桥

在这时期，桥梁史上最有贡献的是发明了桁架，桁架的出现使梁式桥的跨度随之增加。1520 年出版的名著《建筑四书》宣称桁架的优点是：建桥经济、跨径增大、可用短梁等。

1824 年罗马人用石灰、黏土、赤铁矿混合煅烧发明了水泥，这一发明对桥梁建筑起到巨大的推动作用，使建桥由天然材料转向人造材料，并一直沿用至今。同时，1861 年已有钢筋混凝土计算的理论著作，之后在 1867 年法国发明了钢筋混凝土，1875～1877 年蒙耶建成了世界第一座人行钢筋混凝土桥。

1747 年世界上历史最悠久的巴黎路桥学校创办，创立了世界路桥教育的开端。

②中世纪几座有代表的桥梁

a. 意大利维希和桥。该桥建于 1177 年，桥为三跨圆弧拱，跨径分别为 27.8m、29.2m 和

27.8m,矢高 5.8m,桥总宽 32m,墩厚 6.1m。桥两侧设有珠宝店,中间顶层为人行道,由文艺复兴巨匠之一的建筑师加迪设计。

b.旧伦敦桥。该桥有 19 孔,拱圈为尖拱,设有一活动孔,桥长 286.7m,桥面宽 3.66～6.1m,桥上建有两道门和中墩东侧的小教堂。该桥约建于 16 世纪以前,工期 33 年,如图 6-24 所示。

图 6-24　旧伦敦桥

c.奈雷特瓦河桥。该桥位于南斯拉夫托斯达尔附近,横跨奈雷特瓦河,为单孔石拱桥,跨径27.3m,拱顶高出水面 19m。桥梁立体与桥头的古堡式建筑,在景观上十分美观,桥建于 1566～1576 年,由土耳其建筑大师锡南设计建造,如图 6-25 所示。

图 6-25　奈雷特瓦河桥

d.瓦朗特尔桥。1308～1355 年,在法国卡奥尔建成瓦朗特尔桥,该桥为 6 孔,跨径 16.5m,上设有军用的箭楼 3 座,至今屹立无损,如图 6-26 所示。

二、近现代桥梁

随着现代桥梁设计理论的不断发展和新材料、新工艺、新技术的不断进步以及计算机的应用,20 世纪初以来,桥梁建设有了很快发展。许多大跨、高墩、结构新颖、施工技术先进、造型美观的新桥型,如雨后春笋般不断出现。下面对近几十年建设的各类名桥作一简要介绍。

图 6-26 法国瓦朗特尔石拱桥

1. 拱桥

(1)石拱桥

这是一种古老的桥型,近几十年来在跨越能力上有很大提高。早在1903年德国的普劳恩石拱桥就开创了跨径90m 的纪录,如图6-27所示。这是当时国外最大跨径的石拱桥。

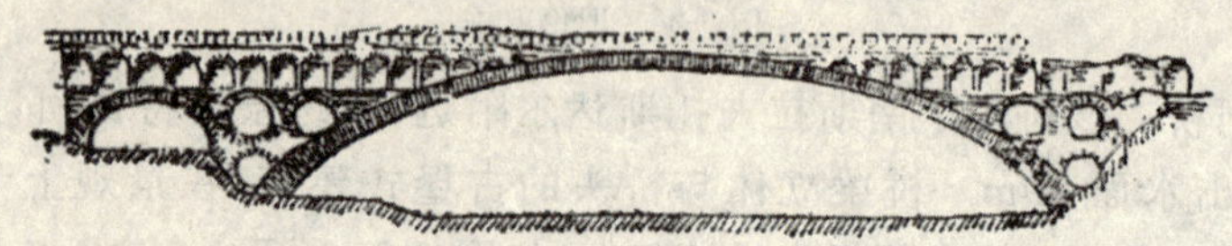

图 6-27 德国普劳恩石拱桥

(2)混凝土拱桥

1824 年,水泥发明后,混凝土拱桥有较大发展,1850～1865年法国自瓦奈用混凝土建输水桥后创造了现代混凝土桥的开端。最大跨径的混凝土拱桥为德国曼海姆桥,达112m。另外,意大利的罗马桥(建于1911年),跨径为100m;法国的赛特桥(建于1949年),跨径108m,这些都是有名的大跨混凝土拱桥。

1848 年美国在宾夕法尼亚建斯塔罗卡栈桥,以石工为主,混凝土做墩基,是美国混凝土拱桥的开始。

那时混凝土拱各国都有建造,如德国曼海姆桥,跨径112m,意大利罗马桥(1911),跨径100m,美国有斯波坎桥、克利夫兰桥、费城桥等,跨径分别为86m、85m、70.7m。由于钢筋混凝土问世,不久被淘汰。

(3)钢筋混凝土拱桥

1796 年英国丁·派克用泥灰岩烧制成水泥,命名为罗马水泥。随后1867年,法国丁·蒙列首次创造钢筋混凝土并获得专利,开始了桥梁建筑的新阶段。

1875～1877 年法国建成世界第一座钢筋混凝土桥,桥长仅16m,宽3.96m。

第一座钢筋混凝土拱桥诞生于1898年,是赫尼别克设计的夏特罗桥,跨径为52.4m。随后钢筋混凝土拱桥的跨度记录不断被刷新。在 20 世纪 20 年代初最大跨度为100m,其后则有:1930年建成的法国普卢加斯泰勒桥,13 孔,净跨为171.7m;1934年建成的瑞典斯德哥尔摩特兰贝里公路桥,跨度178.4m;1939年建成的西班牙埃斯拉铁路桥,净跨192.4m;1943年建成的瑞典桑德桥,跨度264m。

1979 年在南斯拉夫克拉克修建的克尔克桥,创当时钢筋混凝土拱桥跨径世界最高纪录,跨径达390m,其形式如图6-28所示。1964年澳大利亚悉尼港柏拉马塔河桥跨径305m,居世界第二。

1983年在南非开博建成布鲁克朗桥（图6-29），该桥用塔架斜拉索法施工，桥梁飞跨深谷，造型十分优美。以后由于钢筋混凝土拱桥支架、模板施工复杂、耗劳力多、造价高，近几年已较少采用。

图 6-28　南斯拉夫克尔克桥

图 6-29　布鲁克朗桥（南非）

(4)钢拱桥

过去拱桥，系用砖、石、木料等建造。1735年英国人达比发明用焦炭熔铁的铸造方法，煤代替木炭，廉价生产铸铁，所以改用铸铁试建拱桥。1784年英国人柯尔特发明用煤炼锻铁以及搅炼和碾轧方法，创建世界上第一座轧制厂，生产锻铁，以后用锻铁造桥。

最早的钢桥是用铸铁制造的。1779年在英国建成第一座铸铁拱桥，如图6-30所示，叫煤溪谷桥。该桥跨径为30.65m，矢高13.72m。

图 6-30　世界第一座铸铁桥（英国）

以后逐渐改用锻铁制造。最早的锻铁桥是 1887 年葡萄牙的皮亚·马里亚桥，跨径达到160.13m（图6-31），以后1885年法国的加拉比桥又提高到165m，桥面高出水面123.8m，为世界最高的铁拱桥。

世界第一座钢拱桥，建于 1868～1874 年，为跨越密西西比河的美国圣路易市桥，由工程师依芝设计，跨径为158.6m。世界跨径最大的钢拱桥是美国西弗吉尼亚州的新河谷桥，其跨径为518m，桥高在水面上268m，如图6-32所示。

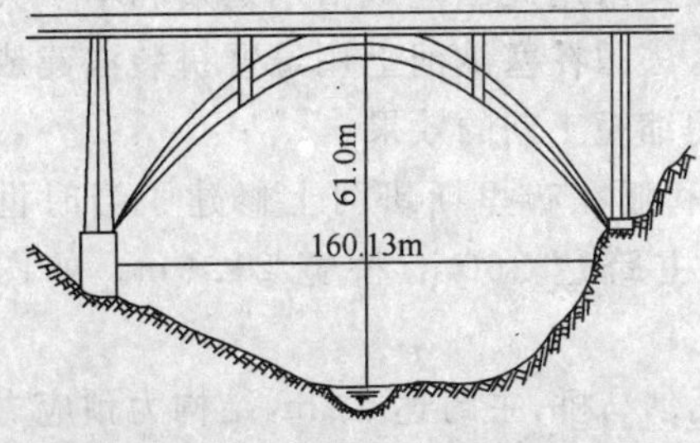

图 6-31　世界第一座锻铁桥（尺寸单位：m）

图 6-32　世界最大跨径钢拱桥（美国新河谷桥）

国外大跨径拱桥见表 6-1。

国外大跨径拱桥 表 6-1

序号	桥　名	主跨(m)	拱　肋	桥　址	年　份
1	新河谷桥	518.2	钢桁架	美国	1977
2	贝永桥	504	钢桁架	美国	1931
3	悉尼港湾桥	503	钢桁架	澳大利亚	1932
4	克尔克 1 号桥(KRK-1)	390	混凝土钢箱拱	前南斯拉夫	1980
5	弗里芝特桥	383	钢拱	美国	1973
6	曼港夫桥	366	钢拱	加拿大	1964
7	塔歇尔桥	344	钢拱	巴拿马	1962
8	拉比奥莱特桥	335	钢拱	加拿大	1987
9	郎克恩桥	330	钢拱	英国	1961
10	慈达可夫大桥	330	钢拱	捷克	1967
11	伯钦诺夫桥	329	钢拱	津巴布韦	1935
12	罗斯福湖桥	329	钢拱	美国	1990
13	大三岛桥	328	钢箱拱	日本	1979
14	格莱兹维尔桥	305	混凝土拱	澳大利亚	1964
15	艾米赞德桥	290	混凝土拱	巴西	1964
16	布洛克兰斯桥	272	混凝土拱	南非	1983
17	阿拉比达桥	270	混凝土箱拱	葡萄牙	1963

2. 梁桥及刚构桥

(1)钢筋混凝土及预应力混凝土梁桥

钢筋混凝土梁桥跨度进展缓慢,跨度记录只达到78m(1939年建成的法国跨越塞纳河的老维勒讷活—圣乔治桥)。前苏联于1937年在列宁格勒修建沃洛达尔斯基桥时,用浮运法架设两跨各101m 的无推力钢筋混凝土拱、梁组合梁桥。

1886 年,美国 P·H 杰克逊首次应用预应力混凝土做建筑构件,从此开始了预应力混凝土桥梁的历史。

早在 1936 年,德国曾在奥厄修建一座采用无黏结钢筋的预应力混凝土桥,主跨69m,但未取得预期成效。法国弗莱西奈在深入研究预应力混凝土性能和张拉、锚固工艺的基础上,在第二次世界大战后缺乏木材和钢筋的条件下,于1946 年在吕藏西用预应力钢筋将预制的混凝土梁段串连成整体,不用支架,只用临时塔索,在马恩河上建成跨度55m 的双铰刚架桥;在1946～1950年,又按同样做法,在埃斯布利等地建成跨度74m 的桥 5 座。前联邦德国于1950年在巴尔杜因施泰因的兰河修建主跨为62m 的预应力混凝土桥,使用巴西在1930年未取得成效的悬臂灌筑法取得成功,在1952年及1964年,前联邦德国又采用此法建成活尔姆斯和本多夫桥,其主跨分别达到114.2m 及208.0m。1962～1964 年,法国在塞纳河上用悬臂拼装法建成分跨为34.8m+61.4m+34.8m 的预应力混凝土桥并取得缩短工期的效果。

大跨径梁桥,一般多为预应力结构。1985 年澳大利亚在布里斯班河上修建了当时世界第一大跨的钢筋混凝土预应力连续梁桥门道桥,主跨达 260m,桥宽 21.9m。如图 6-33a)所示。

目前世界跨度最大的梁桥为挪威 1998 年修建的斯托尔马桥,主跨达301m,结构为预应力混凝土连续刚构,如图 6-33b)所示。

a)

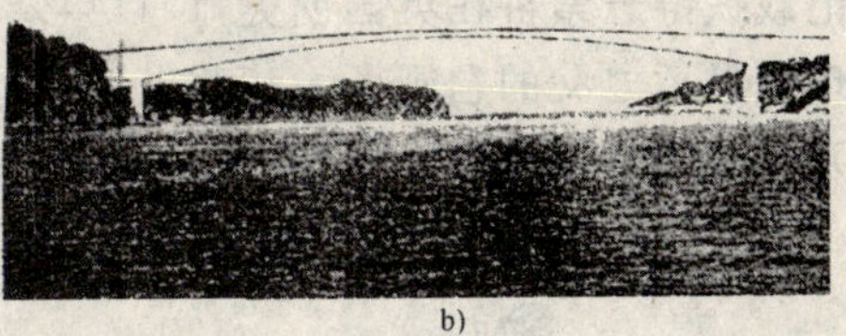

b)

图 6-33　钢筋混凝土梁桥及刚架桥

a)澳大利亚门道桥；b)挪威斯托尔马桥

大跨度的国外钢筋混凝土梁桥详见表 6-2。

国外的预应力混凝土梁桥　　表 6-2

序号	桥　名	主跨(m)	结构形式	桥　址	年　份
1	斯托尔马桥	301	连续刚构	挪威	1998
2	拉脱圣德桥	298	连续刚构	挪威	1998
3	亚松森桥	270	三跨 T 构	巴拉圭	1979
4	门道桥	260	连续刚构	澳大利亚	1985
5	代罗德 2 号桥	260	连续梁	挪威	1994
6	Schottwien 桥	250	连续刚构	奥地利	1989
7	Doutor 桥	250	连续刚构	葡萄牙	1991
8	斯克夏桥	250	连续刚构	英国	1995
9	Confederation	250	带挂梁 T 构	加拿大	1997
10	科罗巴普图瓦普桥	241	有铰 T 构	美国太平洋托管区	1977
11	滨名大桥	240	有铰 T 构	日本	1976

(2)钢梁桥

钢梁桥比钢筋混凝土梁桥有更大的跨越能力，但用钢量较多，费用也较高。钢梁多做成箱形，故又叫钢箱梁桥。早在 1948 年，前联邦德国建成科隆—多伊兹桥，这是世界第一座钢箱梁桥，主跨径184.45m。1974 年在巴西里约热内卢建成跨越瓜纳巴拉海湾的科斯塔·席尔瓦大桥，其长度和跨度居世界第一。该桥全长13.6km，其中有8 776m 在海面上，中间三跨为连续钢箱梁，路径为200m＋300m＋200m。

(3)钢桁梁桥

钢桁梁桥主要受力构件是由单个钢构件按三角形连接组成的桁架。由于杆件组成三角形，其造型美观、传力明确、用料经济、施工拼装简便。早在1844年，卡莱伯·普拉德就设计建造了世界一座钢桁桥。以后，1917年在加拿大修建的第二魁北克铁路桥，如图 6-34 所示，主跨548.78m，居世界之首。1972年日本在大阪建成南港桥，主跨径为510m，公路和铁路两用，是世界最大跨径的公路钢桁梁桥。

图 6-34　魁北克铁路钢桁梁桥(加拿大)

3. 悬索桥(又叫吊桥)

悬索桥是最能充分发挥钢材优越性能的一种桥型,是所有桥型中跨越能力最大的一种桥型。据记载铁链悬索桥在英国创史,1741年修建了跨径为21.34m的悬索桥。随后1801年,由被称为现代悬桥之父的詹姆斯·芬莱设计建造的雅各布涧桥。1834年瑞士在弗里堡附近建成跨越萨乃深谷的吊桥,其形式壮观优美,如图 6-35 所示。

图 6-35 瑞士萨乃深谷吊桥(1834 年)

1844 年俄国克培捷和索布科在圣彼得堡跨涅瓦河修建的吊桥,别具一格,塔架设在河中,两跨达114.5m,如图 6-36 所示。1981年英国在恒比尔河口建成世界最大跨径的吊桥恒比尔桥,最大主跨为1 410m,共三跨,两侧岸跨分别为280m 和530m,如图 6-37 所示,居当时世界上所有桥梁跨径之冠,钢筋混凝土塔架高达153m。

图 6-36 俄罗斯圣彼得堡涅瓦河悬索桥(1844 年)

值得注意的是,吊桥的跨径还在逐渐增大,日本 1998 年建成的明石海峡大桥,主跨径达1 991m,如图6-38所示,为公路、铁路两用吊桥。丹麦1994年建成的大贝尔特大桥,主跨度为1 624m。国外有专家认为,吊桥跨径超过2 000m 时较为经济,正在新桥上试验设计。

图 6-37 英国恒比尔桥(1981 年)

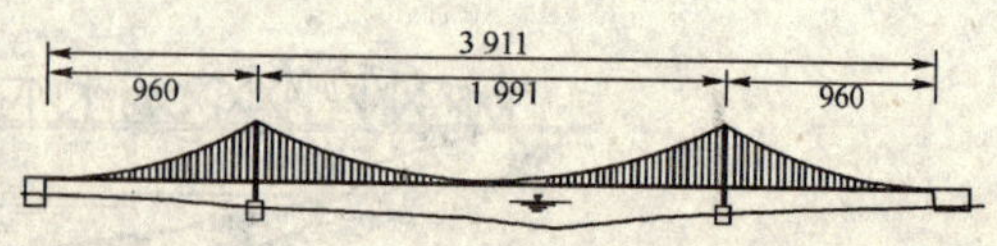

图 6-38 日本明石海峡大桥(1998 年)(尺寸单位:m)

国外大跨径悬索桥见表 6-3。

国 外 的 悬 索 桥 表 6-3

序号	桥 名	主跨(m)	主 梁	桥 址	年 份
1	明石海峡大桥	1 991	钢桁梁	日本	1998
2	大贝尔特东桥	1 624	钢箱梁	丹麦	1998
3	恒比尔桥	1 410	钢箱梁	英国	1981
4	维拉扎诺桥	1 298	钢桁梁	美国	1964
5	金门大桥	1 280	钢桁梁	美国	1937
6	霍加大桥	1 210	钢箱梁	瑞典	1997
7	麦金内克桥	1 158	钢桁梁	美国	1957

4. 斜拉桥

斜拉桥是近年来发展较快、最引人注意的一种现代化桥梁。它是利用高强缆索,通过塔架将梁支承起的一种梁索组合结构。它具有经济、美观、跨越能力大的优点。

早在意大利文艺复兴时期的 1617 年,福斯图斯·维兰狄斯就有斜拉梁桥的构思,如图 6-39所示,据传这座桥仅有设计并没修建。

1784 年,法国提出 Holz 木斜拉桥的设计,跨度达 23m,如图6-40所示。

图 6-39 斜拉桥图(意大利 1617 年)

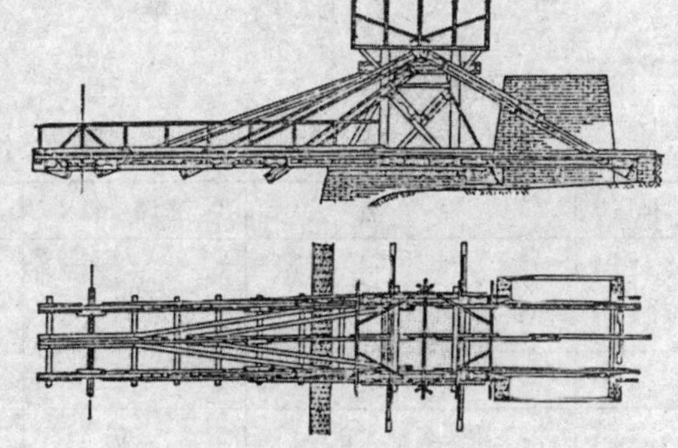

图 6-40 Holz 木斜拉桥(法国 1784 年)

1821 年,法国修建了 Poyet 斜拉桥,为最早的双塔斜拉桥,如图 6-41 所示。

1824 年,法国在 Saale 河上创建独塔斜拉桥,跨径为 78m,塔高14.5m,桥宽7.4m,如图 6-42所示。

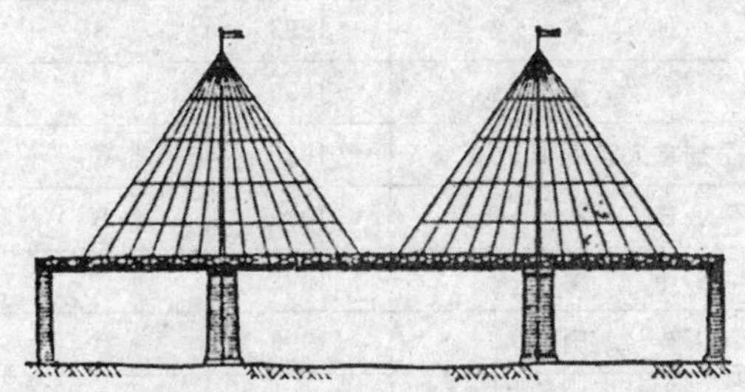

图 6-41 Poyet 斜拉桥(法国 1821 年)

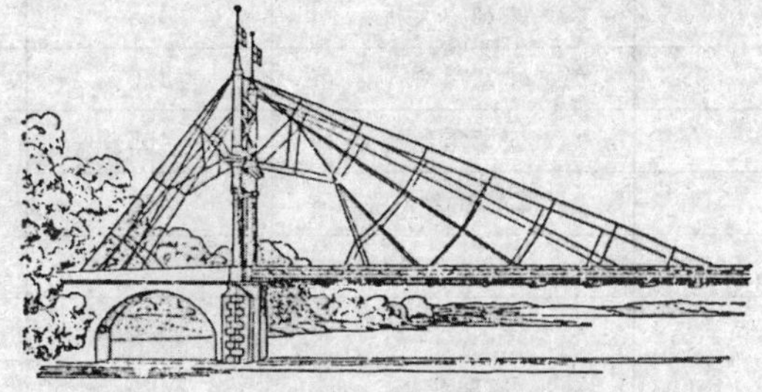

图 6-42 saale 河上的独塔斜拉桥(法国 1824 年)

1956 年,瑞典建成世界第一座钢筋混凝土斜拉桥,跨径为 74.7m+182m+74.7m,开创了现代斜拉桥的历史。

现代斜拉桥，根据桥面所用材料不同，可分为斜拉索钢桥、斜拉索钢筋混凝土桥以及斜拉复合梁、结合梁桥。

1995 年，法国建成诺曼底桥，为钢箱斜拉桥，主跨达856m。随后，1999 年，日本建成多多罗大桥，主跨达890m，为世界第一，如图 6-43 所示。

另外，美国在加利福尼亚州北部奇迹般地修建拉索弯桥。该桥自 427m 深谷的陡岩上锚固缆索，用 60 根不同方向的缆索斜拉悬吊，布置成双曲抛物面形，形成半径为457.5m 的弯道桥，设计主跨径达396.5m，如图 6-44 所示。

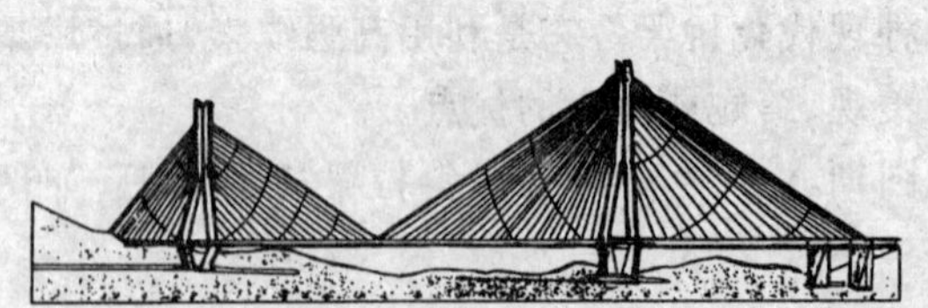

图 6-43　多多罗大桥（日本 1999 年）

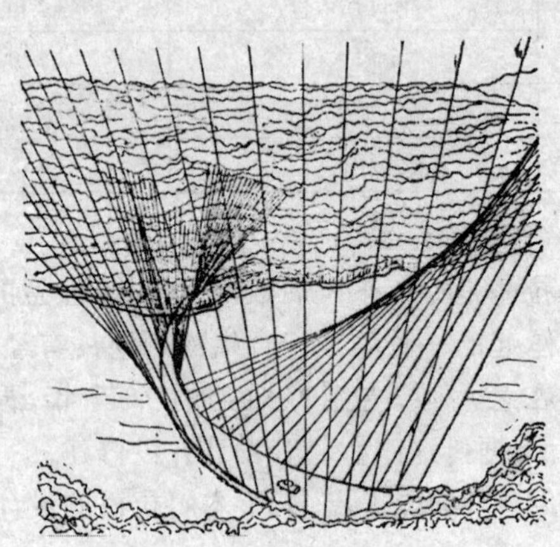

图 6-44　弯斜拉桥（美国）

国外斜拉桥见表 6-4。

国外的斜拉桥　表 6-4

排序	桥　名	主跨(m)	桥　址	年　份	形　式
1	多多罗桥	890	日本本州四国联络线（尾道—今治）	1998	H
2	诺曼底桥	856	法　国	1994	H
3	中央名港大桥	590	日　本	1996	S
4	斯卡圣脱桥	530	挪　威	1991	P.C.
5	鹤见航路桥	510	日　本	1991	S
6	生口桥	490	日　本	1991	H
7	弗莱圣德桥	490	瑞　典	1999	S
8	东神户大桥	485	日　本	1993	S
9	塞黑桥	470	韩　国	1999	
10	安娜雪丝桥	465	加拿大温哥华	1986	C
11	横滨海湾大桥	460	日　本	1989	S
12	胡克来 2 号桥	457	印　度	1992	C
13	塞文 2 号桥	456	英　国	1996	C
14	昭菲亚桥	450	泰　国	1987	S
15	伊丽莎白二世皇后桥	450	英　国	1991	C
16	达福特桥	450	英　国	1991	C

注：表中 H 表示混合(Hybrid)；C 表示复合(Composite)；P.C. 表示预应力混凝土 (Prestressed Concrete)；S 表示钢(Steel)。

第二节　中国桥梁简史

一、中国古代桥梁

中国历史悠久，方志齐全，古代桥梁建筑是中国古代灿烂文化的重要象征之一，标志着古代物质文明和精神文明的进步。中国古代桥梁建筑技术的某些成就已被科技史专家公认处于世界领先地位。到清末止，仅石桥就有400万座。

我国新石器时代仰韶文化(约在公元前 5000～前 3000 年)的原始人聚居的重要遗址——西安半坡遗址中，在四周挖掘成宽 3～4m、深 5～6m 的梯形大围沟，以防野兽入侵。人则通过单根树干做成的独木桥通行，这可能是原始的桥梁。

在战国时期(公元前 475～前 210 年)，我国已正式开始建桥。战国前期智伯家臣豫让以漆涂身，吞炭使哑，暗伏桥下谋赵襄子为智伯复仇(赵、韩、魏灭智伯于公元前 453 年，赵襄子卒于公元前 425 年，刺赵之事当在这段时间的后期)，而《庄子》(庄子约公元前 369～前 425 年)“盗跖”篇中尾生抱桥柱事属寓言且较晚。

渭河上、中、下三桥，其中中桥建于秦(公元前 221 年～前 210 年)，为68跨梁桥，用750根木柱建造 67 个桥墩，每墩 11 根或 12 根柱，桥宽达13.8m；另两渭河桥建于西汉，唐徐坚初学记中有“汉作灞桥，以石为梁”。

古代的桥梁主要以木材、石料和铁链以及用黏土烧制的砖作为建筑材料。保留至今的古代桥梁主要有石拱桥、石梁桥和铁链桥。我国保存至今的古代桥梁足以说明我国古代桥梁工程的辉煌成就，充分展示了中华民族的聪明才智。

1. 古代早期桥梁

(1)堤梁式桥

据考，在公元前 2286 年，我国就有堤梁式的古桥，这是我国桥梁的最早形式。古人为了过河，在水中筑起一个接一个石蹬，这就构成了真正梁式的石桥，如图 6-45 所示，现代称之为“汀步桥”，在园林桥中还有应用。堤梁桥除用石头外，还可用草、苇、土、陶片、盐造成。

(2)浮桥

浮桥，也是一古老的桥梁，据“诗经”记载“迎亲于渭，造舟为梁”。这段话是说，在公元前 1134 年周文王迎亲，在渭河上造船组成浮桥。以后秦、三国时期为了战争需要又修了不少浮桥。

公元 1015 年，陕府澶州浮桥建成。该桥为活动浮桥，可组成立交形式，并可依河床深浅配用，如图 6-46 所示。

图 6-45　泰顺县仕阳溪的堤梁桥(浙江)

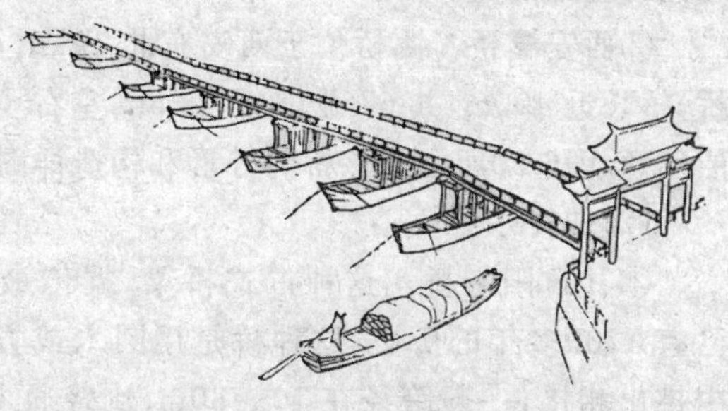

图 6-46　澶州浮桥

古代浮桥最初是简单地并舟为梁，后来经改进，在桥上采用一定联结结构，设置桥面。如公元 823 年唐朝建造的东津浮桥，就是“置舟于江、亘板其上”。以后为使浮桥稳定，又在两岸用铁索固定，即“治铁贯为巨缆”。现在的浮桥则大多用水泥钢丝网代替木船。

清道光咸丰年间，太平军为攻打武汉，曾在长江上建三座浮桥，在军事上起着重要作用，工程十分浩大，如图 6-47 所示。

(3)栈道桥

这是一种早期特殊木桥结构物，多见于悬崖陡壁路段，沿山凿道，半道半桥，如图 6-48 所示。

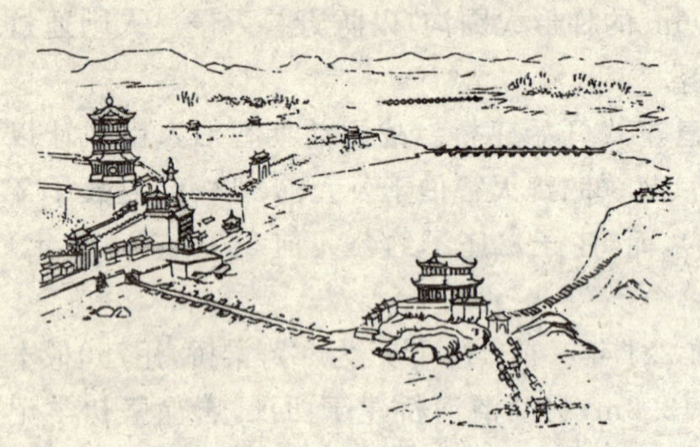

图 6-47　太平军修建在长江上的三座浮桥

图 6-48　多跨连续木栈桥

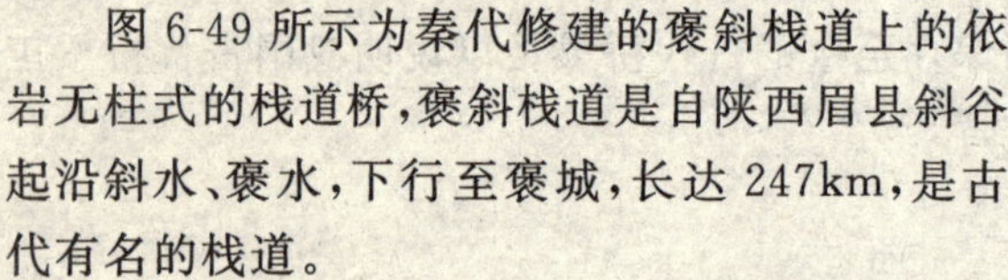

图 6-49 所示为秦代修建的褒斜栈道上的依岩无柱式的栈道桥，褒斜栈道是自陕西眉县斜谷起沿斜水、褒水，下行至褒城，长达 247km，是古代有名的栈道。

图 6-49　褒斜栈道桥示意图

2. 古代各类名桥简介

(1)木梁桥

①渭水三桥。大约公元前 350 年，秦都咸阳在渭河上修建了三座多跨木桥，叫渭水三桥，即西渭桥、中渭桥、东渭桥。其中，中渭桥最大，为秦昭王所建造。据“三辅黄图”载，中渭桥工程“广六丈、南北三百八十步、六十八间、七百五十柱，一百二十二梁”，计有 67 墩，每墩 11～12 柱，可见工程之浩大。

②西安灞桥。灞桥位于西安东北 10km 处，跨灞水。始建于汉朝，初为石梁，后改为木梁桥，桥长近 400m，共 67 孔，跨径在 6m 左右，桥宽 7m。该桥在结构上和桩基施工上均有较高的创意，图6-50所示为该桥的外形和构造详图。

(2)伸臂木梁桥

①甘肃阳平桥。这种古式桥梁，据传最早建于三国魏朝。甘肃省文县的阳平桥，至今已有1 700多年的历史，这种桥是用圆木或方木，纵横相间叠起，两岸垒石为基础，层层向跨中挑出相接，一般跨径在 10～30m，比普通木梁桥跨越能力要大得多。图 6-51 所示为甘肃阳平桥。

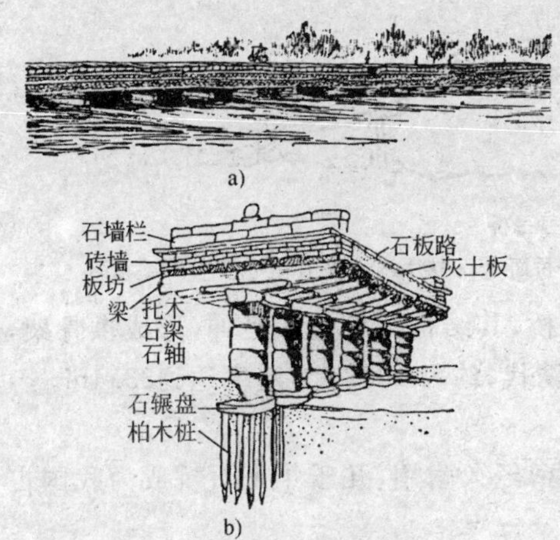

图 6-50 西安灞桥

a)外观图;b)构造详图

图 6-51 甘肃阳平桥

②青海扎麻隆桥。该桥为单孔木伸臂桥,两端木梁向河中层层悬伸,在孔中合龙,使木梁跨径增大,如图 6-52 所示。

③西藏云南桥。云南桥共 5 孔,为典型的伸臂桥,其桥墩和桥台为井式木笼内填砂石构成,中墩高大牢固,具有地方特色,如图 6-53 所示。

图 6-52 青海扎麻隆桥

图 6-53 西藏云南桥

④甘肃兰州屋桥。如图 6-54 所示,为兰州城西跨阿干河的屋桥。据传建自唐代,桥上建有木屋,跨径 22.5m,桥长 27m,高 4.85m,宽 4.6m。

(3)木拱桥

①四川硗碛弓弓桥。弓弓桥是一种早期的木拱桥,为古代人建造的一端垒石固定,另一端压弯形成简易人行桥,构造简单,跨越能力较大,如图 6-55 所示。

②湖南醴陵渌江桥。由于伸臂桥施工比较困难,力学性能又差,所以在实践中又创造了一种木撑架桥,如图 6-56 所示,为湖南醴陵渌江桥,该桥始建于南宋,约公元 1258 年。

图 6-54 甘肃兰州的屋桥

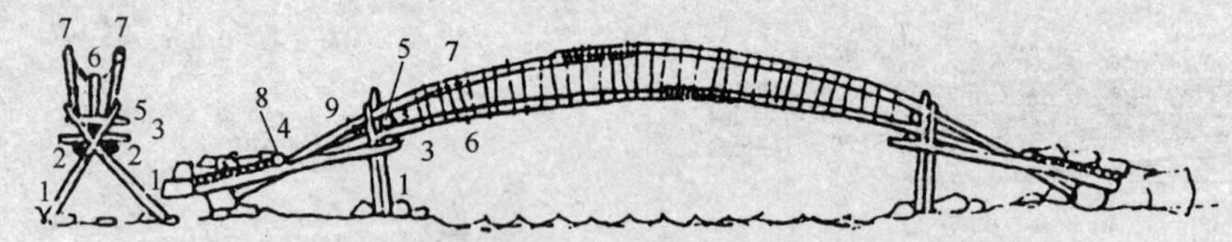

图 6-55 四川硗碛弓弓桥

1-交叉木;2-后撑;3-前下横木;4-后上横木;5-前上横木;6-桥面木;7-扶手木;8-后撑上小横木;9-垫横木

③浙江云和梅崇桥。梅崇桥为曲形的古代木拱桥,其结构为杆逐段延伸,形成拱骨架,由撑架桥演变而来,其结构如图 6-57 所示。该桥建于清代,约为 1802 年,跨度达到33.4m。

(4)石梁桥

石料是古代桥梁的主要建筑材料,由于料源丰富,经久耐用,几千年来石桥成为我国古代桥梁修建最多的形式。

图 6-56 湖南渌江桥(1258 年)

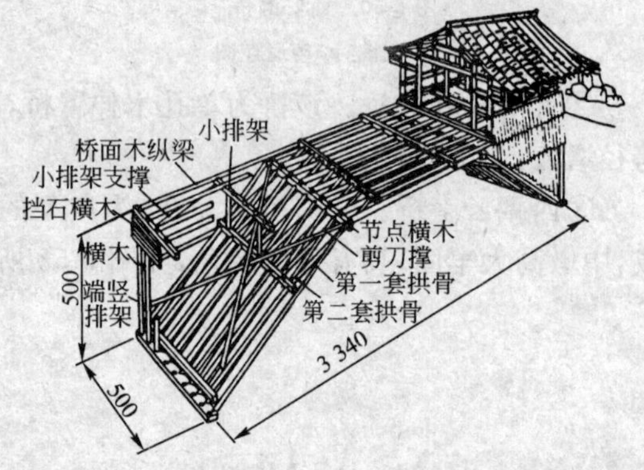

图 6-57 浙江云和梅崇桥结构(尺寸单位:cm)(1802 年)

石梁桥早在秦汉时期已广为修建。工程最大的石梁桥是建于公元 1053～1059 年的福建泉州万安桥。该桥全桥 47 孔,总长达834m。世界上最长的石梁桥是福建跨安海湾的安平桥,桥长2 500m(故又称五里桥),共有 362 孔。

世界跨度最大的石梁桥为福建漳州虎渡桥,该桥建于清朝公元 1237 年,长335m,跨径在23.7m,梁厚1.9m,重约207t。如此重的构件,吊装就位,在当时是一件十分艰巨的工程。据考,这些石梁是利用潮水涨落浮运架设而成。该桥形式如图 6-58 所示。

图 6-58 福建漳州虎渡桥(1237 年)

(5)石拱桥

我国石拱结构最早始于古墓修建。早在西汉昭帝年间(公元前 94～前 86 年)的古墓中,墓道的顶部呈折线形拱,耳室则为拱形土洞,并用小砖砌成的拱圈承托。

据史记记载,我国最早的石拱桥是公元 282 年(晋朝太康三年)建于洛阳七里涧上的旅人桥。

赵州桥(又叫安济桥)是我国古代名桥,在结构构思、艺术造型方面是举世闻名的。该桥位于河北赵县,建于公元 600～605 年,由李春、李通等工匠所造。该桥是一座空腹式圆弧形石拱桥，如图 6-59 所示，净跨37.032m，宽 9m，主拱上每侧设有不等跨的小拱（也叫腹拱），跨径为2.8m和3.8m。这种空腹式拱，是我国桥梁的创举。空腹式结构，欧洲直到 19 世纪中叶才出现，较我国晚1 200年。另外，赵州桥的雕刻艺术十分精湛，兽形逼真、琢工精细、造形秀丽，是我国文物宝库的艺术珍品。

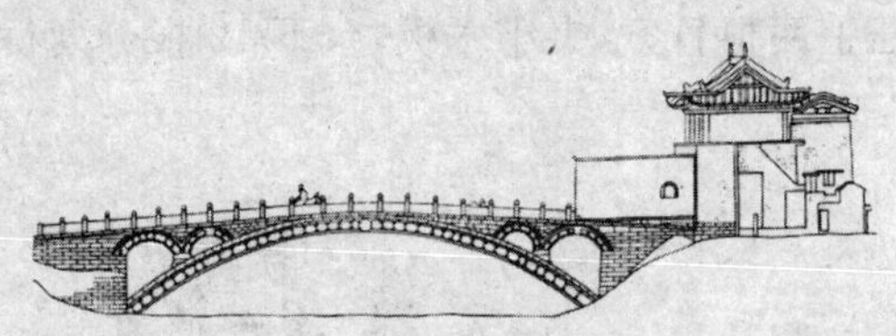
图 6-59　河北赵县赵州桥（公元 605 年）

其他著名石拱桥还有：苏州宝带桥、北京颐和园内的玉带桥和十七孔桥、卢沟桥等。

（6）吊桥

吊桥古代又叫索桥、绳桥、铁索桥，现代又叫悬索桥。

我国吊桥在世界上出现最早。据载我国铁索桥是在秦汉之间，约公元前 200～100 年间，而英国是 1741 年，美国是 1796 年，法国约在 1821 年，显然落后于我国近2 000年，铁索桥是从竹索桥、麻网桥发展起来的。

①早期的吊桥

a. 溜筒桥。溜筒桥是一种比较原始的索桥，它是以木筒套在悬索上，从筒垂下两股皮绳及一横木，人骑横木，以手用力攀索，使筒沿缆索移动，人就能跟着过去，如图 6-60 所示。

b. 麻网桥（四川永济桥）。永济桥是一座麻（藤）网桥，也是一种古老的吊桥，如图 6-61 所示。该桥是明朝洪武年间（1368～1398 年）修建的，位于四川平武县。

图 6-60　溜筒桥

图 6-61　麻网桥

c. 原始藤桥。图 6-62 所示为一种吊床式悬桥，主要用树藤和木板构成，早期建于云南一带的怒江上。

中国古代吊桥有两种基本形式。第一种直接将吊索锚系岸上；第二种则是两岸立塔柱，吊索通过塔柱，再系于两岸上。塔柱是用盛满石块的竹筐堆砌而成。

②安澜桥

我国历史上有名的安澜桥，位于成都灌县都江堰鱼嘴处。早在秦昭王时代就有记载，该桥全长340m，最大跨径61m，宽 3m 多，共用竹索 24 根，底索 10 根组成，其上铺桥面板，木板两端再

图 6-62　原始藤桥（中国怒江）

压上两根竹索，夹牢木板，余下 12 根分列桥两侧作为扶栏，其结构如图 6-63 所示。

图 6-63　安澜桥(建于秦代)

③泸定桥

大渡河上的泸定桥是历史上的名桥。该桥建于清康熙四十四年(公元 1705 年)，跨径100m，桥宽2.8m，桥面距枯水14.5m，有承重索 9 根，扶索 4 根，每根索条长127.45m。此桥现已作为革命文物保存，如图 6-64 所示。

图 6-64　泸定桥(1705 年)

二、中国近代桥梁

自有铁路到中华人民共和国成立之前(1876～1948 年)为中国近代桥梁时期，1876 年英商在上海私修淞沪铁路，是中国有铁路和铁路桥的开端。清朝末期修建的较大的铁路钢桥可以京广(北京—广州)铁路和津浦(天津—浦口)铁路上两座黄河桥为例。前者位于郑州以北，1905 年建成，原桥总长3 000m，共102孔，包括跨度31.5m 的下承桁架梁 50 孔和跨度21.5m 的上承桁架梁52孔，桥墩由 8 或 10 根底端各设一螺旋盘(直径1.20m)的钢管(直径350mm)组成；后者位于济南洛口，1912年建成，包括跨度91.5m 简支桁架梁 9 孔和分跨为128.1m＋164.7m＋128.1m的悬臂桁架梁一组，桥宽9.4m，净空可容双线，但承载能力不足，始终只能按单线行车。公路桥可以1909年建成的兰州黄河桥为例，该桥包括 5 孔跨度各45.9m 的简支桁架梁，如图 6-65 所示。

图 6-65　兰州黄河大铁桥(1909 年)

1933 年，在浦口—南京间的长江上建成铁路轮渡，沟通了以江为界的南北铁路。1937 年 9 月，杭州钱塘江桥的主体建成，并将铁路部分接通；10 月，公路部分接通。钱塘江桥为中国工程师自己设计的公铁两用的简支钢桁梁桥，全长1 453m。在水泥和钢材短缺的情况下，曾用旧钢轨修建排架塔架，还将跨度原为10～13m 的旧钢板梁制成跨度为30m 的双柱式桁架梁的上弦，桁架下弦及竖杆均以旧钢改制，建成了一座长达582m 而构造特殊的柳江铁路桥（该桥在 1944 年 11 月炸毁）。

三、中国现代桥梁

1. 发展概况

中华人民共和国成立，标志着中国现代桥梁开始。

新中国成立后，翻开了我国桥梁史上新的一页，进入了现代桥梁时代。这一时期桥梁数量和技术水平发展很快，一些新桥型的跨度已进入世界先进行列。桥梁新结构类型日益增多，不仅有钢板梁桥、钢桁梁桥、钢箱梁桥、钢拱桥、斜腿刚构桥、吊桥、斜拉桥、钢系杆拱桥、钢筋混凝土梁桥、预应力混凝土梁桥、钢筋混凝土拱桥、T 形刚构等桥型相继问世，而且还建成了一批我国独创的新桥型，如微弯板桥、扁壳桥、两铰拱桥、桁架拱桥、刚架拱桥、双曲拱桥、玻璃钢桥、钢管拱桥等。中国现代桥梁的发展大致可分为以下三个时段。

(1)20 世纪 50 年代的木桥和石拱

在 20 世纪 50 年代，由于钢材和水泥供应紧张，修建木桥成为无奈之举。当时修建的木桥，绝大部分是简支结构，有组合木梁桥、叠合木梁桥、八字撑架梁桥，也有跨径较大的木桁架梁桥，下部结构多采用木排架桩或有石砌墩台，设计计算方法多学习和采用苏联模式，施工也多以人工操作为主。修建的桥梁总长度超过了 60 万延米，缓解了公路交通的紧张状况。但这种全木结构或石台木面结构桥梁的承载能力低、使用寿命短，只有几年或十几年。

天然石材建桥不仅能解决建材短缺的问题，也发挥了中国石桥建造的传统优势，因此石桥尤其是石拱桥的建造在 20 世纪五六十年代非常盛行。由于现代计算技术和机械的运用，石拱桥的建造在速度、工艺等方面大大超过了传统石拱桥。1958 年陕西省的公路部门吸取当地群众的经验，用砂和石块堆砌成“土牛拱胎”代替木支架，建成 3 孔跨径 30m，全长115.5m 的石拱桥——延安延河大桥。大桥石料砌筑十分精良，造型轻盈美观，与远处的宝塔山交相辉映，同时，也把石拱桥建造技术推进了一步，如图 6-66 所示。1959 年由交通部攻关组和湖南省公路部门合作，在湘西北石门至清官渡公路上建成了单孔跨径 60m 的石拱桥——黄虎港桥，使雄踞世界石拱桥跨径榜首1 300多年的赵州桥，终于退居次席，并且在石拱桥的设计和施工工艺上积累了宝贵经验，使其向更大跨径发展。1961 年云南省南盘江的长虹桥，单孔跨径首先突破100m，达到112.5m；1972 年四川省建造了单孔跨径116m 的丰都九溪沟大桥，这是一座空腹式变截面石拱桥，这两座桥都是当时中国，也是世界上最大跨径的石拱桥。

图 6-66 延安延河大桥(1958 年)

(2)20 世纪六七十年代中国桥梁的新进展

在建筑材料紧缺和吊装能力有限的条件

下，一种结构轻盈、化整为零的双曲拱桥在中国应运而生。

1964 年江苏省无锡县桥工队的技术人员创造了这一新的桥型。双曲拱桥是一种少筋混凝土拱桥，在拱肋与拱肋之间有横向波拱，在承载能力不变的情况下，减少了钢筋的用量。因为节省钢材，在 20 世纪 60 年代中期到 20 世纪 70 年代被各地广泛采用，大量修建。第一座双曲拱桥——东拱桥是一座小型试验桥，位于江苏省无锡市无锡县(现锡山区)，仅能通过小型拖拉机和小汽车，长13m，宽1.5m，净跨 9m，属三肋二波双曲拱桥，如图 6-67 所示。

图 6-67　我国第一座双曲拱桥(1964 年)

1973 年江苏省无锡县的新虹桥、1975 年和 1976 年陕西省的三岔河桥和吉河口桥、四川省江津县的游渡河桥和广西壮族自治区的龙武桥、1969 年黑龙江省依兰县的牡丹江桥、浙江省溪县的兰江桥、湖南省的长沙湘江大桥等，都是这一时期的经典之作。河南省嵩县前河桥更以 150m 跨径创造了双曲拱桥的跨径纪录，该桥矢跨比达 1/10，全长 182m，建于 1970 年，如图 6-68 所示。

这一时期中国桥梁取得了惊人成绩的同时，也建成了史无前例的宏伟工程。1957 年建成武汉长江大桥，是人类首次跨越长江大险，凝聚着中国人的智慧。大桥位于武昌和汉阳之间，横跨滚滚长江，两岸龟山、蛇山遥相耸峙，形成天然的桥头堡，大桥长1 670m，主跨128m，宽22.5m，为 9 跨 3 孔一联连续式米字钢桁架公铁两用桥，下层铁路桥连接(北)京广(州)铁路，上层公路桥连接 107 国道，是中国南北交通大动脉上的重要枢纽。大桥由中苏专家组设计，历时 3 年，于 1957 年 10 月 1 日国庆 8 周年之际建成通车，如图 6-69 所示。

图 6-68　创纪录的河南前河大桥(1970 年)

图 6-69　武汉长江大桥(1957 年)

1968 年 12 月，南京长江大桥建成通车，这是一座中国人自己设计、自行施工的具有世界水平的公铁两用米字钢桁架梁桥。该桥位于南京市与浦口之间，连接京浦、沪宁铁路。铁路桥长6 772m，公路桥长4 588m，主桥长1 576m，主跨160m，公路桥面净宽15m，分 4 车道，两侧各设2.25m 的人行道。大桥历时 8 年建成。南京长江大桥在整体造型上受“文革”时期的影响，两端 4 个桥头堡上都伫立着巨大的三面红旗，堡身上镶嵌着巨幅毛主席语录，4 个桥头堡前端各有 4 尊工农兵等劳动者的雕像，公路桥栏板上嵌有精致的金属浮雕，画面大都是各地大型工矿企业、大型工程的雄姿和农场丰收的景象，如图 6-70 所示。

(3)20世纪80年代以来，中国桥梁走向世界

20世纪80年代初，中国的高速公路开始兴建。随着公路等级的提高，桥梁特别是干线公路桥梁的荷载标准、桥面宽度、桥下净空、设计洪水频率等诸多技术指标都已全面提高，预应力技术被广泛运用。之后，在长江、黄河及许多大江大河、高峡深谷和沿海海湾、海峡上建造了一大批跨径数百米、长度数千米的各类现代化大型桥梁，其建筑技术和跨径长度都已进入世界先进行列。

图6-70 南京长江大桥(1968年)

据统计，2005年底止，全国共有公路桥梁336 648座，共计14 747 542延米，铁路桥梁42 307座，共计2 686 000延米(2004年数字)。其座数为1965年10 410座的32.3倍，发展速度十分惊人。到2005年底止，长江上的桥梁达124座，到2002年止黄河上的桥梁达88座，跨海峡的大型桥梁为22座。

据《中国桥谱》一书统计，到2002年止，在五类主要桥梁中，世界跨度前10名的50座特大桥中，中国就有14座，比例为28%。跨度在世界处于第一位的有石拱桥和钢拱桥。桥梁的跨度，代表了一个国家桥梁的科技水平，显示了桥梁的综合实力，上述数字表明我国的桥梁已走向世界，正引领世界桥梁的未来。

2.各类桥梁发展简介

(1)梁桥

①钢筋混凝土梁桥

这是一种常用的中小跨度桥梁，最大跨径的梁桥为广西壮族自治区的南宁邕江桥，1964年建成，主跨55m，其结构为钢筋混凝土箱形薄壁悬臂结构。

②预应力混凝土梁桥

我国从20世纪50年代开始研制预应力混凝土梁桥，1956年初首先在陇海线铁路新沂河铁路桥上建成，跨度为23.9m，预应力混凝土简支结构。

第一座预应力混凝土公路桥，是1957年在北京至周口店公路上卢沟桥旁修建的清水河桥，该桥单跨20m，为预应力混凝土T形简支梁结构。我国这种桥型的最大跨度为浙江省瑞安的飞云江桥，跨度为62m，1988年建成。

预应力混凝土桥梁还可采用上部构造连续的结构形式，叫预应力混凝土连续梁桥。由于连续梁受力条件好，跨度比简支梁大，并且由于桥面连续，行车平顺。当时国内这种桥型跨径最大的是云南六库大桥，最大跨径154m，为三跨预应力混凝土连续结构。

2001年建成的南京长江二桥北汊桥，主跨达165m，成为我国目前最大跨径的预应力混凝土连续梁桥，如图6-71所示。

③预应力混凝土T形刚构桥

这类桥梁桥墩与梁连成整体，向两端延伸形成T形刚构，因此得名，适宜采用平衡悬臂拼装法施工，并且跨度增大。我国T形刚构桥始于20世纪60年代，以建于1964年的河南五陵卫河桥为首创。重庆长江大桥，建于1980年，主跨达174m，为当时最大跨径。1988年建成的广东洛溪大桥，跨径达到180m。1995年11月建成通车的湖北黄石长江大桥，跨径增至

245m，达到该类桥跨径之首。1991 年建成的杭州钱塘江二桥，跨大联长，主跨 80m，联长 18 孔，为预应力混凝土连续刚构桥。

图 6-71　南京长江二桥北汊桥（2001 年）

1997 年建成的虎门大桥辅航道桥，主跨达 270m，目前为全国第一，世界第三，该桥处于 7 000m半径的曲线上，桥宽达 30m，施工技术难度很大，如图 6-72 所示。

图 6-72　虎门大桥辅航道桥（1997 年）

④钢桁梁桥

钢桁梁桥以钢材为主要受力结构，适用于修建大跨径及承受很大荷载的特大桥梁，特别是铁路桥或公路铁路两用桥。第一座钢桁梁桥是武汉长江大桥，建于 1957 年，后 1968 年建成南京长江大桥。

1968 年建成的九江长江大桥，主跨达 216m，达到这种桥型跨径之首，它采用的是柔拱加劲的连续钢桁梁桥。桥全长 7 675m（铁路桥）和 4 460m（公路桥），如图 6-73 所示。

图 6-73　九江长江大桥（1968 年）

（2）拱桥

拱桥是我国最常用的桥梁，样式多、数量大，占我国公路桥梁的比例很大，据不完全统计，我国百米以上跨径的拱桥已超过40座以上，约占世界同类拱桥的1/3以上。

①石拱桥

我国山多，石料资源丰富，石拱桥在我国有着悠久的历史。1958年，革命圣地延安，建成3孔30m石拱桥——延河桥，与宝塔山交相辉映。到1987年，孔径大于或等于100m的石拱桥达到10余座。其中云南省南盘江长虹石拱桥，跨径达112.5m。1972年建成的四川涪陵九溪沟大桥主跨为116m，1990年湖南乌巢河大桥建成，跨径为120m，成为当时石拱桥全国之冠。

2000年建成的山西丹河大桥，石拱主跨达146m，创造石拱桥世界最大跨径纪录，如图6-74所示。

图6-74 丹河大桥(2000年)

②钢筋混凝土箱形拱桥

箱形拱桥是用钢筋混凝土材料构成，拱圈断面中空形成封闭的箱形，具有刚度大、用料省、跨径大的特点，是20世纪70年代以来我国较常采用的桥型。1972年四川省攀枝花市建成第一座大跨钢筋混凝土箱形拱桥——6号桥，主跨146m，桥长427m，拱箱采用单箱3室。1988年四川涪陵乌江大桥建成，主跨达200m，为上承式箱形结构，采用先进的无支架转体法施工，随后，1990年又建成跨径为240m的中承式箱形拱桥——四川宜宾金沙江大桥，成为当时我国最大的箱形拱桥。1997年万县长江大桥建成，跨径420m，成为世界最大的钢筋混凝土拱桥，如图6-75所示。

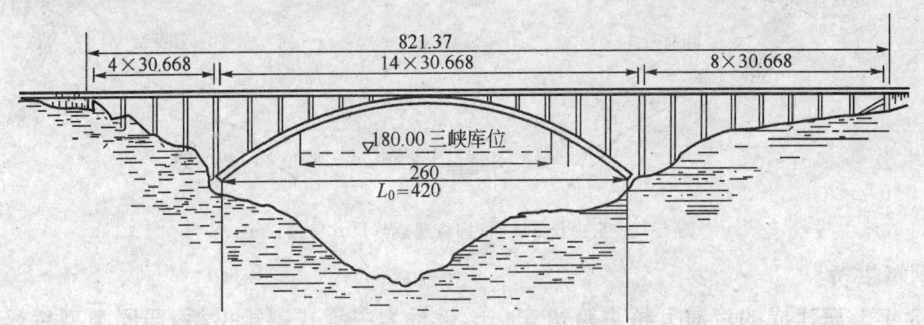

图6-75 万县长江大桥(1997年)(尺寸单位:m)

③双曲拱桥

这是20世纪六、七十年代我国研究修桥中创造的新型桥梁。由于这种桥顺桥纵向有拱形曲梁若干条(称拱肋)，横向曲梁间又有小拱圈(称拱波)，因而称双曲拱桥。它具有用料省、造价低、施工简便、外形美观的特点。据统计仅10年时间全国修建了4 000座，共30万延米的双曲拱桥，其中百米跨径以上的双曲拱桥有16座。

1964年，第一座砖砌的双曲拱桥试建成功，随即在江苏无锡市东亭南河上又成功的建成一座跨径9m、宽1.5 m的试验桥。全国最大跨径的双曲拱桥是河南的前河大桥，其照片在1979年国际桥梁会议上展出时，曾引起世界桥梁工作者的重视。

④桁架拱桥

这是一种桁架与拱的组合式桥梁，是为了减轻自重、改善拱上建筑与主拱圈共同作用，根据箱桁架原理逐步发展起来的一种轻型钢筋混凝土拱桥，一般适用于中小跨径和软土地基的桥梁。1970 年第一座桁架拱桥在上海金山县建成，主跨 26m。1995 年建成的贵州江界河大桥，是一种预应力混凝土桁式组合拱，主跨 330m，桥长 461m，桥高 263m，其跨径为该类型桥梁世界之最，如图 6-76 所示。

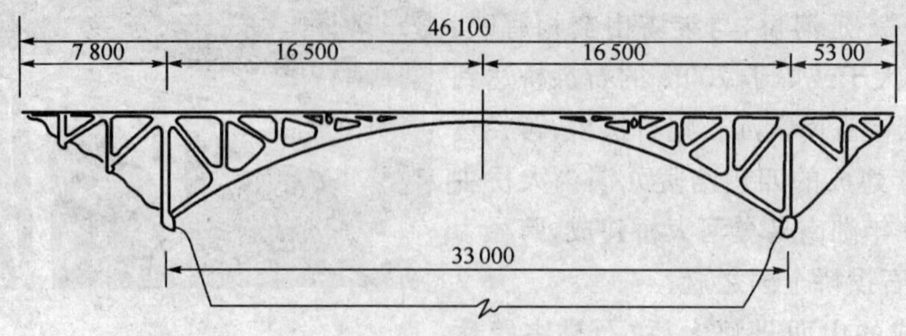

图 6-76　贵州江界河大桥(1995 年)(尺寸单位:cm)

即将建成的巫山长江大桥主跨 460m 的中承式钢管桁架拱桥，其跨径将达到同类桥跨的世界之最，如图 6-77 所示。

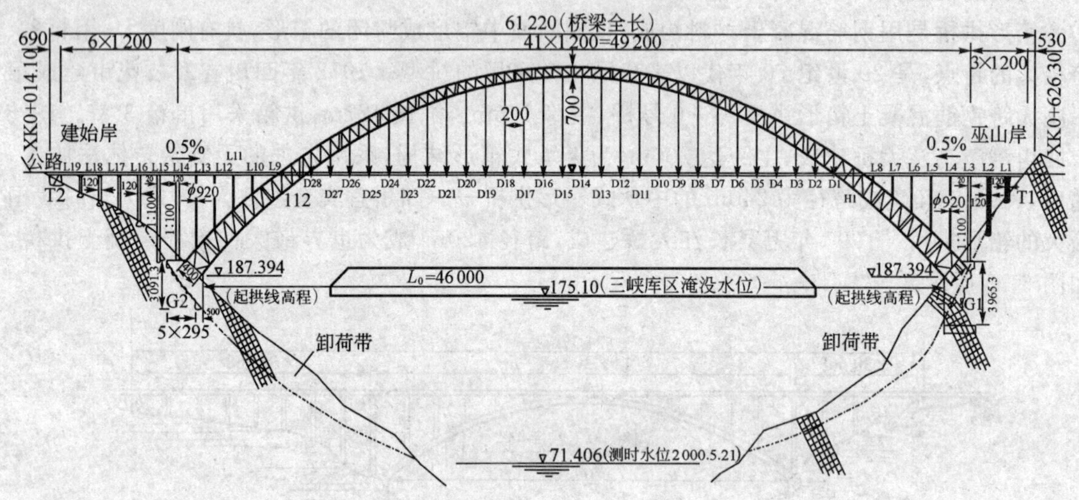

图 6-77　巫山长江大桥(即将建成)(尺寸单位:cm)

⑤钢箱拱桥

2003 年上海建成的卢浦大桥主跨达 550m，该桥为中承式钢箱拱桥，居同类型桥梁世界第一，获得美国国际桥梁尤金奖，并计为中国十佳桥梁之一，如图 6-78 所示。

⑥斜腿刚架桥

1982 年在襄渝铁路上修建的陕西安康桥，主跨达 176m，为我国该类桥跨度之首，可与世界最大的法国博姆桥(186.3m)相比，如图 6-79 所示。

(3)斜拉桥

现代斜拉桥是桥梁发展史上最伟大的成就之一，20 世纪 60 年代初传入我国后，发展十分迅速，如今在设计和施工技术方面已进入世界先进行列。1975 年在四川第一次建成主跨为 75.8m 的云阳汤溪河云安桥，该桥为钢筋混凝土斜拉桥。

1982 年建成的山东济南黄河桥，跨径达 220m，使我国的这类桥型进入大跨径桥梁的行列。20 世纪 80 年代，斜拉桥在全国各地迅速推广，相继建成 30 余座各种类型的斜拉桥。如主跨长度达 260m 的天津永和桥和主跨达 288m 的山东东营河桥(我国第一座钢斜拉桥)以及主跨 230m 重庆石门大桥(不对称布置独塔斜拉桥),这些桥成为这一时期大跨斜拉桥的代表。

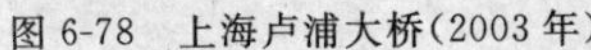

图 6-78　上海卢浦大桥(2003 年)

图 6-79　安康铁路桥(1982 年)

进入 20 世纪 90 年代后,斜拉桥建设又出现一个新高潮。以上海南浦大桥(1991 年建成,主跨 423m)为首的一大批跨径超过 400m 的斜拉桥相继施工建成,如:重庆长江大桥二桥主跨 444m;安徽铜陵大桥主跨 432m;湖北郧阳大桥主跨 414m;湖北武汉长江二桥 400m。

1993 年建成的上海杨浦大桥,主跨达到 602m,成为当时国内跨径最大的斜拉桥,该桥主桥全长 1 178m,引桥全长 7 176m,桥面总宽 30.35m。

2000 年建成的武汉白沙洲大桥主跨达 618m,继后 2001 年在南京建成的南京长江第二大桥把主跨提高到 628m,居国内同类桥梁之冠,如图 6-80 所示。

图 6-80　南京长江第二大桥(2001 年)

(4)悬索桥

我国现代悬索桥起步较迟,20 世纪 60 年代起在西南山区开始建造。1951 年在当年红军飞渡的老铁索桥上游建成泸定大渡河桥,跨径达 130m,同年又在飞仙关建成一座 67m 的悬索桥。1969 年重庆朝阳大桥建成,主跨 186m,采用双链式结构,并用钢筋与混凝土桥面相结合的组合加劲梁,如图 6-81 所示。1984 年建成的西藏达孜桥,跨度达到 500m。20 世纪 90 年代的广东汕头海湾桥,为混凝土箱梁悬索桥的国内第一;江阴公路大桥,中跨 1 385m,建成后名列世界第四;广东虎门大桥主航道悬索桥跨径达 888m。

图 6-81　重庆朝阳大桥(1969 年)

2005 年建成的润扬长江大桥，为钢箱加劲梁悬索桥，主跨达 1 490m，为国内第一，如图 6-82所示。

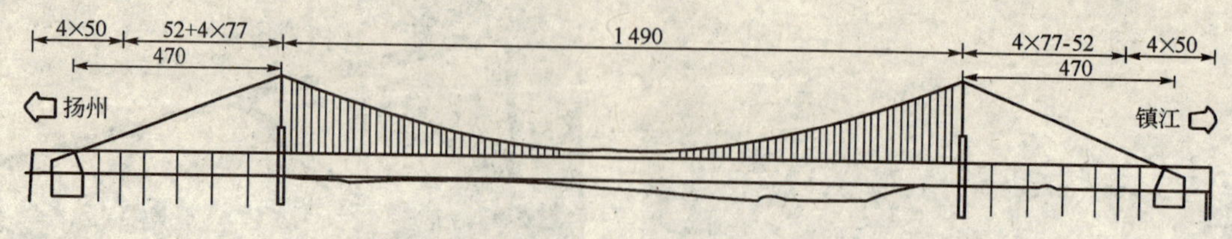

图 6-82 润扬长江大桥(2005 年)(尺寸单位:m)

第三节 桥梁新技术及发展动向

一、桥梁新技术

1. 桥梁技术发展的三次飞跃

桥梁新技术的出现，与土木工程和科学技术的发展分不开，每一次土木科技的创新，就会出现桥梁技术发展的一次飞跃，从桥梁发展的历程来看，桥梁技术发展有三次大的飞跃。

(1)19 世纪中叶钢材的出现，随后又出现高强度钢材，使桥梁工程的发展获得了第一次飞跃，跨度不断加大。

(2)20 世纪初，钢筋混凝土的应用以及 20 世纪 30 年代兴起的预应力混凝土技术，使桥梁建设获得了廉价、耐久且刚度和承载力均很大的建筑材料，从而推动桥梁的发展产生第二次飞跃。

(3)20 世纪 50 年代以后，随着计算机和有限元技术的迅速发展，使得人们能够方便地完成过去不可能完成的大规模结构计算，这使桥梁工程的发展获得了第三次飞跃。

2. 桥梁发展新技术

(1)基础工程新技术

在桥梁建设中，基础工程常常成为技术难题和控制工程进度的关键，直接影响桥梁的造价、工期和质量。近十年来，桥梁的基础形式和施工工艺发展很快，特别是在新基础结构、大型机具设备在基础工程中的应用以及基础施工新技术等方面取得了很大发展。

长大桥梁多位于水深、流急和大江河上或海域内，加之岩层深、地质条件复杂，给基础施工带来困难。为此，大直径桩柱基础、沉井基础、复合基础得到广泛应用。

国外的大直径钻机机型多种多样，如日本的钻机，可钻岩直径达 3.5～4.5m。日本横滨港横断大桥，采用多柱基础嵌岩护孔技术，直径达 11m，是目前最大的嵌岩扩孔直径。大直径桩、柱基础的应用大大提高了基础的承载能力，也加快了施工的进度。

大直径钢管桩技术，能适应深水基础的要求，工艺简单、速度快、承载能力高、抗弯强度大。单桩长度可达 91m，承载力一般在 4 200～13 000kN 以上。

沉井基础承载能力高、刚性大、抗震能力强，在长大桥梁中也广为应用。日本明石海峡大桥，最大施工水深达 60m，主塔基础为直径 80m、高 70m 和直径 78m、高 67m 的浮式钢壳沉井，为目前规模最大的沉井基础。

复合基础技术是将桩、柱基础与沉井基础组合起来的一种深水基础技术。沉井不嵌岩，只下沉到岩层顶面，在沉井内设桩(或柱)，使其嵌入岩层，使之共同受力，特别适于岩面不平或水位落差较大河流上的深水基础。这种复合基础形式在我国南京长江大桥、黄石长江大桥等许多长大桥的深水基础中使用,都取得了成熟的设计与施工经验。

另外,在基础施工中采用的浮式沉井基础技术在长大深水桥的应用取得很好效果。

(2)材料应用技术

新材料对桥梁工程的发展具有关键性作用。没有材料科学的发展,就不会有长大跨及新桥型的诞生。

①高强钢材的应用。对于桥梁用钢,不但要提高其强度,还要提高其韧性、耐疲劳和可焊性。我国目前常用型钢为 A3 和 16Mnq 低合金钢,屈服点相应为 240MPa 和 350MPa,极限强度相应为 380 MPa 和 520 MPa,九江长江大桥由于采用 15MnVNq 钢节省钢材 14%左右。1991 年我国第一座耐候钢桥采用 NH－35g 耐候钢,节约了大量养护费用。但与美、日、俄罗斯等国家相比,差距仍很大。美国在 20 世纪 50 年代就发展了低碳合金的 TI 钢,日本在 1974 年修建港大桥时,某些重要杆件所采用的 HT70、HT80 钢以及前苏联在桥梁上所用的 C-60、C-80 钢的屈服点为 600～800MPa。

②预应力钢筋也在向高强度、低松弛、耐腐蚀、强黏结和便于拼接等方面发展。我国现有高强度钢筋直径为 $\phi6$～$\phi28$mm,抗拉强度为 900MPa。世界各国都在大力发展大直径预应力高强钢筋,德国、美国、英国、日本等国目前已发展到直径 $\phi26$～$\phi36$mm(44mm),抗拉强度等级为 800～1 350 MPa。

③高强钢丝和钢绞线已在大跨桥梁中广泛使用。我国目前常用的此种钢材的极限强度相应为 1 600 MPa 和 1 860 MPa。将 7 股钢绞线通过硬钢模拔出,使之挤紧,以减少钢丝间空隙,这样不但在外径相同之下使用有效面积增大 20%,而且强度可提高 10%。目前美、英、日已开发了 $\phi4$～$\phi9$mm 的高强镀锌钢丝,强度提高到 1 550～1 800 MPa。日本已为明石海峡大桥研制出镀锌后强度可达 1 800～2 000MPa 的低合金钢丝。

④高强混凝土的应用。我国一般把强度等级为 C60 级的混凝土称为高强混凝土,大于 C100 级称为超高强混凝土。高强混凝土不但强度要高,而且抗冲击性能和耐久性也要好。据统计,预应力钢筋混凝土桥梁采用高强混凝土可提高经济效益 30%～40%。目前,在试验室条件下,我国已能制成 C100 级混凝土,罗马尼亚能制成 C170 级混凝土,而美国已制成 C200 级混凝土。我国在公路桥梁中已开始用 C60 级混凝土,而在铁路工程中现浇混凝土已达 C60～C70级,预制混凝土达 C80 级。国外高强混凝土的使用比我国要早,而且强度也略高些。

⑤开展使用轻质混凝土,也是使预应力混凝土桥梁向长大化发展并取得经济效益的一种方法。目前用于工程结构的轻质混凝土重度为 16～90kN/m^3,强度为 C30～C70 级。粗集料过去用陶粒,为降低成本,现在趋于采用工业废渣。1970 年在前联邦德国修建了三座同类型的轻、重混凝土混合的连续梁桥(跨径为 37.6m＋112.2m＋37.6m),由于中跨长 112.2m 部分采用了重度 19kN/m^3的轻质混凝土,使混凝土节约了 12%,预应力筋节省了 17%。

⑥新型非金属纤维强化复合材料的开发研究,已得到世界各国的重视。包括玻璃纤维、阿拉米特纤维和碳素纤维同聚合物强化合成的超高强材料,它们不仅具有强度大、质量轻的重要特性,而且具有耐疲劳、抗腐蚀、热传导率低、非磁性、在制造和使用中的耗能低等优异性能。有分析表明,若用碳纤维强化复合材料来修建悬索桥,其极限跨长可比钢悬索桥提高一倍以上。据报道,加拿大即将研究完成无钢筋的配筋混凝土桥梁。美国正在投巨资修建跨度达 140m、宽 18m 的全塑公路桥梁。

(3)桥梁 CAD 技术

桥梁 CAD 技术在公路桥梁中应用十分广泛,主要内容包括:结构分析、图形制作、结构优化、工程数据库、专家系统、应用软件等。这些内容的应用，目前主要是用在结构分析计算和图形制作两个方面，结构优化、工程数据库、专家系统尚在研究中，虽已有很多成果，但还未达到实用程度。

20世纪70年代以来，我国桥梁计算机辅助设计技术发展很快，曾开发了“桥梁综合计算程序”，后又在微机上开发了“桥梁静力线性设计程序”。这些程序因理论先进、功能齐全、自动化程度高，成为我国大中型桥梁的计算软件，已在全国主要设计部门推广应用。

图形制作也是桥梁CAD的重要组成部分，目前国内CAD使桥梁设计图纸的计算机绘图率达到100%。

桥梁CAD技术的推广和应用，大大提高了桥梁设计的质量、进度和水平，可提高工效3～10倍，降低工程造价5%～10%。桥梁CAD技术的应用水平，已成为当今衡量一个国家或设计单位桥梁设计能力与水平的重要依据。

(4)桥梁施工新技术

大跨桥梁上部施工，过去都是在地面立支架、进行现浇或安砌完成施工的。20世纪70年代后无支架施工新方法被广泛采用，这些方法主要有：

①顶推法

其原理是，混凝土梁段在桥头预制、拼装，然后逐渐拉长，利用机械力量向桥孔逐渐顶推，逐孔架设桥梁。目前最大顶推跨径已达67m，双向顶推总长度已达1 400m。该法较适于跨径为40～80m的桥梁施工。

②悬臂施工法

悬臂施工法的出现，是世界桥梁史上施工的重大革新。其原理是，利用斜拉索等方法，使现浇(或预制)梁段自桥墩两侧平衡悬出，一直向跨中伸延，最后两半跨在跨中合龙完成上部结构。该法特别适于大跨径桥梁施工，世界上最大跨径——西班牙的440m跨径卢纳·巴里奥斯钢筋混凝土斜拉桥，就是用此法完成施工的。

③移动支架法

此法利用大型可移动支架来支承现浇梁段的重力，从而实现架梁施工。该法一般多适用于20～30m跨径的中小桥，还可适用于弯桥施工。

④大型块件吊装法

20世纪70年代以来随着施工机械水平的不断提高，大型吊装设备能力越来越高，地面汽车起吊的最大能力已达250t，水上起重能力已达3 000t。预制块件可直接利用这些大型起重机械，从预制场运至桥下，吊装就位完成架桥工作。

另一种吊装法是塔架、缆索吊装法，该法已在世界范围广泛应用，起吊能力一般为20～150t。美国在大件吊装方面处于世界领先地位，在美国费里芝特钢桥施工时，吊装拱段长度达275 m，质量5 800t，一次吊装成功。

⑤转体法施工

其原理是，先顺河组装(或在岸上现浇)梁段，然后在其独墩支座上旋转一定角度，转至桥位上，两岸梁段在中间合龙成型。转体施工桥梁技术，是20世纪50年代以后发展起来的一种架桥新工艺。早在20世纪50年代末，意大利就第一次用竖转法修建了一座混凝土拱桥。1976年，原民主德国和奥地利又分别用平转法修建了钢筋混凝土T形刚构桥和双塔预应力混凝土斜张桥。目前转体法施工的桥梁最大跨径已超过200m以上。

(5)跨海超长大跨桥梁技术

跨海桥，桥长、跨度大、基础水深，是桥梁设计、施工难度最大的桥梁。近十年来跨海的超大跨桥在迅速发展，已建成和正在修建的跨海桥主要有日本明石海峡大桥（主跨 1 990m，悬索桥），美国的维拉扎诺海峡桥（主跨 1 298m，悬索桥），丹麦的格瑞柏特大桥（主跨 1 624m、悬索桥）等。一批更大的跨海超大跨径桥正在计划和准备实施中，这些桥有：意大利的墨西拿海峡大桥（主跨 3 500m，悬索桥），日本的纪淡海峡大桥（主跨 2 500～3 000m，悬索桥），日本的跨越丰予海峡及津轻海峡的悬索桥（主跨为 3 000m 以上，桥墩基础水深达 150m）。世界目前在建和建成的长度前 10 名的跨海大桥见表 6-5。

跨海（湾）长桥　　表 6-5

桥　名	桥　址	国　家	建成年份	长度(km)
杭州湾跨海大桥	杭州湾	中国	在建	36
东海大桥	上海—小洋山岛	中国	2005	31
沙特—巴林堤道桥	巴林湾	沙特—巴林	1986	26
切萨皮克桥	查尔斯海峡	美国	1964	24
槟城桥	槟城	马来西亚	1985	13.5
里约—尼泰罗伊	Guanabara 海湾	巴西	1974	13.3
联邦大桥	诺森伯兰海峡	加拿大	1997	12.9
七英里桥	佛罗里达海峡	美国	1982	11.3
日光高架桥	坦帕海湾	美 国	1988	8.8

(6)桥梁设计理论科学技术

目前，世界各国桥梁设计理论，都由容许应力状态理论向极限状态理论过渡。我国公路和铁路部门已开始了可靠度理论的研究，正在积极创造条件迈入国外先进的基于可靠度理论的极限状态法设计时代，以期充分发挥结构潜在的承载能力，充分利用材料强度，使桥梁结构安全度的确定更加科学和可靠。对于大跨度桥梁的设计，愈来愈重视空气动力学、振动、稳定、疲劳、非线性等影响因素的研究。

二、桥梁发展动向

面对新技术革命，未来的桥梁将向长大、新型结构、新型材料以及智能化方向发展。为此，未来的桥梁必须具备科学性、经济性、功能性、安全性、艺术性及多功能性的综合要求。过去的经验和技术造桥，将转向科学技术造桥。造桥技术将要面向更多的学科、更宽的领域，桥梁设计人员必须学习更多的资料，运用更新的仪器，进行更精确的测试。未来桥梁总的发展趋势主要有以下几个方面。

1. 桥跨结构向长、大、深水发展

在具有一定承载能力条件下，跨越能力仍然是反映桥梁技术水平的主要指标。为避免修建或少建深水桥墩，加大通航能力，悬索桥、斜拉桥等桥式的跨度纪录一再被打破。一方面，为适应陆地交通发展，需要建造跨越能力更大的桥梁；另一方面，建造前所未有的大跨度桥梁，需要渊博的技术知识、卓越的才能和创造性的勇气，是对自然和人类自身的挑战，因此具有极大的吸引力。

(1)长大深水桥的设想

21 世纪将会实现桥梁界沟通全球交通的梦想。在 20 世纪末已经开拓了几项大的海峡工程，但桥梁最大跨径没有超过 2 000m，深水基础深度也在 50m 左右。人们已经在规划的几项大的海峡工程，其设想方案的桥梁最大跨径要超过 2 000m，达到 3 000～5 000m，深水基础深度可能在百米以上，如：

①白令海峡工程，17 世纪就曾有建议，20 世纪提出过桥梁方案，总长 75km。

②联系欧非的直布罗陀海峡工程，总长约 15km，最大水深 900m。

③联系德国与丹麦的费曼带海峡工程，总长 25km，最大水深 110m。

④联系意大利本土与西西里岛的墨西拿海峡工程，总长 33km，最大水深 300m。

亚洲将是 21 世纪全球经济迅速发展的地区。日本是一个岛国，想采用跨海工程将各主要岛屿交通联成一个大网络，20 世纪末完成了本州四国联络的海峡工程，计划在 21 世纪兴建五大海峡工程，即：

①东京湾口工程，总长 15km，最大水深 80m。

②伊势湾口工程，总长 20km，最大水深 100m。

③纪淡海峡工程（连接本州四国），总长约 11km，最大水深 120m。

④丰予海峡工程（连接九州四国），总长约 14km，最大水深 200m。

⑤轻津海峡工程（连接本州北海道），总长约 19km，最大水深 270m。

(2)拟建的大跨径深水桥

修建跨海(峡)桥是促使桥梁向大跨度发展的重要因素之一。拟在 2006 年动工、计划 6 年内完成的意大利墨西拿海峡悬索桥（图 6-83），跨度达 3 300m，预计耗资约 46 亿欧元。从 1979 年开始，西班牙和摩洛哥政府就对跨越欧非直布罗陀海峡的工程进行规划和方案征集，其中桥梁方案的设计跨度达 5 000m。日本计划修建第二国土轴工程（太平洋沿岸高速公路）包括六个跨海峡桥梁工程，其中纪淡海峡大桥的跨度在 2 500～3 000m，而跨越丰予海峡及津轻海峡的悬索桥方案的跨度在 3 000m 以上。在我国，21 世纪在陆地交通工程将有大规模的发展，也需要修建一系列跨海工程和连岛工程。根据国道主干线系统布局规划，我国将在 21 世纪初期完成若干条纵横向国道主干线的建设，这就需要建造许多特大跨度的桥梁。例如，自黑龙江同江县至海南省三亚市的一条南北向干线将依次跨越渤海海峡、长江口、杭州湾（在建）、珠江口和琼州海峡。

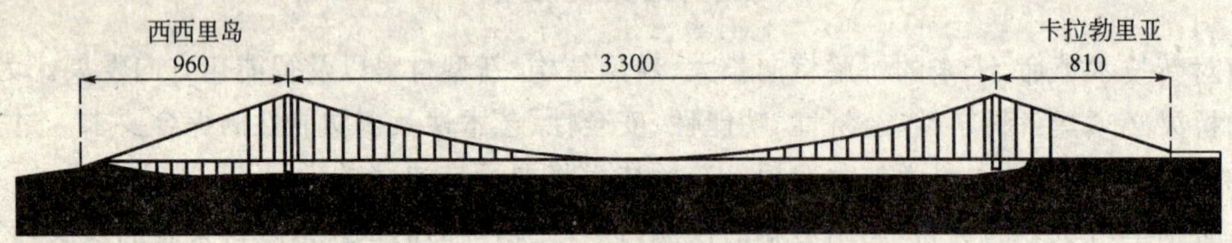

图 6-83　拟建的意大利墨西拿海峡桥（尺寸单位：m）

2. 信息技术在桥梁工程中的应用更趋广泛

在 21 世纪，随着信息技术和智能材料的广泛应用，桥梁结构会变得“灵敏”，其设计、施工和管理也将更为科学合理。在规划和设计方面，可以通过快速仿真分析，优化设计并逼真演示桥梁功能，为决策提供可靠依据。在制造方面，可采用智能化制造系统加工结构构件，遥控技术进行施工控制和管理，GPS 技术进行定位与测量，机器人技术进行结构整体安装或复杂环境下的施工等。在健康监测和管理方面，可综合应用计算机技术（网络及数据库，图像图形技术）、人工智能技术、传感器技术及计算数学、有限元分析等多学科，建立一套桥梁设计、施工及养护维修的科学评价体系（施工控制，运营状态监测，损伤诊断及评估，预警和养护对策等），实时掌握桥梁的健康状况。例如，通过在桥上装配智能传感系统，就可以感知风力、气温等天气状况，并随时获取桥梁的承载和交通状况；通过埋入结构内的智能传感器，可随时监测结构的潜在危险（如应力超限，疲劳裂纹扩展等）并及时发出预报等。

3. 桥梁类型向新型方向发展

一些富有创造性的新桥型，将在未来的桥梁中诞生。这些新桥型主要有：中水位隧道桥、新式预应力混凝土桥、塑料管形桥、能调整跨长的桥、预应力金属和塑料桥、多用途桥等。

4. 新型建桥材料的开发与应用更加广泛

新建桥材料是桥梁跨度增大和新结构产生的基础。因此，今后建筑材料的开发与应用，仍然是桥梁研究的重要课题。今后新材料的研究方向主要是：

①高强度、轻骨料及特种混凝土的发展。

②高强钢材及高强钢材可焊性的改进。

③高强玻璃钢和塑料的研究和应用。

④新型复合材料和钢管混凝土、钢纤维混凝土的研究和应用。

5. 桥梁 CAD 向智能化方向发展

桥梁计算机辅助设计解决了用计算机代替人工计算、绘图及辅助设计问题，但远未形成一个完整的设计系统。一个完整的桥梁设计系统必须包括方案比较和选择、线形与图形优化、结构布置、细部尺寸拟定以及自动化绘图及计算内容，这些工程都是工程师在长期实践经验的基础上完成的。因此自动化设计必须引入“专家系统”指导设计。“专家系统”的开发和应用，将逐步实现桥梁的计算智能化，最终达到桥梁设计计算完全自动化的目标。

6. 桥梁美学、建筑造型和景观设计日益重视

桥梁作为建筑实体，除向社会大众提供使用功能外，还凸现出作为建筑审美客体的作用。在历史上，许多著名的桥梁建筑，如旧金山海湾大桥、悉尼港大桥、武汉长江大桥等，以其宏大的气势造型，为人们带来壮美的共鸣，成为城市或地区的象征。

国家经济的持续发展、大众审美要求的提高以及社会不断增强的自我标志意识，将会使桥梁建筑设计理念逐步改变。桥梁作为可定量计算分析的设计产品，一直是工程师独占的领域。随着传统设计学科之间的交叉，现在更多的建筑师、艺术家、景观和环境方面的专家参与到桥梁设计中来，通过设计合作，把技术问题（材料、结构、施工）与美学、造型和景观密切联系起来，共同创造出既保证安全适用，又体现美学魅力的桥。

综上所述，桥梁建设的基本目标是安全、适用、经济、美观。围绕这一基本目标，桥梁技术的发展应表现在：桥梁具有较大的跨越能力和承载能力；车辆能安全运行于桥上并使旅客有舒适感；讲求经济效益，力图降低造价；结构优美并考虑其与环境的协调。

思　考　题

1. 为什么说从梁式体系向拱式体系转化是桥梁史上的一大进步？从梁到叠合拱再到拱的演变对你有何启示？

2. 我国赵州桥的建设，在世界桥梁史上有何意义？

3. 为什么说 20 世纪 80 年代以来，中国桥梁走向了世界？

4. 简要归纳桥梁新技术的主要内容。查阅资料举一采用桥梁新技术的实例。

5. 从桥梁发展的动向中，你看到了什么？想到了什么？有何打算？

第七章　桥梁工程基本知识

第一节　桥梁的组成及主要尺寸

一、桥梁的组成

1. 桥梁的定义

桥梁主要是供车辆(汽车、列车)和行人等跨越障碍(河流、山谷、海湾或其他线路等)的工程建筑物。简而言之,桥梁就是跨越障碍的通道。"跨越"一词,突出表现出桥梁不同于其他土木建筑的结构特征。从线路(公路或铁路)的角度讲,桥梁就是线路在跨越上述障碍时的交通设施。

2. 桥梁的组成

桥梁一般由上部结构(桥跨结构)、下部结构(墩台、基础)和附属设施组成,如图 7-1a)所示为梁式桥概貌,如图 7-1b)所示为拱式桥概貌。

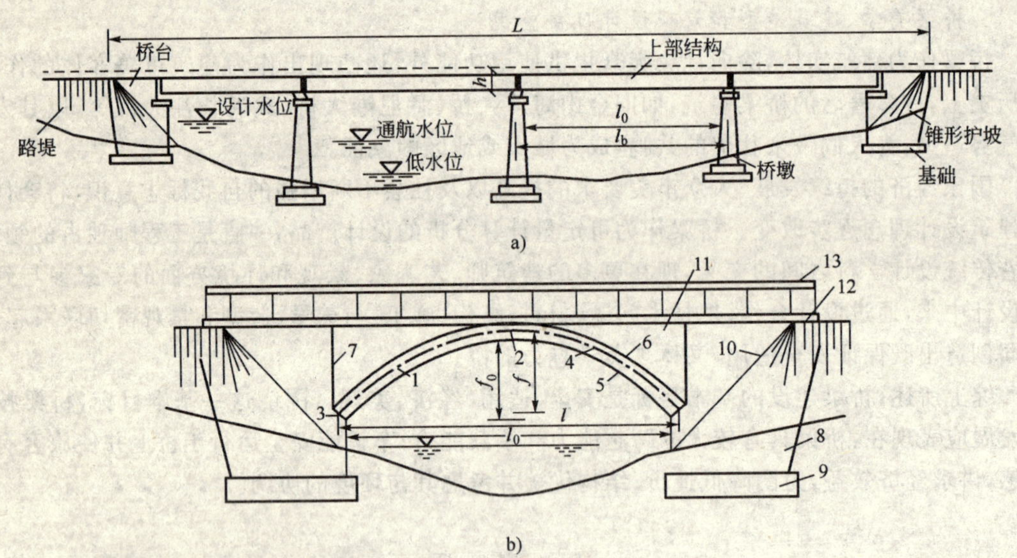

图 7-1　桥梁的组成

a)梁式桥概貌;b)拱式桥概貌

1-拱圈;2-拱顶;3-拱脚;4-拱轴线;5-拱腹;6-拱背;7-沉降缝 8-桥台;9-基础;10-锥坡;11-侧墙;12-帽石;13-栏杆

3. 各组成部分名称及尺寸

(1)上部结构

上部结构指桥梁位于支座以上的部分。它包括桥跨结构和桥面构造两部分:前者指桥梁中直接承受桥上交通荷载、架空的主体结构部分;后者则指为保证桥跨结构能正常使用而需要建造的桥上各种附属结构或设施。

桥跨结构的形式多样。对梁桥而言，其主体结构是梁；对拱桥而言，其主体结构是拱；对悬索桥而言，其主体结构是缆。

附属结构或构造是指公路的行车道铺装，铁路桥的道砟、枕木、钢轨，伸缩装置，排水防水系统，人行道，安全带（护栏），路缘石，栏杆，照明等。

（2）下部结构

下部结构指桥梁位于支座以下的部分，也叫支承结构。它包括桥墩、桥台以及墩台的基础是支承上部结构、向下传递荷载的结构物。桥台设在桥跨结构的两端，桥墩则分设在两桥台之间。桥台除起到支承和传力作用外，还起到与路堤衔接、防止路堤滑塌的作用。为此，通常需在桥台周围设置锥形护坡。墩台基础是承受由上至下的全部荷载（包括交通荷载和结构重力）并将其传递给地基的结构物。它通常埋入土层之中或建筑在基岩之上，时常需要在水中施工。

架空的主体结构与支承结构一起，组成承重结构。承重结构由梁、墩或柱、拱、塔、缆等构件组成，例如由梁、桥墩、桥台组成的梁桥，由塔、缆、锚碇组成的悬索桥等。承重结构承受荷载、跨越空间并支承在基础之上。承重结构的任何一部分破坏，结构就破坏；而结构附属部分的破坏，则不会导致结构的彻底破坏。

（3）附属结构

附属结构是指除上部、下部结构以外的其他桥梁结构部分，包括桥头锥形护坡、桥头建筑、桥头引道、导流及调治构造物、绿化及美化设计等。

（4）支座

在桥跨结构与墩台之间，还需要设置支座，以连接桥跨结构与桥梁墩台，提供荷载传递途径。

（5）正桥与引桥

对规模较大的桥梁工程，通常包含正桥与引桥两部分。正桥指桥梁跨越主要障碍物（如通航河道）的结构部分。一般，它采用跨越能力较大的结构体系，需要深基础，是整个桥梁工程中的重点。引桥指连接正桥和引道的桥梁区段，其跨度一般较小，基础一般较浅。在正桥和引桥的分界处，有时还会设置桥头建筑（如桥头堡）。

二、桥梁的主要尺寸

在桥梁规划设计中，设计洪水位、计算跨径、桥长、桥梁净跨径、桥梁的建筑高度等均为桥梁的主要技术指标。以下将简要说明有关的名词术语。

（1）计算跨径（e）——梁桥为桥跨结构两支承点间的距离；拱桥是两相邻拱脚截面形心点之间的水平距离，或称拱轴线两端之间的水平距离（拱圈或拱肋各截面形心点的边线称为拱轴线）。

（2）净跨径（l_0）——通常为计算水位上相邻两个桥墩（台）间的净距离。对于梁式桥是设计洪水位处，相邻两个桥墩（或桥台）之间的净距；对于拱桥是每孔拱跨两个拱脚截面最低点之间的水平距离。

（3）标准跨径（e_b）——《公路桥涵设计通用规范》（JTG D60—2004）中规定，对标准设计或新建桥涵跨径在 50m 以下时，从 0.75m 起，至 50m，共分 21 种。梁桥为相邻桥墩中线之间的距离，或桥墩中线至桥台台背前缘之间的距离；拱桥是指净跨径。

（4）总跨径——多孔梁桥中各跨径的总和（$\sum l_0$），它反映了桥下宣泄洪水的能力。

（5）桥梁全长（L）——有桥台的桥梁为两岸桥台侧墙或八字墙尾端间的距离；无桥台的桥梁为桥面系行车道的全长。

（6）桥梁高度（H_1）——行车道顶面至低水位间的距离，或行车道顶面至桥下路线的路面间的距离。桥梁高度简称桥高。

(7)桥梁建筑高度(h)——行车道顶面到上部结构最低边缘间的距离。

(8)桥下净空度(H_0)——上部结构最低边缘至计算水位或通航水位间的距离。

(9)净矢高(f_0)——从拱顶截面下缘至相邻两拱脚截面下缘最低点之边线的垂直距离。

(10)计算矢高(f)——从拱顶截面形心至相邻两拱脚截面形心之边线的垂直距离。

(11)矢跨比(f/e)——是拱桥中拱圈(或拱肋)的计算矢高 f 与计算跨径 e 之比。它是反映拱桥受力特性的一个重要指标。

(12)涵洞——涵洞是用来宣泄路堤下的水流的构造物。通常在建造涵洞处路堤不中断。为了区别于桥梁,《公路工程技术标准》(JTG B01—2003)中规定,凡是多孔跨径的全长不到8m 和单孔跨径不到 6m 的泄水构造物,均称为涵洞。

第二节　桥梁的分类

一、桥梁的分类体系

桥梁有不同的分类方式,每一种分类方式均反映出桥梁在某一方面的特征。桥梁按结构体系的分类是基本的分类方法,不同的体系对应于不同的力学形式,表现出不尽相同的受力特点。

按结构体系及受力特点,桥梁可划分为梁、拱、悬索、斜拉、刚架五种基本体系以及由基本体系之间组合而形成的组合体系。

1. 梁式桥(图 7-2)

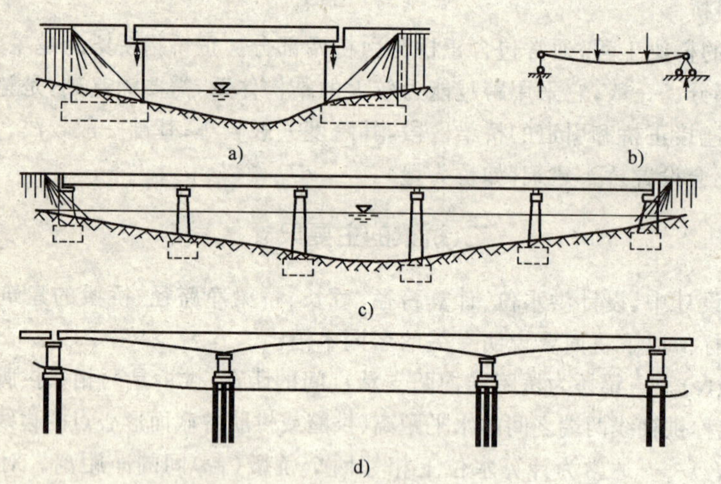

图 7-2　梁式桥

a)单孔梁桥;b)受力图;c)连续梁桥;d)悬臂梁桥

梁式桥是一种在竖向荷载作用下无水平反力的结构。由于外力(恒载和活载)的作用方向与承重结构轴线接近垂直,故与同样跨径的其他结构体系相比,梁内产生的弯矩最大,通常用抗弯能力强的材料(钢、钢筋混凝土等)来建造。为了节约钢材,目前在公路上应用最广的是预制装配式的钢筋混凝土梁桥。这种梁桥的结构简单,施工方便。

梁桥桥跨承载结构由梁(板)组成。梁式桥可分为简支梁桥、连续梁桥和悬臂梁桥。简支梁桥的跨越能力有限(一般在 50m 以下),当计算跨径小于 20m 时,通常采用钢筋混凝土材料,而计算跨径大于 20m 时,更多采用预应力混凝土结构。悬臂梁和连续梁桥都是增加中间支承以减小跨中弯矩，更合理地分配内力，加大跨越能力的结构形式。

2. 拱式桥

拱式桥(图 7-3)的主要承重结构是拱圈或拱肋。其特点是结构在竖向荷载作用下，两拱脚处不仅产生竖向反力，还产生水平反力(推力)，由于水平推力的作用使得拱截面的弯矩和剪力大大地减小。拱主要承受拱轴压力，拱截面内弯矩和剪力均较小，因此可充分利用石料或混凝土等抗压能力强的圬工材料。

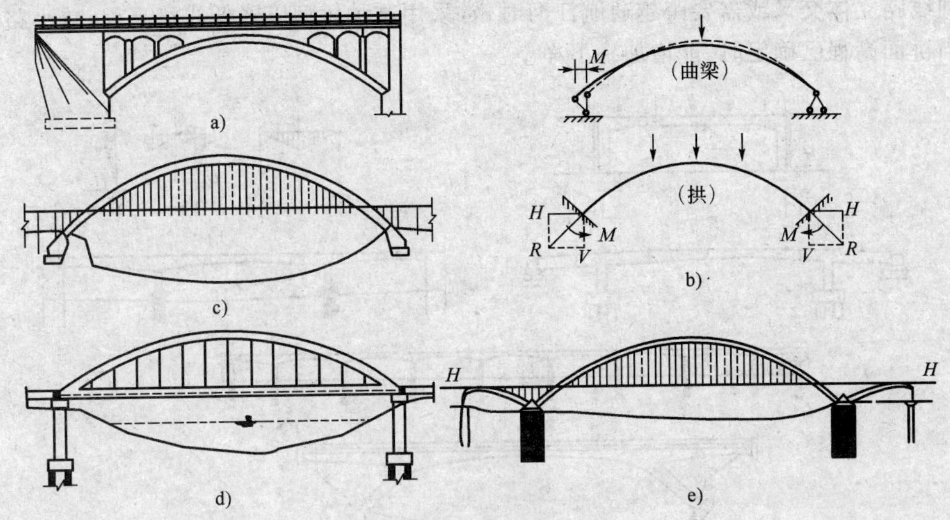

图 7-3 拱式桥

a)上承式；b)受力图；c)中承式；d)下承式；e)悬臂拱

拱式桥是推力结构，其墩台、基础必须承受强大的拱脚推力。因此拱式桥对地基要求很高，适于建在地质和地基条件良好的桥址。拱式桥不仅承载能力大，而且外形酷似彩虹卧波，造型美观，是桥梁工程中广泛采用的桥型之一。

3. 悬索桥

悬索桥又称吊桥。悬索桥的主要承重结构是悬挂在两塔架上的强大的柔性缆索。悬索桥由塔架、缆索、锚锭结构及吊杆、加劲梁组成(图 7-4)。桥跨上的荷载由加劲梁承受，并通过吊索将其传至缆索。主缆索是主要承重结构，但其仅受拉力。主缆索的拉力通过对桥塔的压力和锚锭结构的拉力传至基础和地基。这种桥型充分发挥了高强缆索的抗拉性能，使其结构自重较轻，能以较小的建筑高度跨越其他任何桥型无法比拟的特大跨度。但在车辆动荷载和风荷载作用下，桥有较大的变形和振动。

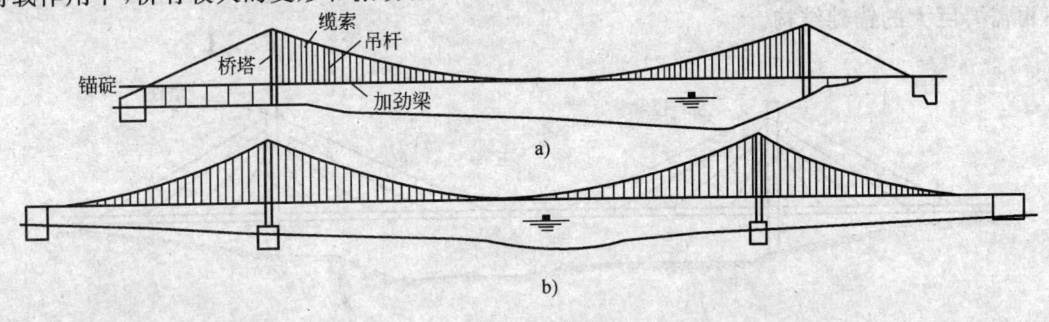

图 7-4 悬索桥

a)边跨不挂吊索；b)边跨挂吊索

4. 刚架桥(又叫刚构桥)

刚架桥(图 7-5)的主要承重结构是梁与立柱(墩柱、竖墙)刚性连接的结构体系(图 7-5)。刚架桥的特点是在竖向荷载作用下,柱脚处不仅产生竖向反力,同时产生水平反力,使其基础承受较大推力。刚架桥中梁和柱的截面均有弯矩、剪力和轴力作用,因而其受力状态介于梁桥和拱桥之间。由于梁和柱结点为刚结,梁端部承受负弯矩,使梁跨中弯矩减小;与一般墩台不同,刚架桥的立柱(墩台)不仅承受压力,还承受较大弯矩。由于刚架桥的上述特点,在城市中当遇到线路立体交叉或需要跨越通航江河时,常采用这种桥型以降低线路高程,减小路堤土方量。当桥面高程已确定时,能增加桥下净空。

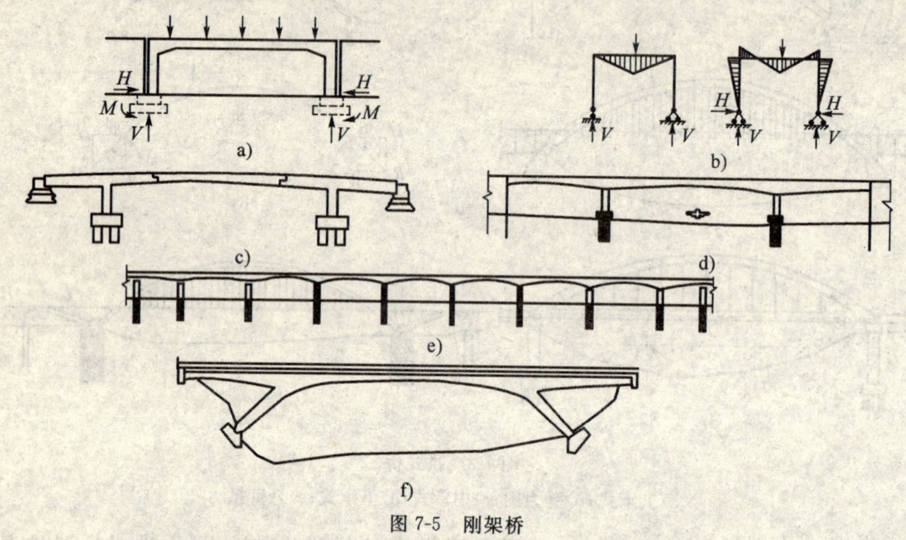

图 7-5 刚架桥

a) 受力图;b)弯矩图;c)T 构;d)悬臂刚构;e)连续刚构;f)斜腿刚构

5. 斜拉桥

斜拉桥是典型的悬索结构和梁式结构的组合体系(图 7-6)。这一结构体系由主梁、缆索和塔架组成,充分利用了悬索结构和梁结构的优点,其组合相当合理。在结构体系中,梁结构直接承受桥面外荷载引起的弯矩和剪力,桥塔两侧的斜拉索张紧后为梁结构提供弹性支撑,同时承受由荷载引起的拉力,其拉力的竖向分量通过桥塔传至基础和地基;斜拉索中荷载引起拉力的水平分量,使桥结构承受轴向压力,相当于对梁结构施加预应力。此外,通过调整斜拉索间距可改变弹性支撑的间距,使梁内力分布更加均匀合理,因而减小了主梁的建筑高度,提高了跨越能力。与悬索桥相比,斜拉桥的斜拉索直接作用于主梁结构,使结构体系的抗弯、抗扭的刚度大大增强,抗风稳定性也明显改善。由于斜拉索拉力的水平分量由梁结构承担,因而也不再需要巨大的锚碇结构。

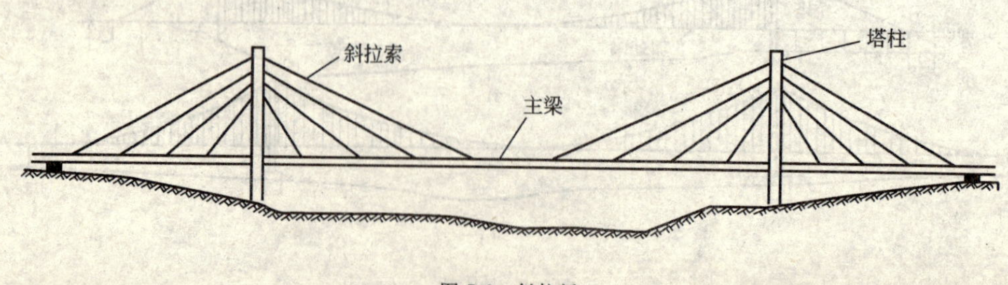

图 7-6 斜拉桥

二、桥梁的类型

除了上述按受力特点将桥梁分成不同结构体系外，习惯上还可将桥梁按用途、建桥材料、建桥规模等方面来进行分类。

(1)按用途来划分，有公路桥、铁路桥、公路铁路两用桥、农桥、人行桥、水运桥(渡槽)及其他专用桥(如通过管道、电缆等)。

(2)按主要承重结构所用材料划分，有圬工桥(包括石拱桥、混凝土拱桥)、钢筋混凝土桥、预应力混凝土桥、钢桥、钢—混凝土组合桥等。

(3)按桥梁全长和跨径不同，分为特大桥、大桥、中桥和小桥。《公路桥涵设计通用规范》(JTG D60—2004)规定的特大、大、中、小桥划分标准见表7-1。

桥梁涵洞分类表 表7-1

桥涵分类	多孔桥总长(m)	单孔跨径 L_K(m)	桥涵分类	多孔桥总长(m)	单孔跨径 L_K(m)
特大桥	$L>1\,000$	$L_K>150$	小桥	$8\leqslant L\leqslant 30$	$5\leqslant L_K<20$
大桥	$100\leqslant L\leqslant 1\,000$	$40\leqslant L_K\leqslant 150$	涵洞	—	$L_K<5$
中桥	$30<L<100$	$20\leqslant L_K<40$			

注：①单孔跨径系指标准跨径。

②梁式桥、板式桥的多孔跨径总长为多孔标准跨径的总长；拱式桥为两岸桥台内起拱线间的距离；其他形式桥梁为桥面系行车道长度。

③管涵及箱涵不论管径或跨径大小、孔数多少，均称为涵洞。

④标准跨径：梁式桥、板式桥以两桥墩中线之间桥中心线长度或桥墩中心线与桥台台背前缘线之间桥中心线长度为准；拱式桥和涵洞以净跨径为准。

(4)按跨越障碍的性质，可分为跨河桥、跨线桥(立体交叉)、高架桥和栈桥。高架桥一般是指跨越深沟峡谷以代替高路堤的桥梁。为将车道升高至周围地面以上并使下面的空间可以通行车辆或作其他用途(如堆栈、店铺等)而修建的桥梁，称为栈桥。

(5)按上部结构的行车位置，分为上承式桥、下承式桥和中承式桥。桥面布置在主要承重结构之上者称为上承式桥(图7-3)，桥面布置在桥跨结构高度中间的称为中承式桥[图7-3c)]，桥面布置在承重结构之下的称为下承式桥[图7-3d)]。

上承式桥结构简单，施工方便，主梁和拱肋的数量和间距可按需要调整，且宽度可做得小一些，因而可节省墩台圬工数量。同时，在上承式桥上行车时，视野开阔，视觉舒适。不足之处是桥梁的建筑高度较大。

在建筑高度受严格限制的情况下，就应采用下承式桥或中承式桥。由于桥跨结构在桥面之上，故横向结构宽度相对较大，墩台尺寸也相应有所增加。

(6)按桥跨结构的平面布置，可分为正交桥、斜交桥和弯桥。

除上述的桥梁分类方法外，还有按桥梁使用时间长短划分的永久性桥梁和临时性桥梁。

三、桥梁工程体系

桥梁工程的体系归纳起来包括三方面的内容，即：结构分类、组成内容和研究范畴三部分，其体系构成及相互关系如图7-7所示。

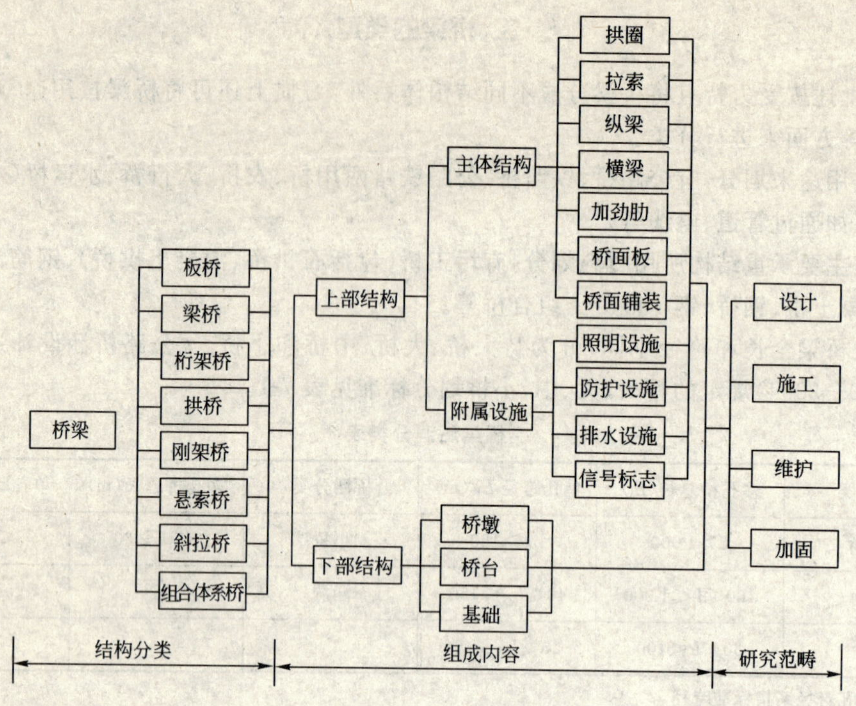

图 7-7　桥梁工程体系框图

第三节　桥梁建设的程序及设计原则

一、基 本 程 序

桥梁建设必须按照国家基本建设程序的要求，循序渐进、逐步深入地开展工作。

一座桥梁的建设程序包括以下几个阶段：审批项目建议书进行工程立项，审批可行性研究报告确定设计任务书，在初步设计基础上形成招标文件并进行工程施工设计招投标、工程施工等。设计工作与建设程序之间的关系如图 7-8 所示。除施工招标外，设计（从初步设计开始）和监理工作也需采用招投标，但设计阶段的划分及建设程序的要求是不变的。

1. 可行性研究

桥梁建设的前期工作包括预可行性研究报告与可行性研究报告。两者的目的和包含的内容基本是一致的，只是研究的深度不同。预可行性研究报告是在工程可行的基础上，着重研究工程必要性和经济合理性；可行性研究报告是在预可行性研究报告审批后，着重研究工程上和投资上的可行性。前期工作的重点在于论证建桥的必要性和可行性，并确定建桥地点、规模、标准、投资控制等一系列宏观重大问题，为科学地进行项目决策提供依据，避免盲目性及其带来的不良后果。

桥梁的可行性论证包括工程可行性和经济可行性两部分。工程可行性需要基本确定桥梁设计标准、桥位、桥式等技术问题，而经济可行性则需要解决工程投资、资金筹措及偿还等问题。

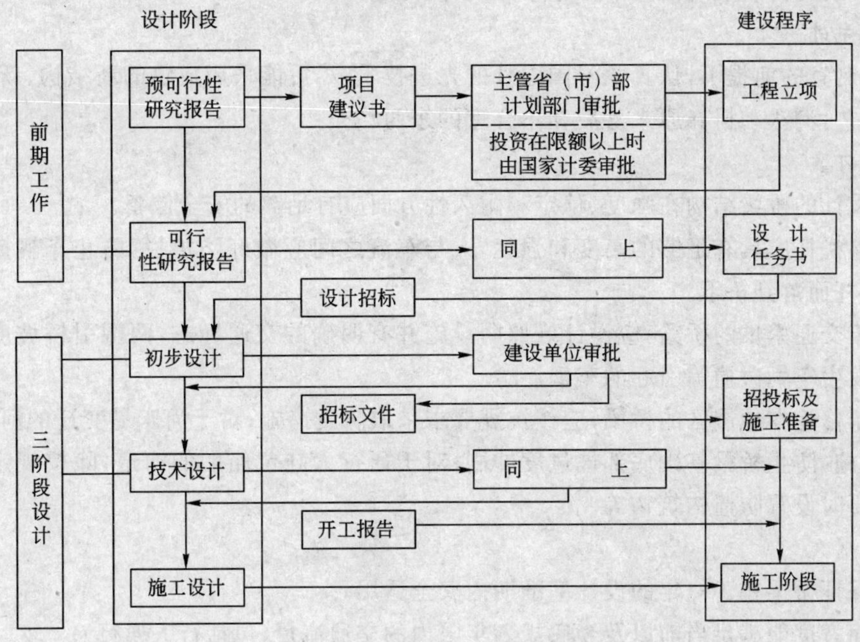

图 7-8 桥梁设计与建设的过程

2.初步设计

在桥梁可行性研究报告经主管建设部门审查批准下达设计任务书后，即可进行初步设计。设计任务书是进行初步设计的依据。在初步设计阶段，设计单位应根据设计任务书中所确定的桥位、荷载等级、各项技术要求（如桥宽、通航净空、桥面高程等），按照桥梁设计原则，进行桥梁的方案设计，包括拟定结构形式（如桥型、体系、孔径等）主要结构尺寸，提出施工方案，估算经济指标（如工程概算、材料用量）等。提出 2～3 个桥式方案以供比选，并提出推荐方案。

初步设计应包括以下内容：

(1)设计任务的来源和要求。

(2)桥位自然条件和技术资料。

(3)桥梁方案设计与方案比选。

(4)推荐方案及其理由。

(5)推荐方案的指导性施工组织，包括施工方法、进度安排等。

(6)工程概算。

3.施工图设计

常规桥梁，通常在初步设计批准之后，直接进入施工图设计。它是根据初步设计中所核定的修建原则、技术方案、技术决定和总投资额等进一步加以具体的文件。在这一设计阶段中，必须对桥梁各部分构件进行详细的设计计算、绘制施工详图、编制施工组织设计和施工预算。

二、设计原则

桥梁工程的设计应符合技术先进、安全可靠、适用耐久、经济合理的要求，同时应满足美观、环境保护和可持续发展的要求等基本原则，现分述如下。

1.技术先进

在因地制宜的前提下，认真学习国内外的先进技术，尽可能采用成熟的新结构、新设备、新材料和新工艺，淘汰和摒弃原来落后和不合理的东西。

2.安全可靠

(1)所设计的桥梁结构在强度、稳定和耐久性方面应有足够的安全储备。

(2)防撞栏杆应具有足够的高度和强度，人与车流之间应做好防护栏，防止车辆撞入人行道或撞坏栏杆而落到桥下。

(3)对于交通繁忙的桥梁，应设计好照明设施并有明确的交通标志，两端引桥坡度不宜太陡，以避免发生车辆碰撞等引起的车祸。

(4)对于修建在地震区的桥梁，应按抗震要求采取防震措施；对于河床易变迁的河道，应设计好导流设施，防止桥梁基础底部被过度冲刷；对于通行大吨位船舶的河道，除按规定加大孔跨径外，必要时设置防撞构筑物等。

3.适用耐久

(1)应保证桥梁在100年的设计基准期内安全适用。

(2)桥面宽度能满足当前以及今后规划年限内的交通流量(包括行人通行)。

(3)桥梁结构在通过设计荷载时不出现过大的变形和过宽的裂缝。

(4)应考虑不同的环境类别对桥梁耐久性的影响，在选择材料、保护层厚度、防锈等方面满足耐久性的要求。

(5)桥跨结构的下面有利泄洪、通航(跨河桥)或车辆和行人的通行(旱桥)。

(6)桥梁的两端方便车辆的进入和疏散，而不致产生交通堵塞现象等。

(7)考虑综合利用，方便各种管线(水、电气、通信等)的敷设。

4.经济合理

(1)桥梁设计应遵循因地制宜、就地取材和方便施工的原则。

(2)经济的桥型应该是造价、营运和养护费用综合最省的桥型，设计中应充分考虑维修的方便和维修费用少，维修时尽可能不中断交通或中断交通的时间最短。

(3)所选择的桥位应是地质、水文条件好，桥梁长度也较短。

(4)桥位应考虑建在能缩短河道两岸的运距，促进该地区的经济发展，产生最大的效益，对于过桥收费的桥梁应能吸引更多的车辆通过，达到尽可能快回收投资的目的。

5.美观

一座桥梁应具有优美的外形，而且这种外形从任何角度看都应该是优美的，结构布置必须精练，并在空间有和谐的比例。桥型应与周围环境相协调，城市桥梁和游览地区的桥梁，可较多地考虑建筑艺术上的要求。合理的结构布局和轮廓是美观的主要因素，另外，施工质量对桥梁美观也有重大影响。

6.环境保护和可持续发展

桥梁设计应考虑环境保护和可持续发展的要求，包括生态、水、空气、噪声等方面。应从桥位选择、桥跨布置、基础方案、墩身外形、上部结构施工方法、施工组织设计等多方面全面考虑环境要求，对于施工过程中的植被破坏、水土流失、排渣污染等，应采取切实可行的工程控制措施，并建立环境监测保护体系，将不利影响减至最小。

第四节 桥梁上的作用(荷载)

一、作用的概念

作用是指施加在结构上的一组集中力或分布力,或引起结构外加变形或约束变形的原因。前者称为直接作用;后者称为间接作用。直接作用称为荷载。

合理选择桥梁上的作用并按作用发生概率进行组合是比结构分析更为重要的问题。因为它关系到桥梁结构在它的有限寿命期限内的安全和桥梁建设费用的合理投资。近年来,由于交通量的不断增加,大型超重车辆的不断出现,风载、地震荷载的重要性愈显突出等,导致实际与可能发生在桥梁结构上的作用越来越复杂,这就给桥梁荷载的选定和分析造成了困难,常因初始设计荷载选定的滞后,而造成桥梁早期破坏或加固。习惯上我们仍把“作用”称为“荷载”。

二、公路桥梁的作用

1.作用的分类

《公路桥涵设计通用规范》(JTG D60—2004)中,将作用在桥梁上的作用(荷载)分为永久作用、可变作用和偶然作用三大类。

(1)永久作用(恒载)。在设计使用期内,其值不随时间变化或其变化与平均值相比可以忽略不计。它包括结构重力、预加应力、土的重力及侧压力、混凝土收缩及徐变影响力、基础变位影响力和水的浮力。

(2)可变作用。在设计使用期内,其值随时间变化,且其变化与平均值相比不可忽略。可变作用包括汽车荷载、汽车冲击力、汽车离心力、汽车引起的土侧压力、人群荷载、汽车制动力、风力、冰压力、流水压力、温度作用和支座摩阻力。

(3)偶然作用。在设计使用期内,不一定出现,但一旦出现其值很大且持续时间较短。它包括地震作用、船只或漂浮物的撞击作用。

2.作用的代表值

公路桥梁在设计时,对不同的作用采用不同的代表值。

(1)永久作用应采用标准值作为代表。

结构物重力(包括结构的附加重力),可按照结构的实际体积或设计时所假定的体积与材料密度计算确定,该值为永久作用的标准值。

作用在墩台上的土压力、土侧压力可参照《公路桥涵设计通用规范》(JTG D60—2004)的规定计算。

对于预应力混凝土结构,预应力在结构使用阶段设计时,就作为永久作用计算其效应,计算时应考虑相应阶段的预应力损失;在结构承载能力极限状态设计时,预应力不作为荷载,而将预应力筋作为普通钢筋计入结构抗力。

(2)可变作用应根据不同的极限状态分别采用标准值、频遇值或准永久值作为其代表值。

承载能力极限状态设计及按弹性阶段计算结构强度时,应采用标准值作为可变作用的代表值;正常使用极限状态按短期效应(频遇)组合设计时,应采用频遇值作为可变作用的代表值;按长期效应(准永久)组合设计时,应采用准永久值作为可变作用的代表值。

(3)偶然作用取其标准值作为代表值。

3. 作用效应组合

桥梁按结构承载能力极限状态设计时，应采用基本组合和偶然组合。桥梁结构按正常使用极限状态设计时，应采用作用的短期效应组合和作用的长期效应组合。

4. 公路桥梁上的汽车荷载

(1)车道荷载与车辆荷载

桥梁上行驶的车辆荷载种类繁多，有各种汽车、平板挂车等，而同一类车辆又有许多不同型号和载重等级。随着交通运输事业和高速路的发展，车辆的载重量还将不断增大。因此，需要拟定一种既满足目前车辆情况和将来发展需要，又便于在设计中应用的简明统一的荷载标准。通过对实际车辆的轮轴数目、前后轴间距、轴压力等情况分析、综合和概括，我国交通部在公路桥梁设计规范中，规定了桥涵设计的标准化荷载。标准中把大量经常出现的汽车荷载排列成车队形式，作为设计荷载。将汽车荷载分为公路—I 级和公路—II 级。桥梁设计时汽车荷载按车道荷载或车辆荷载计算。车道荷载由均布荷载和集中荷载组成。桥梁结构整体计算采用车道荷载；桥梁结构局部加载、涵洞、桥台和挡土墙土压力等的计算采用车辆荷载。车辆荷载与车道荷载不得叠加。

(2)车道荷载

车道荷载的计算图式如图 7-9 所示。

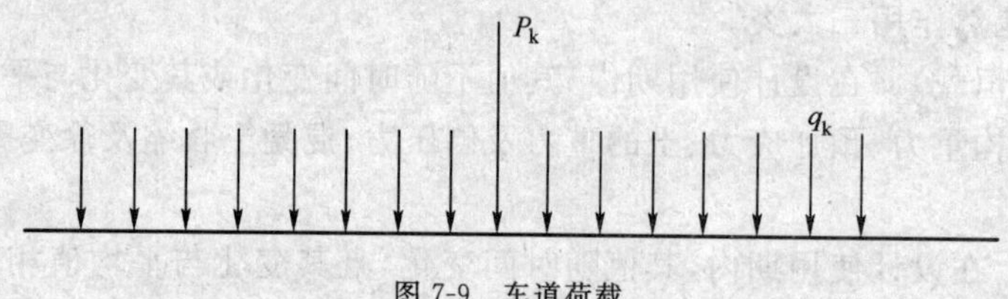

图 7-9 车道荷载

①公路—I 级车道荷载的均布标准值为 $q_k=10.5\text{kN/m}$。集中荷载标准值按以下规定选取：桥梁计算跨径小于或等于 5m 时，$P_k=180\text{kN}$；桥梁计算跨径大于或等于 50m，$P_k=360\text{kN}$；桥梁计算跨径在 5～50m 之间时，P_k 值采用直线内插求得。计算剪力效应时，上述集中荷载的标准值 P_k 应乘以 1.2 的系数。

②公路—II 级车道荷载的均布荷载标准值为 q_k 和集中荷载标准值 P_k 按公路—I 级车道荷载的 0.75 倍计算。

③车道荷载的均布荷载标准值应满布于使结构产生最不利效应的同号影响线上；集中荷载标准值只作用于相应影响线中一个最大峰值处。

④车道荷载横向分布系数应按设计车道数布置车辆荷载计算；当桥梁车道数大于或等于 2 时，由汽车荷载产生的效应按多车道汽车荷载效应应考虑车道数折减。

(3)车辆荷载

公路—I 级、公路—II 级汽车荷载采用相同的车辆荷载标准值。车辆荷载的立面、平面尺寸如图 7-10 所示，主要技术指标见表 7-2。

车辆荷载主要技术指标 表 7-2

项　目	单　位	技术指标	项　目	单　位	技术指标
车辆重力标准值	kN	550	轮距	m	1.8
前轴重力标准值	kN	30	前轮着地宽度及长度	m	0.3×0.2

续上表

项　目	单　位	技术指标	项　目	单　位	技术指标
中轴重力标准值	kN	2×120	中、后轮着地宽度及长度	m	0.6×0.2
后轴重力标准值	kN	2×140	车辆外形尺寸(长×宽)	m	15×2.5
轴距	m	3+1.4+7+1.4			

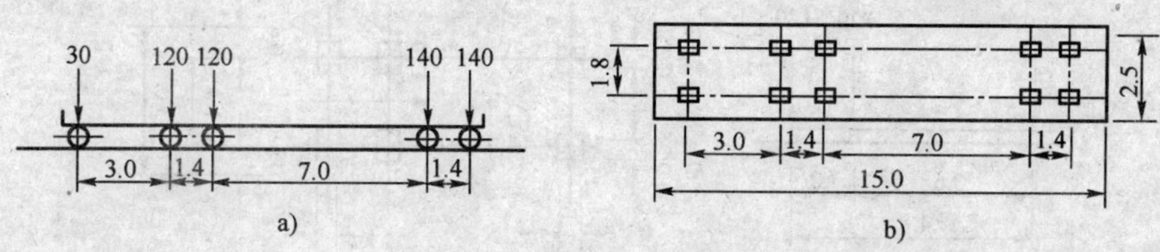

图 7-10　车辆荷载立面与平面尺寸(尺寸单位:m)

a)立面布置;b)平面尺寸

三、城市桥梁荷载

建设部1998年制定了《城市桥梁设计荷载标准》(CJJ 77—98),该标准适用于城市内新建、改建的永久性桥梁与涵洞、高架道路及承受机动车的结构物荷载设计。《城市桥梁设计荷载标准》(CJJ 77—98)中采用两级荷载标准,即城—A级和城—B级标准车辆。

在城市桥梁设计中,汽车荷载可分为车辆荷载和车道荷载。桥梁的横隔梁、行车道板、桥台或挡土墙后土压力的计算,应采用车辆荷载。桥梁的主梁、主拱圈和主桁架等的计算应采用车道荷载。当进行桥梁结构计算时不得将车辆荷载与车道荷载的作用叠加。

汽车荷载等级可分为城—A级和城—B级,车道荷载应按均布荷载加一个集中荷载计算(图7-11),均布荷载和集中荷载的标准值见表7-3。

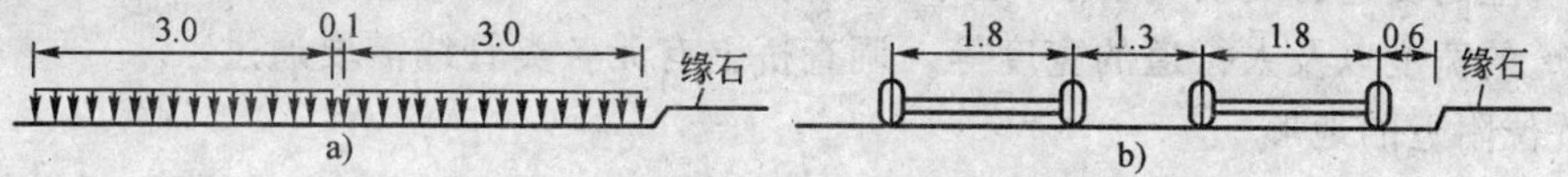

图 7-11　车道荷载横向分布(尺寸单位:m)

城市桥梁车道荷载的均布荷载和集中荷载标准　　表 7-3

荷载等级	城—A级			城—B级		
跨径(m)	车道荷载			车道荷载		
	G_M(kN/m)	G_Q(kN/m)	P(kN)	G_M(kN/m)	G_Q(kN/m)	P(kN)
$2\leqslant e\leqslant 20$	22.5	37.5	140	19.0	25.0	130
$20\leqslant e\leqslant 150$	10.0	15.0	300	9.5	11.0	160

注:在计算剪力时,当跨径大于20m小于150m,且车道数等于或大于4条,城—A级、城—B级车道荷载应分别乘以1.25、1.30的增长系数。

车道荷载的单向布载宽度应为3.0m,为简化桥梁横向影响线的计算,车道荷载应按照等效荷载车轮集中力形式布置。

当设计车道数目大于2时,应计入车道的横向折减系数。加载车道位置应选在结构能产生最不利的荷载效应之处。

城—A级汽车荷载和城—B级汽车荷载,其标准载重汽车如图7-12和图7-13所示。

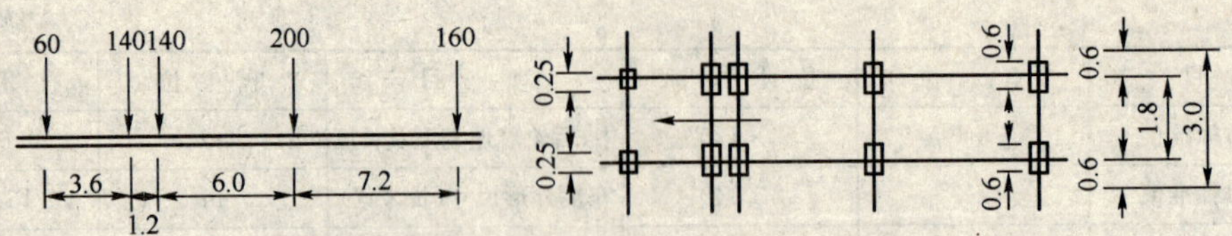

图 7-12　城—A 级标准车辆轴载与尺寸(轴载单位:kN　尺寸单位:mm)

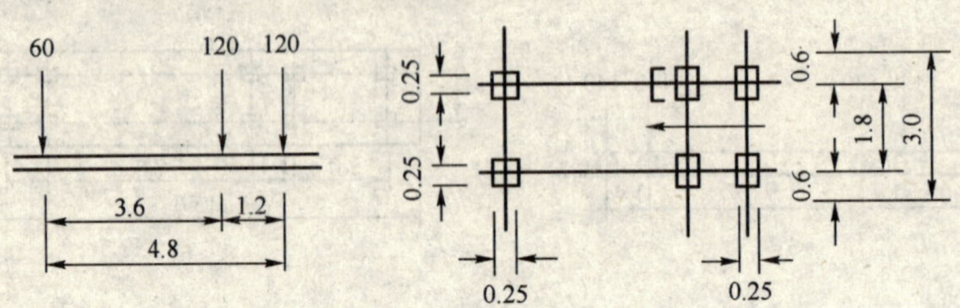

图 7-13　城—B 级标准车辆轴载与尺寸(轴载单位 kN　尺寸单位:mm)

第五节　桥梁设计与施工

一、桥 梁 设 计

1.桥梁设计的基本资料

一座桥梁的总体设计涉及的因素很多,必须从实际出发,充分地进行调查研究,分析该桥的具体情况,才能得出合理的设计方案。因此,桥梁总体设计必须进行一系列的野外勘测和资料的收集工作。对于跨越河流的桥梁在勘测时应收集如下资料。

(1)桥梁承担的具体任务

调查桥上的交通种类及其要求,如车辆的荷载等级、实际交通量和增长率、需要的车道数目或行车道的宽度以及人行道的宽度等。调查桥上有无各类管线需要通过。

(2)桥位附近的地形

包括测量桥位处的地形、地貌,并绘成地形图,供设计时布置桥位中线位置、桥墩位置以及桥头接线,并供施工时布置场地。

(3)地质资料

通过桥位处的地质勘探,编制工程地质勘探报告,作为基础设计的重要依据。

(4)河流的水文情况

测量桥位附近河道纵断面、桥位处河床断面,收集和分析历年的洪水资料,通过计算确定各种特征水位、流量和流速以及河床的冲刷、淤积和变迁的情况等。这为确定桥梁跨径、基础埋置深度和桥面高程提供可靠的依据,同时为桥梁施工提供相关的资料。

(5)其他资料

调查当地建筑材料(砂、石料等)的来源,水泥、钢筋的供应情况以及水陆交通的运输情况;当地的气温变化、降雨量、风速或台风影响等情况;施工单位的技术水平、施工机械等装备情况以及施工现场的动力设备和电力供应情况;新建桥位上、下游有无旧桥,其桥型布置和使用情况等,为设计和施工提供较为详尽的依据资料。

2.桥位及桥型选择

(1)桥位选择

原则上，大、中桥的桥位选择应服从路线的总方向，但路与桥需综合考虑。从整个路线或路线网的观点来看，应力求避免或减少车辆绕道以节省运营时间和运输成本，但同时需充分考虑不过分增加桥梁的建设和养护费用。就桥梁本身的经济性和稳定性来看，应尽量选择在河道顺直、水流稳定、断面较窄、地质良好、冲刷较少的河段上，以降低造价和养护费用，并防止因冲刷过大而发生桥梁倒塌的危险。此外，还应尽量避免桥梁与河流斜交，避免由此导致的桥梁长度增加和造价提高。然而桥梁的这些经济性和稳定性的因素应与路线的总方向基本一致。对于小桥涵的位置则完全服从路线走向，当遇到不利地形、地质和水文条件时，应采取适当工程措施，不应因此而改变线路。

(2)桥型选择

桥梁结构形式的选择，必须满足安全实用、经济合理及美观协调的原则。而每一具体的结构形式，又与地质、地形和水文等因素有关。所以在选择桥型时，必须妥善地处理各方面的矛盾，选出合理的方案。例如，石拱桥的耗钢量比钢筋混凝土梁式桥少得多，对于石料供应方便的地区建造石拱桥可以节约大量钢材。但若桥址的地基条件较差，为了承受拱推力的作用，需对拱桥的基础和地基部分进行必要处理以加强基础和地基的承载能力，这样必然增加基础和地基部分的造价。综合比较而言，修建石拱桥未必更合理。

影响桥型选择的因素很多，分析它们的特点，根据它们所起的作用和所处的地位，可以将这些因素分为独立因素、主要因素和限制因素等类别。

桥梁的长度、宽度和通航孔大小等都是桥型选择的独立因素。它们是随设计任务同时提出的，这些因素不是设计人员在进行桥梁设计时能随意更改的。

经济是桥型选择时考虑的主要因素。一切设计必须经过详细而周密的技术经济比较。

地质、桥型(包括基础类型)和工程造价。地形条件及水文条件将影响到桥型、基础埋置深度，水文及气候条件是桥型选择的限制因素。地质条件在很大程度上影响到桥位、桥型(包括基础类型)和工程造价。地形条件及水文条件将影响到桥型、基础埋置深度、水中桥墩数量等。例如，在水下基础施工困难的地方，适当地将跨径放大一些，避开施工困难较多的水下工程，常可取得较好的经济效益；在高山峡谷、水深流急的河道，建造单孔桥往往比较合理。

3. 桥梁纵断面设计

桥梁的纵断面设计主要包括：确定桥梁的总跨径，桥梁的分孔，桥面高程，基础埋置深度，桥下净空，桥上及桥头引道纵坡等。桥梁的横断面设计主要是确定桥面净空和桥跨结构的横断面布置。

(1)桥梁总跨径的确定

桥梁总跨径一般根据水文计算确定。要求桥梁总跨径必须保证桥下有足够的泄洪面积。但由于桥梁墩台和桥头路堤压缩了河床，使桥下过水断面减小，流速加大，会引起河床冲刷。为了使总跨径不致过大，节省建桥投资，允许墩台有一定的冲刷。因此，桥梁的总跨径应根据具体情况，经过全面分析后加以确定。例如，对于非坚硬岩层上修筑的浅基础桥梁，总跨径应该大一些，以避免路堤压缩河床，造成过大冲刷，危及墩台的安全；对于深埋基础，一般允许较大的冲刷，总跨径就可以减小。山区河流一般河床流速已经很大，则应尽可能减少压缩或不压缩河床；而对于平原区宽滩河流则允许有较大压缩，但必须注意壅水对河滩、路堤以及附近农田和建筑物带来的危害。

(2)桥梁的分孔

桥梁的总跨度确定后，还需进一步确定桥梁分孔。对较长的桥梁，应当分数孔，每孔跨径的造价就相对减少;反之则相反。最经济的分孔方式是使上、下部结构的造价最低。在通航河流,当通航净宽大于按经济造价所确定的跨径时,一般将通航孔的跨径按通航净空来设置,其余的桥孔按经济跨径来分孔,但对于变迁性河流,依河道可能发生的变化,则需多设几个通航孔。

桥梁分孔是一个非常复杂的问题,各孔跨径的确定需要综合考虑各种因素。通常跨径在60m以下时,应尽可能采用标准跨径,且宜等跨布置;在某些结构体系中,为了结构受力合理和用材经济,有时会采用不等跨,如连续梁的分跨;为了避开不利的地质区段(如岩石破碎带、裂隙、溶洞等),也要将桥基移开,也要适当加大跨径;在山区建桥时,往往采用大跨径桥梁来跨越深谷,以便减少中间的桥墩;由于缺乏足够的施工技术和机械设备,放弃经济跨径,而选用较小跨径,也是可能的。总之,对于大型桥梁的分孔是一个相当复杂的问题,必须根据桥梁的使用任务,桥位处的地形、地质、水文及环境等具体情况,通过技术经济比较,才能作出比较完善的设计方案。

(3)桥面高程的确定

桥面高程或是在路线纵断面设计中已经给出,或是根据设计洪水位、桥下通航需要的净空来确定。在通航木筏的河流上,桥跨结构之下自设计通航水位算起,应能满足通航净空的要求。

对于跨河桥梁,桥面的高程应保证桥下排洪和通航的需要;对于跨线桥梁,则应确保桥下安全行车。对于非通航的河流,当有漂流物和流水阻塞以及易淤积的河床,桥下净空应适当加高。

根据上述要求确定桥面高程后,就可根据两端桥头的地形和线路要求来设计桥梁的纵断面线形。一般中、小桥通常做成平坡桥。对于大桥,为了利于桥面排水和降低引道路堤高度,往往设置从中间向两端倾斜的双向纵坡。桥上纵坡不大于4%,桥头引道纵坡不宜大于5%。对位于市镇混合交通繁忙处的桥梁,桥上纵坡和桥头引道纵坡均不得大于3%。

4.桥梁横断面设计

桥梁横断面设计,主要是决定桥面的宽度和桥跨结构横断面布置。桥面宽度取决于行车和行人的交通需要。桥梁横断面布置取决于公路等级;公路宽度按设计车速确定。

为了保证车辆和行人安全通过桥梁,桥面以上垂直于行车道方向应保留一定的空间,这个空间界限称为桥面净空。桥面净空包括净宽和净高,桥面净空应符合公路建筑界限的规定。桥面净宽包括行车道宽度和侧向宽度。行车道宽取决于桥梁所在公路等级和性质,车道宽度见表7-4。

车道宽度 表7-4

设计速度(km/h)	120	100	80	60	40	30	20
车道宽度(m)	3.75	3.75	3.75	3.50	3.50	3.25	3.00

注:高速公路上的八车道桥梁,当设置左侧路肩时,内侧车道宽度可采用3.5m。

城市桥梁以及位于大、中城市近郊的公路桥梁的桥面净空尺寸,应结合城市交通工程规划要求予以适当加宽。桥上如通电车和汽车时,一般将电车布置于桥道中央,汽车道在它的两旁。在弯道上的桥梁应按路线要求予以加宽。

桥上人行道和自行车道的设置,应根据实际需要而定。人行道宽度为0.75m或1.0m,大于1.0m时按0.5m的倍数增加。不设人行道和自行车道的桥梁,可根据具体情况,设置栏杆和安全带。与路基同宽的小桥涵洞仅设缘石或栏杆。

人行道及安全带应高出行车道面至少 20～25cm，对于有 2%以上纵坡且高速行车的桥梁，最好应高出行车道面 30～35cm，以确保行人和行车的安全。

为了排水需要，桥面应根据不同类型的桥面铺装，设置从桥面中央向外侧倾的桥面横坡。行车道横坡为 1.5%～3.0%；人行道设置向车道倾斜的横坡，通常为 1%。

5.桥梁的平面布置

桥梁的线形及桥头引道要保持平顺，使车辆能平稳地通过。

高速公路和一级公路上的大、中桥以及各级公路上的小桥的线形与公路衔接时，应符合路线布设的规定。

二、三、四级公路上的大、中桥线形，一般为直线，如必须设成曲线时，其各项指标应符合路线布置规定。

从桥梁本身的经济性和施工方便来说，应尽可能避免桥梁与河流或桥下路线斜交，但对于一般中、小桥，为了改善路线线形或城市桥梁受原有街道的制约时，也允许修建斜交桥，斜度通常不宜大于 45°，在通航河流上则不宜大于 5°。

6.桥梁的造型与美学设计

进入 20 世纪后半叶，国内外桥梁工程师已将桥梁的造型和美感放在桥梁设计的重要位置。一座桥梁，从满足功能要求而言，是工程结构物；从观赏角度，应是一件建筑艺术品，尤其是大桥，往往成为一个国家、一个地区、一个城市的标志。桥梁建筑也同其他建筑一样，只有当它与周围环境融合协调，各结构部分组合成一个统一的有机整体，才能充分地显示出它的价值和表现力。桥梁建筑造型设计就是谋求创造艺术感染力的过程。古今中外的各种建筑，尽管在结构形式处理方面有极大的差别，但凡优秀建筑，必然遵循一个共同的准则——多样统一。因而，只有多样统一才堪称为形式美的规律。而主从、对称、韵律、对比、尺度、均衡等，则是多样统一在某一方面的体现。

但是，桥梁建筑的审美，与一般的文学艺术审美不同，它是以一个实实在在的、现实存在的、功能性极强的结构实体作为审美客体。它与一般建筑结构物也有区别，即桥梁建筑以其全部外裸的结构特性以及各组成部分功能明确的，形象的组成一个和谐的整体。桥梁美学除了遵循一般审美的规律要求外，还具有自己的审美特点，即桥梁建筑审美的直观性、桥梁建筑审美的趋向性、桥梁建筑审美的空间感和力度感。

二、桥 梁 施 工

1.桥梁施工一般程序

桥梁施工是根据设计图纸，对桥梁工程在现场实施的全过程，其基本程序如图 7-14 所示，图中施工程序中，基础和上部构造施工是主体工序。

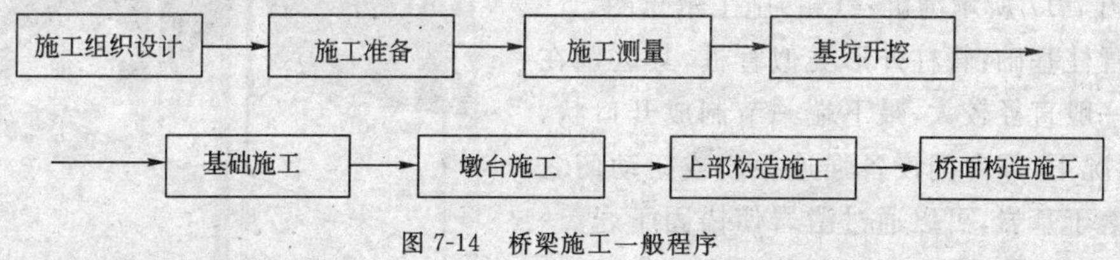

图 7-14　桥梁施工一般程序

2.基础施工

基础是桥梁下部的结构。基础一般处于水下河床内的基岩或土地基上，直接承受上部结构传来的全部荷载。桥梁基础的强度、刚度及稳定性直接关系到桥梁的安全和使用寿命，加之桥梁基础水文和地质的复杂性，因此桥梁基础施工是桥梁工程的重要环节。基础施工常用的方法有以下几种。

(1)明挖基础：也称扩大基础，通常用块石、混凝土砌筑而成的大块实体基础。其构造简单、深度较浅、施工容易、就地取材、造价低廉，广泛用于中、小桥涵，图 7-15 所示为钢围堰明挖基础。

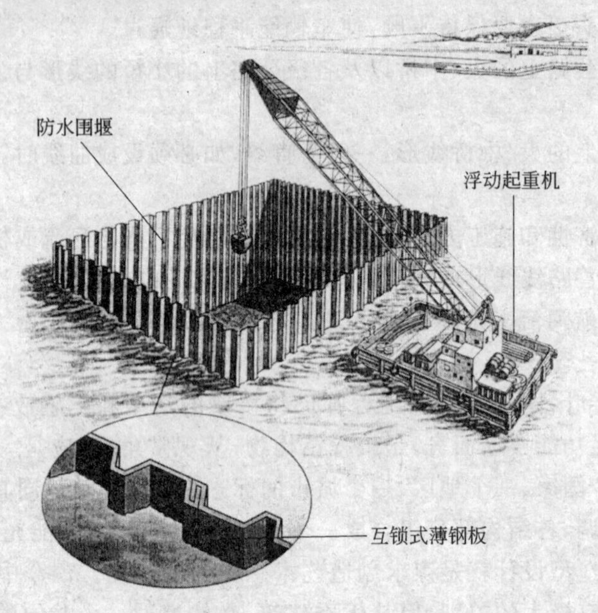

图 7-15　钢围堰明挖基础

(2)桩基础：由许多根打入或沉入土中的桩和连接桩顶的承台所构成的基础。上部构造的荷载通过承台分配到各桩头，再通过各桩传送到深层土中，故属于深基础。桩基础结构轻，施工机械化程度较高，施工进度较快，是一种较经济的基础结构。常用的桩材有木材、钢筋混凝土和钢材，图 7-16 所示为钢筋混凝土桩基础。

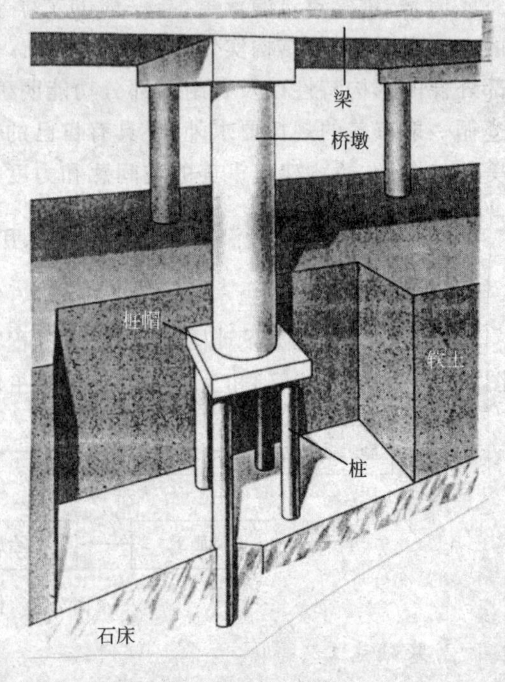

图 7-16　钢筋混凝土桩基础

(3)沉井(箱)基础：是一种古老而且常见的深基础类型。它的刚性大，稳定性较好，与桩基相比，在荷载作用下变位甚微，具有较好的抗震性能，尤其适用于对基础承载力要求较高、对基础变位敏感的桥梁，如大跨度悬索桥、拱桥、连续梁桥等，图 7-17 所示为沉—(箱)施工示意图。

(4)管柱基础：管柱外形类似管桩，其区别在于：管柱一般直径较大，最下端一节制成开口状，在一般情况下，靠专门设备强迫振动或扭动使之下沉，如落于基岩，可以通过凿岩使锚固于岩盘。大型管柱的外形又类似圆形沉井，但沉井主要是靠自重下沉，其壁较厚，而管柱是靠外力强迫下沉，其壁较薄。

管柱基础适用于较复杂的水文地质条件，尤其在某些特殊条件下，更能显示其广泛适应性。

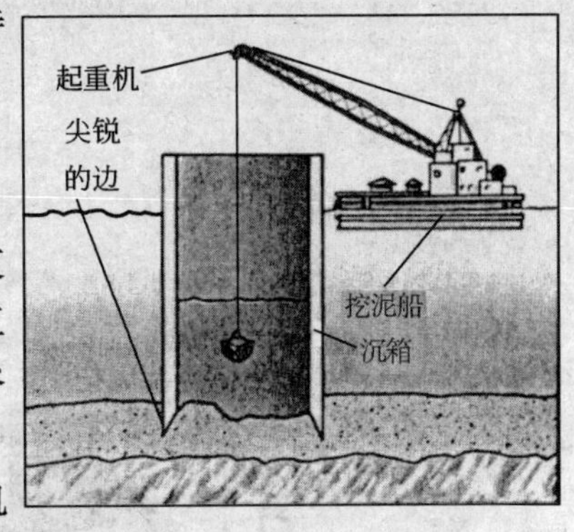

图 7-17 沉井(箱)施工

3. 上部构造施工

上部构造施工常用的方法有以下几种。

(1)支架法施工。如图 7-18 所示，这种方法是先搭支架，然后在支架上施工，由于此法简单，所需设备较少，施工技术力量要求相对较小，因此不适用于大跨度桥和跨峡谷桥。当前应用较多的是城市立交桥和大桥引桥的施工。

(2)架梁法施工。架梁施工有两种方式：一种是用架桥机架设；另一种是利用大型浮运和浮吊(已由几百吨发展到几千吨)架设梁排或整孔桥跨的方法(图 7-19)，如美国的弗里兰特钢拱桥安装中间拱段长 275m，重 600t，它是用一万吨的趸船运至桥位处，然后吊升安装的。

图 7-18 满堂支架法施工

(3)顶推法施工。如图 7-20 所示，用顶推法施工多跨连续梁，是先在岸边逐段浇筑箱梁，待浇筑 2、3 段后，即安装对中的临时预应力索，用水平千斤顶将箱梁在滑板上顶出，再借助于竖向千斤顶间接顶推。顶推法按照工作面不同，可有单点顶推、多点顶推和双向顶推等法。

(4)悬臂法施工。悬臂法施工建造预应力混凝土梁桥时，不需要在河中搭设支架，而直接从已建墩台顶部逐段向跨径方向延伸施工，每延伸一段就施加预应力使其与已成部分连接成整体，如果将悬伸的梁体与墩柱做成刚性固结，这样就构成了能最大限度发挥悬臂施工优越性的预应力混凝土 T 形刚架桥，如图 7-21 所示。

(5)转体法施工。由于支架法现浇施工不能适应大跨度和大净空桥的需要，而工厂预制拼装也存在运输等问题，因此，产生了在桥址岸边支架上浇筑混凝土、张拉预应力筋，然后在其墩台支座上旋转主桥位上的转体法施工。该法十多年来发展很迅速，不仅适合梁式桥、拱桥，还适合斜拉桥，从单跨桥发展到多跨桥，从水平旋转发展到竖直旋转，图 7-22 所示为水平转体法施工。

图 7-19　用吊车架梁施工示意图

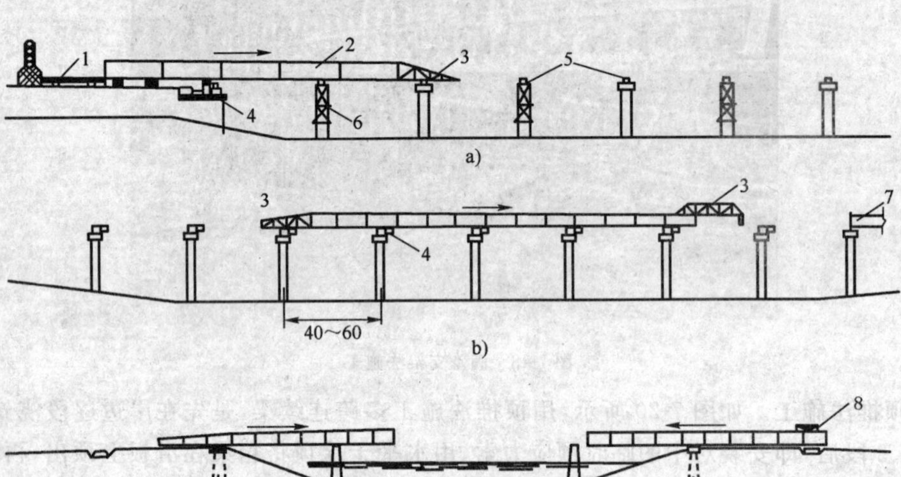

图 7-20　连续梁顶推法施工示意图(尺寸单位:m)

a)单向单点顶推;b)按每联多点顶推;c)双向顶推

1-制梁场;2-梁段;3-导梁;4-千斤顶装置;5-滑道支承;6-临时墩;7-已架完的梁;8-平衡重

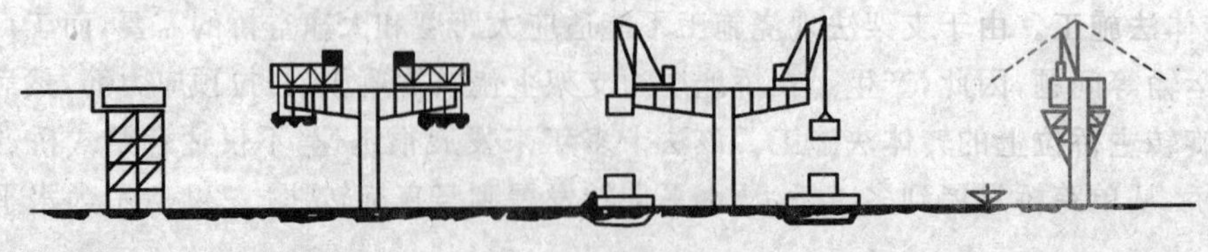

图 7-21　悬臂法施工

图 7-22 水平转体法施工

(6)刚性骨架法施工。这种方法是用劲性钢材(如角钢、槽钢等型钢)作为拱圈的受力钢材,在施工过程中,先把这些钢骨架拼装成拱,作施工钢拱架使用,然后再现浇混凝土,把这些钢骨架埋入拱圈(拱肋)混凝土中,形成钢筋混凝土拱。该方法的优点是可以减少施工设备的用钢量,整体性好,拱轴线易于控制,施工进度快等。但结构本身的用钢量大,且需用型钢较多,如图 7-23 所示。

(7)悬索桥及斜拉桥施工

悬索桥及斜拉桥可使用吊索和斜拉索为支承构件,吊拉住预制的钢筋混凝土或钢梁,逐段起吊,逐段拼装,最后形成整体的桥面系,图 7-24 和图 7-25 所示为施工方法示意图。

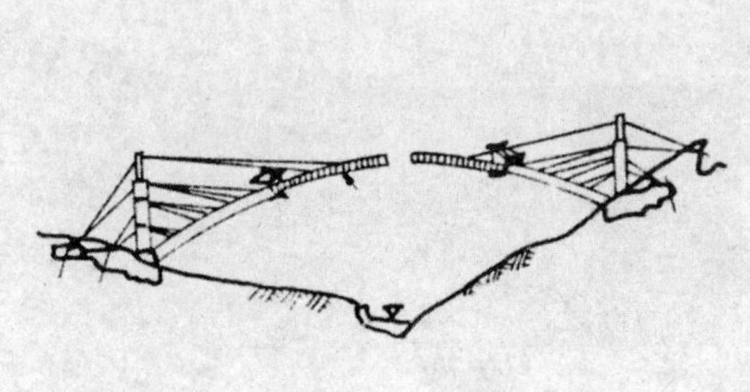

图 7-23 钢性骨架法施工

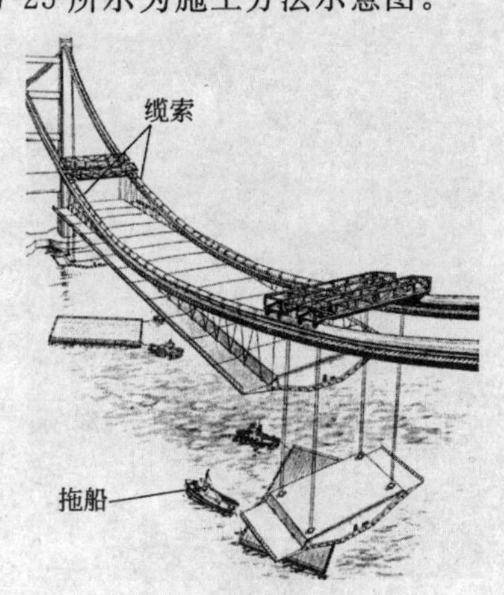

图 7-24 悬索桥施工

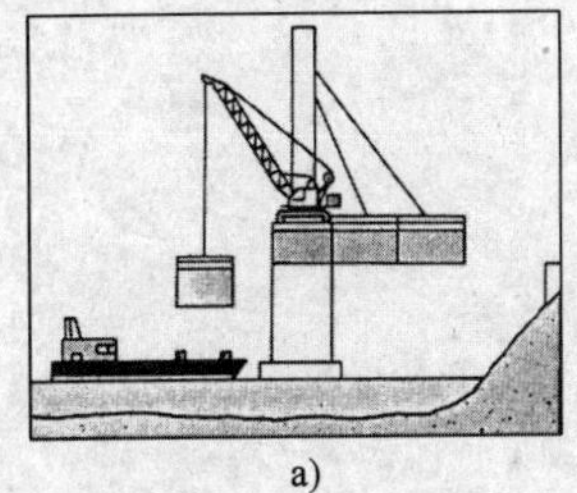

a)

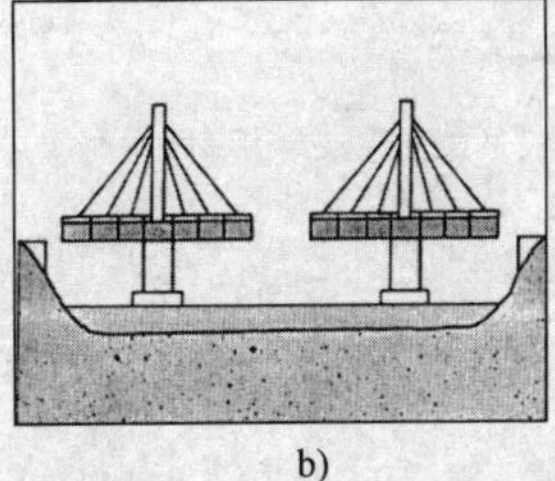

b)

c)

图 7-25 斜拉桥施工示意图

a)吊装预制梁;b)对称向桥中合龙;c)合龙后进行桥面施工

思 考 题

1. 桥梁的上部结构和下部结构由哪些部分组成？它们的功能怎样？
2. 调查资料简要归纳桥梁五种基本体系的特征，并列表比较其差异。
3. 桥梁设计应遵循哪些原则？如何理解桥梁美观的要求，并举例说明。
4. 参观一座桥梁建设工地，结合书上的介绍，写出该桥下部及上部结构施工的方法及步骤。
5. 转体法施工的特点是什么？从转体法施工中，你有何启示和想法？

参考文献

[1] 罗福午.土木工程专业概论(第二版).武汉工业大学出版社,2002.
[2] 丁大钧,等.土木工程概论.北京:中国建筑工业出版社,2005.
[3] 何晖.土木工程概论.北京:化学工业出版社,2000.
[4] 刘瑛.土木工程概论.北京:化学工业出版社,2005.
[5] 徐礼华.土木工程概论.武汉:武汉大学出版社,2005.
[6] 张主伟.土木工程概论.北京:机械工业出版社,2004.
[7] 杨佩琨.智能交通.上海:同济大学出版社,2002.
[8] 周兴华.土木工程概论.北京:人民交通出版社,2005.
[9] 江见鲸.土木工程概论.北京:高等教育出版社,2001.
[10] 丁大钧.土木工程总论.北京:中国建筑工业出版社,1997.
[11] 史韧.桥梁工程导论.北京:中国建筑工业出版社,2000.
[12] 李亚东.桥梁工程概论.成都:西南交通大学出版社,2005.
[13] 张新天,等.道路与桥梁工程概论.北京:人民交通出版社,2006.
[14] 叶国铮,等.道路与桥梁工程概论.北京:人民交通出版社,1999.
[15] 罗娜.桥梁工程概论.北京:人民交通出版社,1998.
[16] 张雪华,等.道路设计导论.北京:中国建筑工业出版社,2000.
[17] 孙家驷.道路勘测设计.北京:人民交通出版社,2005.
[18] 土木工程编委会.中国大百科全书土木工程.上海:中国大百科全书出版社,1987.
[19] 李国豪.土木建筑工程词典.上海:辞书出版社,1991.
[20] 长安大学.公路技术词典.北京:人民交通出版社,2006.
[21] 孙家驷.道路设计资料集 1-7 集.北京:人民交通出版社,2001-2006.

人民交通出版社公路图书介绍

一、教材类

(一)学历教材类

21 世纪交通版高等学校教材

1. 交通工程总论(第二版)(徐吉谦) …… 32 元
2. 交通工程学(任福田) …… 42 元
3. 交通管理与控制(第三版)(吴　兵) …… 25 元
4. 道路通行能力分析(陈宽民) …… 27 元
5. 交通工程设计理论与方法(马荣国) …… 40 元
6. 公路网规划(裴玉龙) …… 27 元
7. 交通工程专业英语(裴玉龙) …… 28 元
8. 交通运输工程导论(姚祖康) …… 22 元
9. 交通流理论(王殿海) …… 21 元
10. 交通系统仿真技术(刘运通) …… 26 元
11. 停车场规划设计与管理(关宏志) …… 30 元
12. 交通工程设施设计(李峻利) …… 35 元
13. 智能运输系统概论(杨兆升) …… 25 元
14. 运输经济学(严作人) …… 40 元
15. 道路交通工程系统分析方法(王　炜) …… 28 元
16. 道路交通安全(裴玉龙) …… 32 元
17. 交通调查与分析(第二版)(严宝杰) …… 38 元
18. 交通工程专业生产实习指导书(朱从坤) …… 7 元
19. 交通运输设施与管理(郭忠印) …… 33 元
20. 道路交通安全管理法规概论及案例分析(裴玉龙) …… 29 元

※ ※ ※ ※ ※ ※ ※

21. 道路勘测设计(第二版)(杨少伟) …… 40 元
22.《道路勘测设计》毕业设计指导(许金良) …… 30 元
23. 测量学(第二版)(许娅娅) …… 34 元
24. 道路建筑材料(第四版)(李立寒) …… 35 元
25. 道路工程制图(第四版)(谢步瀛) …… 36 元
26. 道路工程制图习题集(袁　果) …… 26 元
27. 土质学与土力学(第三版)(高大钊) …… 26 元
28. 公路工程地质(第三版)(窦明健) …… 23 元
29. 专业英语(第二版)(李　嘉) …… 30 元
30. 公路经济学教程(袁剑波) …… 23 元
31. 道路结构力学计算(上、下)(郑传超、王秉纲) …… 50 元
32. 道路工程(土木工程专业)(凌天清) …… 30 元
33. 路基路面工程(第二版)(邓学均) …… 52 元
34. 高速公路(第二版)(方守恩) …… 21 元
35. 高速公路设计(赵一飞) …… 38 元
36. 城市道路设计(吴瑞麟) …… 22 元
37. GPS 测量原理及其应用(胡伍生) …… 28 元
38. 公路测设新技术(维应) …… 36 元
39. 道路与桥梁工程计算机绘图(许金良) …… 31 元
40. 公路小桥涵勘测设计(第三版)(孙家驷) …… 31 元
41. 路基设计原理与计算(李峻利) …… 40 元
42. 公路施工组织及概预算(张起森) …… 27 元
43. 路基路面工程检测技术(李宇峙) …… 46 元
44. 公路土工合成材料应用原理(黄晓明) …… 22 元
45. 水泥与水泥混凝土(申爱琴) …… 30 元
46. 环境经济学(董小林) …… 32 元
47. 公路环境与景观设计(刘朝辉) …… 30 元

※ ※ ※ ※ ※ ※ ※

48. 结构设计原理(第二版)(叶见曙) …… 53 元
49. 桥梁工程(第二版)(土木、交通工程)(邵旭东) …… 52 元
50. 隧道工程(第二版)(上)(王毅才) …… 65 元
51. 基础工程(第三版)(王晓谋) …… 33 元
52. 桥涵水文(第三版)(高冬光) …… 24 元
53. 水力学(王亚玲) …… 19 元
54. 桥梁检测与加固(王国鼎) …… 27 元
55. 桥梁钢—混凝土组合结构设计原理(黄　侨) …… 26 元
56. 桥梁结构试验(章关永) …… 22 元
57. 桥梁抗震(叶爱君) …… 15 元
58. 大跨度桥梁结构计算理论(李传习) …… 18 元
59. 现代钢桥(上)(上下册)(吴　冲) …… 34 元
60. 钢桥(徐君兰) …… 16 元
61. 隧道结构力学计算(夏永旭) …… 29 元
62. 公路隧道运营管理(吕康成) …… 22 元
63. 高等桥梁结构理论(项海帆) …… 35 元
64. 高等钢筋混凝土结构(周志祥) …… 27 元
65. 结构分析的有限元法与 MATIAB 程序设计(徐荣桥) …… 28 元

※ ※ ※ ※ ※ ※ ※

66. 桥梁计算示例丛书—桥梁地基与基础(赵明华) …… 16 元
67. 桥梁计算示例丛书—悬索桥(徐君兰) …… 16 元
68. 桥梁计算示例丛书—混凝土简支梁(板)桥(第三版)(易建国) …… 27 元
69. 桥梁计算示例丛书—拱桥(第二版)(王国鼎) …… 36 元

※ ※ ※ ※ ※ ※ ※

70. 工程项目融资(赵　华) …… 29 元
71. 管理信息系统(李友根) …… 31 元
72. 公路工程定额原理与估价(石勇民) …… 34 元
73. 工程风险管理(邓铁军) …… 21 元
74. 工程质量控制与管理(邬晓光) …… 29 元
75. 公路工程造价编制与管理(沈其明) …… 31 元
76. 工程项目招标与投标(周　直) …… 30 元

※ ※ ※ ※ ※ ※ ※

77. 施工机械概论(王　进) …… 35 元
78. 公路施工机械(李自光) …… 43 元
79. 现代工程机械发动机与底盘构造(陈新轩) …… 38 元
80. 工程机械维修(许　安) …… 38 元
81. 工程机械状态检测与故障诊断(陈新轩) …… 29 元
82. 工程机械底盘设计(郁录平) …… 36 元
83. 公路工程机械化施工与管理(郭小宏) …… 40 元
84. 工程机械设计(吴永平) …… 38 元

21 世纪交通版交通土建高职高专规划教材

1. 工程力学(第二版)(孔七一) …… 26 元
2. 结构力学(第二版)(李　轮) …… 23 元
3. 工程测量(第二版)(李仕东) …… 24 元
4. 道路工程专业英语(薛廷河) …… 19 元
5. 公路施工技术(俞高明) …… 26 元
6. 基础工程(陈宴松) …… 19 元
7. 公路工程造价(陆春其) …… 24 元
8. 公路施工组织设计(马敬坤) …… 16 元
9. 交通工程学基础(张郃生) …… 19 元
10. 公路工程建设招标与投标(文德云) …… 30 元
11. 公路养护技术与管理(彭富强) …… 16 元
12. 城市道路设计(王连威) …… 24 元
13. 工程机械与施工用电(王定祥) …… 33 元
14. 公路建设与环境保护(田　平) …… 26 元
15. 建筑力学(上、下)(罗　奕) …… 53 元

16. 道路工程制图(第二版)(刘松雪) …… 25 元
17. 道路工程制图习题集(第二版)(曹雪梅) …… 24 元
18. 道路建筑材料(第二版)(姜志青) …… 29 元
19. 道路建筑材料试验指导书(姜志青) …… 22 元
20. 工程测量实训指导(马真安) …… 16 元
21. 工程地质(第二版)(齐丽云) …… 23 元
22. 结构设计原理(第二版)(孙元桃) …… 23 元
23. 土质与土力学(第二版)(孟祥波) …… 21 元
24. 桥涵水力水文(第二版)(舒国明) …… 23 元
25. 公路概论(第二版)(高红宾) …… 22 元
26. 公路勘测设计(陈方晔) …… 23 元
27. 公路设计(金仲秋) …… 36 元
28. 路基路面工程(栗振峰) …… 31 元
29. 桥涵设计(白淑毅) …… 26 元
30. 桥涵施工技术(第二版)(王常才) …… 33 元
31. 桥梁施工组织与管理基础(王 洁) …… 21 元
32. 桥梁工程(李辅元) …… 39 元
33. 公路工程检测技术(第二版)(金 桃) …… 28 元
34. 路基路面检测技术(杨晓丰) …… 25 元
35. 公路工程项目管理(陈 烈) …… 27 元
36. 公路工程施工监理基础(李文不) …… 24 元
37. 公路工程施工招标投标文件编制示例(文德云) …… 38 元
38. 公路建设法规概论(田 文) …… 14 元
39. 公路工程试验仪器使用与维护(李玉珍) …… 30 元
40. 公路隧道施工(黄成光) …… 59 元
41. 公路工程 CAD 基础教程(郑益民) …… 26 元
42. 工程机械与施工用电(王定祥) …… 33 元
43. 汽车安全检测(杜兰卓) …… 25 元
44. 公路路政管理(马彦芹) …… 18 元
45. 特殊地区公路(王海春) …… 23 元
46. 公路小桥涵勘测方法与示例(薛安顺) …… 36 元
47. 公路工地试验室建设与管理(金 桃) …… 16 元
48. 公路工程财务管理(史恩静) …… 15 元
49. 合同管理(刘三会) …… 23 元
50. 公路施工监理(唐杰军) …… 30 元
51. 路基路面施工技术(文德云) …… 30 元
52. 高等级公路维护与管理(高占云) …… 24 元
53. 公路工程施工组织设计(陈华卫) …… 18 元
54. 公路工程造价(第二版)(陆春其) …… 35 元
55. 公路工程施工监理基础(第二版)

21 世纪交通土建高职高专规划教材——“建筑工程技术”专业

1. 建筑工程造价(翁光远) …… 29 元
2. 建筑结构(张颂娟) …… 将出
3. 建筑材料(陈晓明) …… 将出
4. 建筑工程测量(张 丕) …… 将出
5. 建筑工程制图(刘 萍 王旭东) …… 将出
6. 土力学地基与基础(王培杰) …… 将出
7. 市政工程概论(樊琳娟) …… 将出

交通职业技术院校路桥专业教学参考书

1. 公路工程试验实训(DVD)(制作组) …… 48 元
2. 毕业设计与毕业答辩指导(上)(李文刚) …… 15 元
3. 毕业设计与毕业答辩指导(下)(苏建林) …… 17 元
4. 课程设计指导(田 平) …… 27 元
5.《地质与土质》实习实验指导(朱建德) …… 12 元
6. 试题集及题解(第二版)(1~4 辑)(张润虎)全套 …… 108 元

高等学校应用型本科规划教材

1. 结构设计原理(黄平明) …… 47 元
2. 土质学与土力学(赵明阶) …… 30 元
3. 桥梁工程(刘龄嘉) …… 45 元
4. 公路工程试验检测(乔志琴) …… 47 元
5. 路桥工程专业英语(赵永平) …… 44 元
6. 道路建筑材料(伍必庆) …… 37 元
7. 水力学与桥涵水文(王丽荣) …… 27 元
8. 结构设计原理学习指导(安静波) …… 35 元
9. 结构设计原理计算示例(赵志蒙) …… 40 元
10. 公路工程经济(周福田) …… 22 元
11. 工程项目管理(李佳升) …… 32 元
12. 工程招投标与合同管理(刘 燕) …… 33 元
13. 结构力学(万德臣) …… 30 元
14. 道路勘测设计(张维全) …… 32 元
15. 公路工程监理(朱爱民) …… 33 元
16. 工程测量(朱爱民) …… 30 元

普通高等学校教材

1. 交通土建工程制图(第二版)(和丕壮) …… 38 元
2. 交通土建工程制图习题集(第二版)(和丕壮) …… 20 元
3. 道路规划与设计(李清波) …… 46 元
4. 桥梁工程(姚玲森) …… 35 元
5. 交通土木工程测量(张坤宜) …… 33 元
6. 公路实用勘测设计(何景华) …… 19 元
7. 公路计算机辅助设计(符锌砂) …… 30 元
8. 土木工程计算机绘图基础(尚守平) …… 39 元
9. 土木工程水文学(叶镇国) …… 26 元
10. 土木工程水文学原理及习题解法指南(叶镇国) …… 33 元
11. 软土工程施工技术与环境保护(杨林德) …… 28 元
12. 桥梁建筑美学(盛洪飞) …… 56 元
13. 拱桥连拱计算(第二版)(王国鼎) …… 35 元
14. 公路桥梁电算(第二版)(杨炳成) …… 35 元
15. 桥梁桩基计算与检测(赵明华) …… 24 元
16. 预应力混凝土结构设计原理(李国平) …… 25 元
17. 结构稳定与稳定内力(李存权) …… 23 元
18. 无粘结与部分预应力结构(房贞政) …… 19 元
19. 地铁与轻轨(第二版)(张庆贺) …… 39 元
20. 桥梁施工及组织管理(上)(99 版)(黄绳武) …… 36 元
21. 桥梁施工及组织管理(下)(99 版)(苏寅申) …… 29 元
22. 交通工程学(第二版)(李作敏) …… 28 元
23. 施工企业经营管理(陈传德) …… 24 元
24. 工程项目管理(周直) …… 20 元
25. 现代工程机械液压与液力系统(颜荣庆) …… 39 元
26. 水泥混凝土路面施工与施工机械(何挺继) …… 30 元
27. 现代公路施工机械(何挺继) …… 45 元
28. 工程机械机电液一体化(焦生杰)28 元
29. 高等学校会计(谢军占) …… 30 元

(二)培训教材类

全国公路工程造价人员资格考试培训教材

1. 公路工程造价管理相关知识 …… 49 元
2. 公路工程定额编制与管理 …… 30 元
3. 公路工程造价编制与项目经济评价 …… 30 元
4. 公路工程技术 …… 46 元
5. 公路工程施工招投标与计量 …… 46 元
6. 复习题库与案例分析 …… 56 元
7. 考试复习指南 …… 48 元

交通部公路水运工程监理工程师执业资格考试大纲(2007 年版) …… 28 元

公路工程监理培训教材(第二版)

1. 监理概论(第二版)(李治平) …… 26 元

2. 合同管理(第二版)(雒　应) ······························ 35 元
3. 工程质量监理(第二版)(李宇峙　秦仁杰) ···················· 38 元
4. 工程费用监理(第二版)(袁剑波) ··························· 25 元
5. 工程进度监理(第二版)(罗　娜) ··························· 22 元
6. 公路施工环境保护监理(浙江省交通厅工程质量监督站) ······ 28 元
7. 交通建设工程安全监理(中国交通建设监理协会) ········· 33 元

公路工程监理工程师执业资格考试辅导用书

1.《监理理论》复习与习题(李治平) ··························· 45 元
2.《合同管理》复习与习题(李治平) ··························· 36 元
3.《公路工程经济》复习与习题(伏晓东) ······················· 38 元
4.《道路与桥梁》复习与习题(王　志) ························· 35 元
5.《隧道工程》复习与习题(王亚琼　赖金星) ·················· 30 元
6.《综合考试》复习与习题(李治平　王　志) ·················· 32 元
公路工程监理工程师执业资格考试应试题集(王首绪) ··· 42 元

公路水运工程试验检测人员业务考试大纲(2007 年版) ······ 20 元

公路工程试验检测技术培训教材

1. 公路几何线形检测技术(赵一飞) ··························· 16 元
2. 路基路面试验检测技术(张　超) ··························· 45 元
3. 桥涵工程试验检测技术(王建华) ··························· 28 元
4. 隧道工程试验检测技术(陈建勋) ··························· 22 元
5. 交通工程设施试验检测技术(王建军) ······················ 25 元

公路工程试验检测人员业务考试复习指南

1. 公共基础、交通工程设施、机电工程(黎　霞) ·············· 50 元
2. 公路、材料(黎　霞) ····································· 58 元
3. 桥梁、隧道(黎　霞) ····································· 32 元

公路工程试验检测人员业务考试模拟练习与题解

1. 材料(朱　霞) ·· 30 元
2. 公共基础、公路(朱　霞) ································· 30 元
3. 桥梁、隧道(王保群) ····································· 20 元
4. 交通安全设施、机电工程 ································· (未出)
公路工程试验检测人员业务考试应试题集及模拟试卷
(编写组) ·· 40 元

农村公路建设养护与管理人员培训教材

1. 农村公路(陕西交通厅) ·································· 60 元

注册土木工程师(岩土)专业考试复习导航与习题精解

1. 浅基础、深基础与地基处理(李镜培、楼晓明、叶观宝) ······ 42 元
2. 地震工程与特殊条件下的岩土工程(周健、高广运) ······ 36 元

二、手册、工具书类

(一)公路与桥涵勘察设计系列

1. 预应力技术及材料设备(第二版)(朱新实、刘效尧) ······· 52 元
2. 道路勘测设计软件开发与应用指南(朱照宏) ··············· 78 元
3. 现代工程测量仪器应用手册(冯晓) ························· 78 元
4. 公路排水设计手册(姚祖康) ······························· 26 元
5. 公路设计手册　路面(第三版)(姚祖康主编) ················ 55 元
6. 公路设计工程师手册(刘伯莹、姚祖康) ····················· 82 元
7. 桥梁设计工程师手册(林元培)估价 ························· 150 元
8. 公路小桥涵手册(河北交规院) ····························· 30 元
9. 公路设计交通安全审查手册(冯桂炎) ······················ 36 元
10. 降低造价公路设计指南(部公路司) ························ 60 元
11. 新理念公路设计指南(部公路司) ·························· 80 元
12. 公路灵活性设计指南(美国联邦公路管理局著) ············ 65 元
13. 山区高速公路勘察设计指南(中交一勘院) ················· 48 元
14. 简明公路桥涵设计实用指南(孟广文) ······················ 32 元

(二)公路与桥涵施工系列

1. 简明公路施工手册(第三版)(杨文渊　徐　犇) ······· 128 元
2. 路桥施工计算手册(周水兴) ······························· 92 元
3. 公路施工测量手册(聂让等) ······························· 43 元
4. 公路施工手册　路基(路桥集团第二工程局) ··············· 138 元
5. 桥涵(上)新版(公路一局) ································ 132 元
6. 桥涵(下)新版(公路一局) ································ 143 元
7. 桥梁施工违规纠正手册(苏权科) ··························· 45 元
8. 桥梁施工专项技术指南(桂业琨) ··························· 85 元
9. 隧道防排水工程指南(吕康成) ····························· 43 元
10. 隧道施工组织管理指南(吴焕通) ·························· 68 元
11. 交通土建软土地基工程手册(河海大学) ··················· 138 元
12. 建(构)筑物地基基础特殊技术论文集 ······················ 60 元
13. 美国沥青再生指南(美国沥青再生协会编著) ··············· 70 元
14. 现代混凝土配合比设计手册(张应立) ······················ 92 元
15. 混凝土全过程质量管理手册(张应立) ······················ 49 元
16. 公路工程混合料配合比设计与试验技术手册(徐培华) ······ 50 元
17. 公路工程新材料及其应用指南(廖正环) ··················· 34 元
18. 公路工程施工质量检查与验收手册(周绪利) ··············· 118 元
19. 公路工程施工项目试验员实用手册(万材柏) ··············· 48 元
20. 公路路基路面环保工程质量检验评定实用手册(熊焕荣) ··· 70 元
21. 公路工程施工质量控制与检查实用手册(王云明等) ······· 72 元
22. 公路工程(竣)交工验收指南(胡保存) ····················· 54 元
23. 公路工程施工组织设计编制手册(王洪江) ················· 48 元
24. 公路水泥混凝土路面施工技术规范实施与应用指南(傅　智) ··· 44 元

(三)公路工程常用数据系列手册

1. 桥梁设计常用数据手册(本书编委会) ······················ 92 元
2. 桥梁施工常用数据手册(张竣义) ··························· 119 元
3. 道路设计常用数据手册(李　嘉) ··························· 35 元
4. 道路施工常用数据手册(姚占勇) ··························· 89 元

(四)公路工程建设管理系列

1. 公路工程概预算手册(沈其明) ····························· 80 元
2. 公路工程建设项目计量与支付手册(邬晓光) ··············· 72 元
3. 路桥工程施工项目管理实用手册(杨思民) ················· 42 元
4. 英汉道路工程词汇(第四版)(黄兴安) ····················· 118 元
5. 公路技术词典(交通部) ··································· 126 元
6. 公路工程国内招标文件范本(2003 年版)(上、下册) ······· 92 元
7. 公路工程勘察设计招标文件范本 ··························· 68 元
8. 公路工程勘察设计招标资格预审文件范本 ·················· 16 元
9. 公路工程勘察设计招标投标指南(张宝胜) ················· 59 元
10. 公路建设招标投标法规文件汇编 ·························· 24 元
11. 公路基本建设与交通工程概预算编制办法及各省补充规定汇编 ······································ 29 元
12. 公路工程招标与投标指南(王清池等) ····················· 45 元
13. 公路工程造价指南(杨子敏) ······························ 68 元
14. 交通工程手册(公路学会) ································ 88 元
15. 西部通县公路建设技术指南(部公路司) ··················· 50 元
16. 高速公路运营管理指南(曾江洪) ·························· 65 元
17. 公路建设管理法规文件汇编(2006 年版)(交通部公路司) ···65 元
18. 桥梁监理工程师指南(增订版)(王文涛) ·················· 26 元
19. 桥梁与隧道施工监理指南(刘吉士) ······················· 33 元
20. 公路工程施工监理质量控制技术手册(文德云) ············ 96 元
21. 公路施工质量监理实施细则(熊广忠) ····················· 98 元
22. 交通建设监理法律法规文件汇编(中国交通建设监理协会) ··· 38 元
23. 交通工程设施施工监理指南(苏权科) ····················· 58 元
24. 道路交通安全指南(刘运通) ······························ 58 元
25. 公路交通安全设施标准汇编 ······························ 92 元
26. 高速公路连网收费暂行技术要求 ·························· 40 元
27. 高速公路通行车辆计重收费实施指南(孙兴焕) ············ 26 元

(五)公路工程养护系列

1. 水泥混凝土路面养护维修手册 …………………… 32 元
2. 高速公路养护管理手册(手册编委会) ………………… 98 元
3. 湖北省京珠高速公路桥梁养护技术手册 …………… 50 元

(六)公路工程筑路机械与设备系列

1. 公路机械化施工手册(何挺继) ……………………… 98 元
2. 公路机务管理手册(中国筑机学会) ………………… 50 元
3. 筑路机械手册(何挺继) ……………………………… 175 元
4. 国外公路工程机械技术性能手册 ……………………… 32 元
5. 简明工程机械施工手册(杨文渊) …………………… 68 元

三、丛书类

(一)当代交通领域重要著作丛书

1. 沥青及沥青混合料路用性能(沈金安) ……………… 68 元
2. 路面分析与设计(黄仰贤・美,余定选译) …………… 70 元
3. 现代桥梁抗风理论与实践(项海帆) ………………… 70 元

(二)交通科技丛书

1. 水泥混凝土路面设计与施工(王秉纲) ……………… 48 元
2. 混凝土搅拌理论与设备(冯忠绪) …………………… 22 元
3. 水泥混凝土路面设计理论与方法(姚祖康) ………… 38 元
4. 道路安全工程(郭忠印) ……………………………… 55 元
5. 高速公路软土地基处理技术(中交一勘院) ………… 30 元
6. 路面管理系统原理(潘玉利) ………………………… 38 元
7. 沥青路面施工与维修技术(郝培文) ………………… 35 元
8. 高等级公路半刚性基层沥青路面(沙庆林) ………… 78 元
9. 高速公路收费系统理论与方法(刘伟铭) …………… 45 元
10. 水泥混凝土路面滑模施工技术(傅智) …………… 58 元
11. 乳化沥青与稀浆封层技术(乳化沥青学组) ……… 26 元
12. 沥青路面施工机械与机械化施工(筑机学会) …… 45 元
13. 悬索桥结构非线性分析理论与方法(潘永仁) …… 26 元
14. 道路交通组织优化(翟忠民) ……………………… 56 元
15. 停车场规划设计与管理(关宏志) ………………… 30 元
16. 钢筋混凝土及预应力混凝土桥梁结构设计原理(张树仁) … 45 元
17. 改性沥青及其乳化技术(第二版)(杨林江) ……… 26 元
18. 组合梁抗扭分析与设计(胡少伟) ………………… 38 元
19. 高速公路沥青路面早期损坏分析与防治对策(沈金安) … 70 元
20. 预应力混凝土桥梁新技术—探索与实践(周志祥) … 36 元
21. 沥青混凝土路面机群施工配置(郭小宏) ………… 30 元
22. 山区公路路基稳定理论与实践(陈谦应) ………… 36 元
23. 沥青路面结构行为理论(孙立军) ………………… 70 元
24. 特大跨径石拱桥研究与实践(刘士林) …………… 35 元
25. 公路边坡稳定技术(邓卫东) ……………………… 60 元
26. 高速公路沥青路面设计理论与方法(黄晓明) …… 68 元

(三)现代桥梁技术丛书

1. 斜拉桥(第二版)(林元培) ………………………… 38 元
2. 预应力混凝土梁拱组合体系桥梁(金成棣) ……… 48 元
3. 桥梁深水基础(刘自明) …………………………… 68 元

(四)同济大学现代桥梁技术丛书

1. 组合结构桥梁(刘玉擎) …………………………… 39 元
2. 桥梁造型(陈艾荣) ………………………………… 120 元

(五)公路桥梁设计丛书

1. 悬索桥设计(雷俊卿)(第十一届全国优秀科技图书获奖书目) … 56 元
2. 桥梁通用构造及简支梁桥(胡兆同) ……………… 25 元
3. 刚架桥(邬晓光) …………………………………… 23 元
4. 预应力混凝土连续梁桥设计(徐　岳) …………… 55 元
5. 斜拉桥(刘士林) …………………………………… 50 元

(六)公安部、建设部实施畅通工程科技丛书

1. 城市交通管理规划指南 …………………………… 30 元
2. 城市道路交通设计指南 …………………………… 30 元
3. 城市交通管理评价体系 …………………………… 30 元

(七)公路建设百问丛书

1. 隧道设计与施工百问(第二版)(李宁军) ………… 42 元
2. 桥梁施工百问(刘吉士) …………………………… 52 元
3. 公路建设管理知识百问(杨　琦) ………………… 30 元
4. 桥梁检测与维修加固百问(徐　犇) ……………… 25 元
5. 公路工程概预算百问(邢凤岐) …………………… 18 元
6. 公路工程质量问题及防治措施百问(王国清) …… 35 元
7. 桥梁设计百问(第二版)(邵旭东) ………………… 44 元
8. 公路设计百问(李　嘉) …………………………… 38 元
9. 公路施工项目管理知识百问(廖正环) …………… 22 元
10. 路基路面施工百问(雒　应) ……………………… 30 元
11. 公路施工测量百问(许娅娅) ……………………… 32 元

(八)岩土工程丛书

1. 工程降水设计施工与基坑渗流理论(吴林高) …… 30 元
2. 深基础工程特殊技术问题(史佩栋) ……………… 72 元
3. 大型超深基坑工程实践与理论(赵锡宏) ………… 35 元
4. 沉井沉箱施工技术(周申一等) …………………… 38 元
5. 英汉对照图示基础工程学(史佩栋) ……………… 30 元

(九)公路行业名师文丛

1. 可与共学(姚祖康) ………………………………… 60 元
2. 聚珍求索(张登良) ………………………………… 78 元
3. 上善若水(朱照宏) ………………………………… 108 元
4. 止于至善(邓学钧) ………………………………… 138 元

(十)润扬长江公路大桥建设丛书

1. 建设管理 …………………………………………… 60 元
2. 科研・试验与勘测 ………………………………… 98 元
3. 悬索桥 ……………………………………………… 109 元
4. 斜拉桥 ……………………………………………… 62 元
5. 钢桥面铺装 ………………………………………… 40 元
6. 交通工程估价 ……………………………………… 35 元
7. 摄影专集 …………………………………………… 168 元

(十一)公路旧桥检测评定与加固技术丛书(全套估价 200 元)

1. 混凝土旧桥材质状况及耐久性检测评定指南及工程实例
2. 公路旧桥加固成套技术及工程实例
3. 公路旧桥承载能力评定方法及工程实例
4. 公路旧桥检算分析指南及工程实例
5. 公路桥梁试验检测技术培训教程

四、一般科技图书

(一)公路桥涵勘测设计系列

1. 道路三维智能集成设计技术(郭腾峰) …………… 53 元
2. 公路工程实用电算(廖正环) ……………………… 30 元
3. 公路 CAD 技术(许金良) ………………………… 14.6 元
4. 现代公路勘测设计实用技术(第二版)(刘培文) … 53 元
5. 全站仪与高等级公路测量(聂　让) ……………… 20 元
6. 高等级公路控制测量(聂　让) …………………… 33 元
7. 公路工程测量员必读(李仕东) …………………… 45 元
8. 现代公路测量实用程序及其应用(王建忠) ……… 45 元
9. 国外沥青路面设计方法总汇(沈金安) …………… 80 元
10. 复合式路面设计原理与施工技术(胡长顺) ……… 23 元
11. 公路挡土墙设计(陈忠达) ………………………… 19 元
12. 土压力计算原理与网状加筋土挡土墙设计理论
(高江平) …………………………………………… 20 元
13. 路面可靠性(汪福卓译) ………………………… 19 元
14. 桥梁审美原理(徐风云) ………………………… 70 元
15. 现代混凝土结构技术(郑建岚) ………………… 20 元
16. 斜拉桥设计(刘士林) …………………………… 95 元

17. 桥梁工程结构中的负剪力滞效应(张士铎) …………… 20元
18. 桥梁结构空间分析设计方法与应用(戴公连) ………… 25元
19. 公路桥梁荷载横向分布计算方法(贺栓海) ………… 20元
20. 公路小桥涵设计示例(刘培文) …………………… 44元
21. 桥梁悬臂施工与设计(雷俊卿) …………………… 34元
22. 桥梁钢筋混凝土结构设计原理计算示例(黄　侨) …… 40元
23. 桥梁结构地震响应分析与抗震设计(谢　旭) ………… 44元

(二)公路桥涵施工系列

1. 高等级公路路基路面施工质量控制技术(徐培华) …… 50元
2. 公路路基施工要点与质量控制(王书斌) ……………… 50元
3. 高速公路通信管道设计与施工—路肩敷设法(冯治安) …… 30元
4. 高等级公路软土地基路堤设计与施工技术(王晓谋) … 25元
5. 水泥混凝土路面改建技术(刘荣等) ………………… 26元
6. 日本铺装技术答疑(深圳海川工程科技有限公司译) … 60元
7. 压实与摊铺(美卓戴纳派克公司) ………………… 58元
8. 半刚性路面材料结构与性能(沙爱民) …………… 13.8元
9. 公路挡土墙施工(陈忠达) ………………………… 29元
10. 公路支挡结构(凌天清等) ……………………… 46元
11. 边坡工程处治技术(赵明阶) …………………… 38元
12. 塑料板排水法加固软基工程实例集 ……………… 26元
13. 真空排水预压法加固软土技术(娄　炎) ………… 20元
14. 加筋土工程设计与施工(何光春) ……………… 23元
15. 沥青混合料粘弹性力学及材料学原理(刘立新) ……… 28元
16. 公路土石混填路基压实度波动检测技术应用(赵明阶) …… 30元
17. 现代公路工程爆破(刘运通) …………………… 52元
18. 路基路面施工及组织管理(张　润) …………… 39元
19. 工程施工组织设计编制与管理(李　辉) ……… 30元
20. 斜拉桥换索工程(第二版)(王文涛) …………… 38元
21. 混凝土斜梁桥(黄平明) ……………………… 18元
22. 悬索桥上部结构施工(周昌栋) ………………… 60元
23. 桥梁施工控制技术(向中富) …………………… 39元
24. 高墩大跨连续刚构桥(马宝林) ………………… 25元
25. 刚构－连续组合梁桥(王文涛) ………………… 30元
26. 桥梁结构高耐久性混凝土设计与施工规程 ……… 6元
27. 桥梁施工控制——无应力状态法理论与实践(秦顺全) … 28元
28. 灌注桩检测与处理(张　宏) …………………… 22元
29. 公路桥梁荷载试验(谌润水) …………………… 58元
30. 中承式钢管混凝土系杆拱桥—京杭运河特大桥设计与施工(倪顺龙) ………………………… 43元
31. 预应力混凝土连续箱梁桥裂缝分析与防治(朱汉华) …… 28元
32. 盾构隧道(张凤祥) …………………………… 128元
33. 顶管施工技术(新版)(余彬泉) ……………… 31元
34. 公路钢波纹管涵洞设计与施工(李祝龙) ……… 35元
35. 产业弃物在土建工程中的再利用(张凤祥) ……… 38元

(三)公路工程建设管理系列

1.《中华人民共和国道路交通安全法》通释(张世诚) ……… 16元
2. 农村公路建设与管理必读(中国公路建设行业协会) …… 43元
3. 高等级公路建设与管理(吴海燕) ………………… 17元
4. 公路工程施工管理用表(王大庆) ……………… 68元
5. 公路工程工程量清单计量规则 ………………… 50元
6. 公路工程施工项目管理实务 …………………… 68元
7. 公路建设项目环境后评价分析(董小林) ……… 26元
8. 现代道路交通测试技术(孙朝云) ……………… 23元
9. 平原区高速公路新技术应用与管理实践(张红春) …… 60元
10. 超长大桥梁建设的序幕(刘建新译) …………… 35元
11. 桥梁工程估算及概预算编制实例(袁　方) …… 28元
12. 公路施工组织及概预算(1999年)(张起森) …… 27元
13. 公路工程投资、估算与概、预算编制示例(邢凤岐) …… 25元
14. 桥梁施工监理方法与要点(苏权科) …………… 75元
15. FIDIC条款与公路工程施工监理(李宇峙) ……… 58元
16. 高速公路路政管理(范　锟) …………………… 17元
17. 高速公路交通安全管理实务(段广云) ………… 42元
18. 公路安全保障工程实施细则(王松根) ………… 30元
19. 守护平安—交通建设工程安全生产要点(交通部) …… 25元
20. 关注安全 从我做起—交通安全生产挂图(交通部) …… 30元
21. 公路建设单位会计实务(刘晓燕) ……………… 42元
22. 公路工程常用仪器使用与检修(张翠玉) ……… 25元
23. 中国西部地区公路自然气候特征与筑路材料产品技术标准(凌天清) ………………………… 65元
24. 中国收费公路规制研究(王国锋) ……………… 39元

(四)公路工程养护系列

1. 高等级公路路基路面养护技术(徐培华) ……… 32元
2. 公路边坡防护与治理(杨航宇) ………………… 26元
3. 高等级公路边坡冲刷理论与植被防护技术(高民欢) …45元
4. 公路与桥梁水毁防治(高冬光) ………………… 42元
5. 公路钢桥腐蚀与防护(任必年) ………………… 33元
6. 桥梁损伤诊断(刘效尧) ………………………… 30元

(五)公路工程筑路机械与设备系列

1. 高速公路机电系统(翁小雄) …………………… 35元
2. 现代筑路机械电液控制技术(焦生杰) ………… 16元
3. 振动压路机及振动压实技术(李　冰) ………… 45元
4. 滑模式水泥混凝土摊铺机及施工技术(颜荣庆) …… 22元
5. 工程机械故障剖析与处理(焦福全) …………… 26元
6. 沥青路面机械化施工(荆　农) ………………… 38元
7. 桥梁施工成套机械设备(李自光) ……………… 68元

(六)城市交通系列

1. 北京交通与奥运(左铁镛) ……………………… 50元
2. 道路交通管理实战案例(翟忠民) ……………… 78元
3. 可持续发展的交通:发展中城市政策制定者资料手册(GTZ)…200元
4. 中国可持续交通战略与政策研究系丛书(中、英文)…… 200元
5. 城市道路交通(郑祖武) ………………………… 22元
6. 道路交通事故防治工程(金会庆) ……………… 33元
7. 可靠度在交通系统规划与管理中的应用(陈艳艳) …… 30元

兴通书店联系电话:010－85285656或85285659
发行部联系电话:010－85285992